高等学校专业教材

中华茶文化

主编　张凌云
参编　陈文品　曹顺爱　黄韩丹
黄晓琴　林艺珊　吴颖
熊皓平　张晓菊

中国轻工业出版社

图书在版编目（CIP）数据

中华茶文化 / 张凌云主编. —北京：中国轻工业出版社，2024.1
高等学校专业教材
ISBN 978-7-5184-0248-9

Ⅰ.①中… Ⅱ.①张… Ⅲ.①茶—文化—中国—高等学校—教材 Ⅳ.①TS971

中国版本图书馆CIP数据核字（2015）第024664号

责任编辑：马　妍　　责任终审：孟寿萱　　封面设计：锋尚设计
版式设计：锋尚设计　　责任校对：晋　洁　　责任监印：张京华

出版发行：中国轻工业出版社（北京鲁谷东街5号，邮编：100040）
印　　刷：河北鑫兆源印刷有限公司
经　　销：各地新华书店
版　　次：2024年1月第1版第9次印刷
开　　本：787×1092　1/16　　印张：16
字　　数：290千字
书　　号：ISBN 978-7-5184-0248-9　定价：38.00元
邮购电话：010-85119873
发行电话：010-85119832　010-85119912
网　　址：http://www.chlip.com.cn
Email：club@chlip.com.cn

240098J1C109ZBW

前言

我国茶文化历史悠久，唐代陆羽始有系统的论著，至宋代达到高峰。因此，茶文化是我国优秀传统文化的一部分，也是一种大众生活文化。近年来，我国茶业经济空前兴盛，带动了我国茶文化的发展。

为发掘和弘扬中华茶文化，促使这一宝贵的文化遗产重放异彩，也为提高大学生的文化艺术修养，培养懂茶艺、会品茶的新一代茶人，应中国轻工业出版社之邀编写《中华茶文化》一书。为了便于食品行业科技人才的理解和应用，本书专门对茶叶感官品质审评的方法、茶叶化学品质分析等内容加以强调；并配有绿茶、红茶、乌龙茶感官品质审评、品质打分过程的视频，以及绿茶、红茶、乌龙茶的冲泡艺术的演示视频，学习者可以通过理论教学、实习操作和观看视频材料等形式来了解我国茶叶感官品质审评过程和特点，掌握不同茶类的冲泡方法和表演流程，从而引发大学生茶艺创作的激情。

本书的编写得到中国轻工业出版社的大力支持和许多省内外茶界友人的协助，使作者能够收集到大量参考资料和图片，并结合了作者多年的茶文化教学实践活动，才得以写成。因此，本书既可作为茶艺从业者茶艺创编、茶艺设计的指导性教材，还可作为高校茶艺方向专业课或选修课的教材，也可作为茶艺培训机构参考教材，同时也是茶艺爱好者学习茶艺技能的重要读物。

本书编写过程中，借鉴和参考了专家们的相关专著和文献，在此一并向他们表示衷心感谢！由于时间所限，对于文中出现但并未在参考文献中列出的引文，向作者表示歉意！本书得到华南农业大学茶业科学系许慧婧、叶迪、张璐净等研究生的协助，他们制作视频材料并校订相关内容，在此特向她们表示衷心感谢！

鉴于编者的学识水平及表达能力所限，书中不妥或疏漏之处在所难免，敬希广大读者批评指正，以便不断修改完善。

编　者

2015.12

目 录

绪论

中国是茶的故乡，也是最早发现和利用茶的国家。根据文献记载，我国人工栽培利用茶树已有3000多年历史。在这悠久的历史发展进程中，茶已成为我国各族人民日常生活的一部分。在茶的发现和利用过程中，茶文化逐渐成为我国传统文化艺术的载体。茶自从被当做饮料，人类利用其物质功能，用以清神智、助消化、解郁闷、去油腻，更将其上升至精神境界，也就是人们在饮茶过程中讲究精神享受，对饮茶之水、泡茶之器、品茶环境、冲茶程序等都有较高的要求，同时，在各种茶事活动中以茶行道、以茶雅志、以茶修身、以茶会友、沟通情感。在品茶过程中，儒家以茶激发文思，道家以茶修身养性，佛家以茶喻禅修禅，最终将茶的物质属性、品饮规程和茶艺精神思想相联系，使简单的饮茶过程上升至茶文化层面。什么是茶文化？茶文化的内容有哪些？如何学习茶文化？传承茶文化的意义何在？这些都将是本书要重点阐明的问题。

【第一节】·茶文化的定义、内涵与特征

一 茶文化的定义与内涵

1. 茶文化的定义

茶起源于我国，在我国先民发现和利用茶的过程中，将它从一种纯物质形态的植物资源的利用，逐渐过渡到精神层面，进一步把我国传统文化思想渗透其中，进一步丰富了“茶”的内涵，形成了博大精深、绚丽多彩的茶文化。随着人们对茶的理解，人类在使用茶的过程中形成的与茶相关的政治、经济制度、法律法规、饮茶习俗、茶道思想以及文艺作品等，也成为“茶”的重要内涵。由此可见，茶文化是人类不断地将其主观意志综合性地融入到纯物质的茶中并加以提炼和升华，再通过行茶过程所进行的一种鲜活而生动的展示。它是人类意识形态的综合展现，也是人们通过茶可以真实、具体感受得到的生活的艺术。

如果给茶文化下个定义的话，可以简单地概括为，茶文化是以茶叶为主体，

包含与茶相关的人文和社会科学的一门科学，是人文与社会学科的有机结合。它涉及政治、经济、科学、文化和日常生活，是物质生活和精神生活的具体反映，它体现了一定时期内社会物质文明和精神文明的建设程度。纵观中国茶文化形成和发展的历程，不难看出，茶文化是中华传统优秀文化的组成部分，其内容十分丰富，涉及科技教育、文化艺术、医学保健、历史考古、经济贸易、餐饮旅游和新闻出版等学科与行业，包含茶叶专著、茶叶期刊、茶与诗词、茶与歌舞、茶与小说、茶与美术、茶与婚俗、茶与祭祀、茶与禅教、茶与楹联、茶与谚语、茶与故事、饮茶习俗、茶艺表演、茶具、茶馆文化、冲泡技艺、茶食茶疗、茶文化博览和茶文化与旅游等20余个方面。

2. 茶文化的内涵

茶文化的内涵极为丰富。茶文化的结构体系包括茶的物态文化、制度文化、行为文化、心态文化四个层次。物态文化是指人们从事茶叶生产的活动方式和与茶有关的产品的总和，包括茶叶的栽培、制造、加工、保存、化学成分、分类、疗效、历史文物、遗迹、茶诗词、茶书画、茶歌舞、饮茶技艺和茶艺表演等，也包括品茶时所使用的水、茶具以及桌椅、茶室等看得见摸得着的物品和建筑物。制度文化指人们在从事茶叶生产和消费过程中所形成的社会行为规范。如历史上统治者为茶叶生产、流通、税收等制订的管理措施，称为“茶政”，包括纳贡、税收、专卖、内销、外贸等。行为文化指人们在茶叶生产和消费过程中约定俗成的行为模式，通常是以茶礼、茶俗以及茶艺等形式表现出来。如客来敬茶的传统礼节、各地婚俗中出现的“茶礼”、祭祀，以及不同地域、不同民族的饮茶习俗等。心态文化是指人们在应用茶叶的过程中所孕育出来的价值观念、审美情趣、思维方式等主观元素。如人们在品饮茶汤时所追求的以茶清心、以茶养廉、以茶养性、茶禅一味等，以及将饮茶与人生处世哲学相结合，上升至哲理高度，形成所谓的茶德思想、茶道精神等。

二 茶文化的基本特征

1. 发展过程的历史传承性

中华茶文化的形成和发展历史非常悠久。早在周武王时期，茶叶已作为贡品；

战国时期，茶叶生产已有一定规模；先秦时《诗经》中有茶的记载；汉朝时茶叶成为佛教“坐禅”的专用品；魏晋南北朝时期，已有饮茶之风；而在隋朝，饮茶开始普及。唐代，茶业昌盛，茶叶成为文人雅士相互赠送的礼品，出现茶馆、茶宴、茶会，提倡客来敬茶。宋朝，流行斗茶、贡茶和赐茶。明清时期，茶艺进入茶馆，茶叶对外贸易发展迅速。茶文化正是伴随商品经济的出现和城市文化的形成而孕育而生的。虽然每个历史阶段茶文化的内容有一定差别，但茶叶的种植栽培、加工技术、品饮方法等却一代代传承下来，并且茶文化思想内涵逐步积累和丰富，最终形成具有传统特色的茶文化思想。历史上的茶文化注重文化意识形态，以雅为主，着重表现于诗词书画、品茗歌舞。茶文化在形成和发展中，融合了儒家、道家和佛家的思想哲学，并演变成为各民族的礼俗，成为优秀传统文化的组成部分，是一种独具特色的文化。

2. 创造主体的多元性

我国茶文化丰富多彩，不同层次的人对茶有不同程度的认识和理解，因此，茶文化的主体具有多元性。人民群众作为茶文化的创造者，不仅创造了茶文化物质成果，也创造了茶文化的精神财富。古往今来，那些围绕茶的发现、利用、创造以及有关茶事道理的阐发，形成的大量神话、传说、典故、民间故事，大多出自人民的创造。在长期生产实践和社会实践中，民众共同创造和遵守的“茶俗”、“茶礼”等行为模式和规则，也大多收集到中国茶文化的宝库中。中国古代的帝王将相，由于其特殊的地位与作用，使其对茶的热爱不仅影响了中国茶文化的发生与发展，而且许多王孙贵族更是茶文化建设的直接参与者。唐德宗始创茶税、宋徽宗撰写《大观茶论》、明朱元璋《罢造龙团》等，可以说不断完善了茶文化的制度文化。历代宗教界人士，更是以茶修身养性。他们烹泉煮茗、吟诗作画，对茶文化的发展起到了推动作用。茶在儒家文人眼里，不仅是传情之物，更是养德之物，因此文人把茶性与人性结合起来，不断发展茶文化，也极大地丰富了中国优秀传统文化。综上所述，我国茶文化具有创造主体的多元性特征。

3. 鲜明的时代特征

茶文化是产生于特定时代的综合性文化，带有东方民族的生活气息和艺术情调。饮茶是人类美好的物质享受与精神陶冶。随着社会的进步，饮茶文化已渗透到社会的各个领域和生活的各方面。在茶文化发展至一定阶段，无论是达官显贵，还是市井小民，都以茶为上品，虽然饮茶方式和品位不同，对茶的推崇和需求却是一致的。如在唐代，随着茶业的发展，茶已成为社会经济、社会文化中一重要组成部分。饮茶文化遍及大江南北，塞外边疆。唐文成公主远嫁西藏，带去饮茶之风，使茶与佛教进一步融合，西藏佛教寺庙出现各种形式茶会；宋代民间饮茶之风大盛，宫廷内外，到处“斗茶”。

物质文明和精神文明的发展，给茶文化注入了新的内涵和活力，当前，茶文化内涵及表现形式正在不断扩大、延伸、创新和发展。新时期茶文化融入现代科学技术、现代新闻媒体和市场经济精髓，使茶文化价值功能更加显著、对现代化社会的作用进一步增强。茶的价值使茶文化的核心意识进一步确立，国际交往日益频繁。当前茶文化传播的形式也呈大型化、现代化、社会化和国际化趋势。茶文化内涵迅速膨胀，对茶产业的影响正日益增大，为世人瞩目。 因此，茶文化是我国茶产业持续发展的动力和精神支柱，随着历史的发展、时代的变迁，茶文化内容也在不断创新和发展。

4. 表现形式的多样性

我国的茶文化不仅仅与饮茶有直接关系，还表现于饮茶文化与传统文化相结合，融入日常生活之中。如茶礼、茶俗、茶艺、茶婚俗等茶文化内容，不同社会阶层、不同人群具有不同的表现形式。茶文化从一种行为文化来看，始终贯穿于人民的日常生活之中，是人们在长期实践与交往中约定俗成的习惯行为，是以民风和民俗形态出现，具有民族特性和地域特性的行为模式。从心态文化来看，茶文化长久地积淀在民族文化的深层，形成民族独特的心理结构，最难发生变化。因此，茶文化与民族文化生活相结合，形成了各具民族特色的茶礼、茶艺、饮茶习俗及婚俗。以民族茶饮方式为基础，经艺术加工和锤炼而形成的各民族茶艺，更富有生活性和文化性，表现出饮茶方式的多样性和生活的情趣性。譬如“客来敬茶”，自古以来就体现着中华民族重情好客的礼俗，这在广大民众看来再普通不过、再习惯不过的生活现象，同时也是最具中华民族特色的茶文化内容。这一类蕴含民族精神、民族传统、民族性格的茶文化，对造就民族品格具有潜移默化的影响。

5. 显著的区域性特征

中国地广人多，受历史文化、生活环境、社会风情的影响，形成了中国茶文化的区域性。名茶、名山、名水、名人、名胜，孕育出各具特色的地区茶文化。受不同地区茶文化发展时期的影响，不同区域的种类不同，饮茶习俗各异，加之各地历史、文化、生活及经济差异，形成各具地方特色的茶文化。如在饮茶过程中，以烹茶方法而论，有煮茶、点茶和泡茶之分；以饮茶方法而论，有品茶、喝茶和吃茶之别；以用茶目的而论，有生理需要、传情联谊和生活品质提升之说。再如中国的大部分地区，对茶叶的品质需求，在一定的区域内，也是相对一致的。如南方人喜饮绿茶，北方人崇尚花茶，福建、广东、台湾人欣赏乌龙茶，西南地区一带推崇普洱茶，边疆兄弟民族爱喝再加工的紧压茶等。就世界范围而言，由于受中国茶文化影响的迟早与程度有差异，茶文化同各国的历史、文化、经济及人文相结合，演变成英国茶文化、日本茶文化、韩国茶文化、俄罗斯茶文化及摩洛哥茶文化等。在英国，饮茶成为生活的一部分，是英国人表现绅士风格的一种礼仪，是英国女王生活中必不可少的部分，也是重大社会活动中必需的议程。日本茶道源于中国，而今具有浓郁的日本民族风情，并形成独特的茶道体系、流派和礼仪。韩国人认为茶文化是韩国民族文化的根，每年5月24日为全国茶日。中国茶文化是各国茶文化的摇篮，这就是茶文化区域性的反映。作为经济、文化中心的大城市，以其独特的自身优势和丰富的内涵，形成独具特色的都市茶文化。

【第二节】·中国茶文化与中国传统文化

一 中国传统文化的基本精神特征

中国传统文化博大精深，源远流长。因此，中国文化的基本精神也就是在中国文化中起主导作用、处于核心地位的那些基本思想和观念，是我们大家熟悉的，而不是高深莫测的玄思妙想。中国传统文化是世界文化中唯一一种延续几千年而没有中断的文化。在漫长的历史发展过程中，它既继承了前代宝贵的文化遗产，又吸收了异族文化的优势因子，还根据时代要求不断创新，因而其不仅具有了丰富内涵，还保持着显著特点，是世界文化宝库中最灿烂的明珠。作为中华民族几千年的文明结晶，其深刻的文化内涵对中华民族产生了深远而持久的影响，是维系中华民族内在情感的精神纽带和思想基础；由于中国文化丰富多彩，博大精深，表现中国文化基本精神的思想也不是单纯的，而是一个包含着诸多要素的思想体系。一般认为，它包含天人合一、以人为本、自强不息、厚德载物等基本精神。

1. 天人合一与以人为本的精神

天人合一是中国古代宇宙论的重要思想，是华夏先人的基本世界观和人生境界，也是中国传统文化中最根本的内容。天人合一的思想在中国有一个逐渐演化的过程。早在西周时期，天人合一思想开始萌芽。到春秋战国时期，天人合一观点就已经基本形成了。自宋以来，天人合一观成为占主导地位的社会文化思潮，为各派思想家所广泛接受。可以这样说，天人合一是中国传统文化中最核心的精神、最基本的思维方式、最醇美的生活理想和最高的人生境界。天人合一思想，强调人与自然的统一，人的行为与自然的协调，道德理性与自然理性的一致，充分显示了古代思想家对于主客体之间、主观能动性与客观规律之间关系的辩证思考。

以人为本是中国文化基本精神的重要内容。中国文化具有超越宗教的情感和功能，在中国文化中，神本主义始终不占主导地位，人本主义成为中国文化的基本精神。以人为本即强调内在与超越的结合、自然与人文的结合、道德与宗教的结合。它追求的是作为文化主体的人所应遵循的伦理规范及道德法则，对超然于现实之外的来生，则很少关注，具轻鬼神、重人事的特色。古代儒家一贯反对以神为本，坚持人文主义立场。东汉思想家仲长统以“人事为本，天道为末”的论述，精辟地概括了儒家的人本思想。宋明理学各派虽各以气、理、心为世界本体，但都反对灵魂不灭论，否认鬼神的存在，肯定人的主体性，强调道德理性对于人的境界的提升和社会发展的极端重要性。中国传统文化中“以人为本”的道德人本主义思想，把道德实践提到至高地位，对于人的精神的开发，对于个体道德自我的建立，有着十分重要的意义。

2. 厚德载物与中庸尚和的精神

中国传统文化非常重视厚德载物精神，要求人们重视道德修养，以宽阔的胸怀对待人和事。厚德载物这一命题最早出现在《周易》中，“地势坤，君子以厚德载物”，认为大地包容着万物，有道德的人应如大地一样，胸怀宽广，能包容各方面的人，能容纳各种不同的意见。陈梦雷解释说：地势之顺，以地德之厚也。厚，故万物皆载焉。君子以之法地德之厚，而民物皆在所载矣。“厚德载物”即以宽厚的心怀包含万物，对待事物有兼容并蓄的胸怀。“君子以厚德载物”是说有道德修养的人能宽容不同意见的人，提倡兼容并包、有容乃大的风格。厚德载物在历史上还表现为宽容、和谐待人，对各种意见做到“和而不同”，即在容纳不同意见的同时，和合其正确的部分，而不是不讲原则的随声附和。

“和”是中华文化一个重要的精神内涵，但强调和而不同，史伯说“夫和实生物，同则不济。以他平他谓之和，故能丰长而物归之。若以同裨同，尽乃弃矣。”意即把不同的事物连接在一起，不同的事物相配合就达到平衡，称作“和”，“和”才能产生新事物，如果把相同的事物放在一起就只有量的增加不会发生质的变化，就不可能产生新事物，事物的发展就停止了。而要达到“和”的状态则在于保持“中”道，“中”指事物的“度”，即不偏不倚，既不要过度，也不要不及，“中”也指对待事物的态度，既不“狂”，也不“狷”。孔子将“持中”的办法作为实现并保持和谐的手段。贵和谐，尚中道，作为中华文化的基本精神之一，在中华民族和中国文化的发展过程中起着十分重要的作用。中西文化的一个重要差异，就是中国文化重和谐与统一，西方文化重分别和对抗，由此形成了重和去同的文化传统。

3. 刚健有为与自强不息的精神

刚健有为是中国文化中处理天人关系和人际关系的总原则，是中国人积极的人生态度的集中概括。孔子说：刚毅木讷近仁。他认为刚毅和有为是不可分割的。曾参说：士不可以不宏毅，任重而道远。强调知识分子要有担当道义，不屈不挠的奋斗精神。《易传》对刚健有为、自强不息的思想作了经典的表述：天行健，君子以自强不息；天地之大德曰生。这种关于刚健有为的思想，不仅对知识分子，而且对一般民众也产生了强烈的激励作用。中国传统文化中也有柔静无为之说，但刚健有为的思想仍是中国文化的主导思想。刚健有为的精神，不仅在我们民族兴旺发达时期起过巨大的积极作用，而且在我们民族危难之际，也总是成为激励人们起来反抗侵略与压迫的强大精神力量。它所包含的崇德利用、和与中、天人协调的思想，分别解决了人自身、人与人、人与自然的关系问题，而刚健有为的思想则是处理各种关系的总原则。刚健有为、自强不息，是实现自我价值的起始和前提，是中国人的积极人生态度最集中的理论概括和价值提炼，也是人类在认识自我之后首先要建立的立命之说。中国传统“刚健有为”思想包含自强不息、积极入世、主动进取的精神，担当道义、不屈不挠的社会责任，正直充盈的独立人格和主动创造精神等。

二 中华茶文化的精神内涵

中华茶文化经过几千年的创造积累，已成为一个多民族、多社会结构、多层次的文化整合系统，它蕴涵着佛家的禅机、道家的清寂、儒家的理念。佛茶最初虽然是为了养生、清思，但禅宗使佛学精华与茶文化相互结合，佛理与茶理真正贯通，禅的哲学精神与茶的精神内涵融为一体。“茶禅一味”，明心见性，创造了饮茶意境。最早以茶自娱的道家，虽然是从药理出发认识茶的作用，但饮茶后的神清气爽与道家修炼主张的内省相通后，道家从饮茶中得到自身与天地宇宙合为一气的真切感受，悟出饮茶是为了“探虚玄而参造化，清神身而出尘表”。儒家观念是中国茶文化的思想主体，诸如饮茶与中庸、和谐的伦理道德相连，民间茶俗与气氛欢快浓重的儒家乐感文化相沟通，养廉、雅志、励节与积极入世的操守，秩序、仁爱、敬意与友谊的规范，无不在其中，甚至饮茶可以蕴涵兴邦治国之道。

归纳起来茶文化的精神内涵主要体现在以下几个方面。

1. 入世精神

中国传统文化的特点之一是刚健有为与自强不息，也就是主张积极入世，注重现实，在现实当中追求人生的价值。纵观茶文化的形成发展史，文人在其中起了很大的作用，而中国的文人历来都讲究“天下兴亡，匹夫有责”“以天下为己任”等，有很强的使命感和责任心。中国许多文人都借茶养廉、以茶雅志励节、并借茶表达积极入世的精神。唐代诗人卢仝的《走笔谢孟谏议寄新茶》即俗称的“七碗茶诗”，极为传神地描绘出了喝茶后的感受而为后世所赞同，而这首诗真正的点睛之笔却在最后一句：“便为谏议问苍生，到头还得苏息否？”表达了诗人在喝茶之余仍关心着民间的疾苦、关注社会的情怀。南宋诗人陆游一生写了三百首茶诗，也正是由于壮志未酬，而借茶来表达自己匡世济国的理想。

2. 乐道精神

乐道精神是指以求道、得道为快乐的精神。道是指人们精神上的向往与追求，它可以是一种理论，也可以是一种学说，还可以是一种高超的技艺。乐道精神主要是指人们通过物质的、感性的、生理的层面的真善美去追求精神的、道德的、理性的层面的真善美。茶文化中一个重要的词汇是“茶道”，这正表明不论儒家、道家还是佛家茶人都是在借茶悟道。儒家茶人在茶中去领悟人生理念，道家借茶去体会“天人合一”的玄机，而佛家甚至认为茶禅一味，认为禅与茶通。

3. 和合精神

“和”是中华文化的一个重要内涵，儒家强调中庸尚和，以礼仪致和；道家强调天人合一，追求人与自然之和；而佛家则追求超越现世的主客体皆空的宗教式之和。因此，“儒家之和，体现中和之美；道家之和，体现无形式、无常规之美；佛家之和，体现规范之美”，“和”是儒、佛、道三教共通的哲学理念。有人认为陆羽在《茶经》中就表达了五行协调、中庸和谐的思想。唐代裴汶在《茶述》中也表达了“其性精清，其味浩洁，其用涤烦，其功致和”的观点。而宋徽宗在《大观茶论》中谈到“祛襟涤滞，致清导和”。这些都表明儒家茶人将和谐、中庸的思想引入了茶文化当中。儒家对和的诠释，在茶事活动中也表现得淋漓尽致。在泡茶时，表现为“酸甜苦涩调太和，掌握迟速量适中”的中庸之美。在待客时表现为“奉茶为礼尊长者，备茶浓意表浓情”的明伦之礼。在饮茶过程中表现为“饮罢佳茗方知深，赞叹此乃草中英”的谦和之礼。

三 中华茶文化与我国传统文化相通之处

1. 茶文化中的中庸之道

在漫长的茶文化历史中，中庸之道或“中和”一直是儒家茶人自觉贯彻并追求的某种哲理境界和审美情趣。这在诸多的文化典籍如《尔雅》《礼记》《晏子春秋》《华阳国志》《桐君录》《博物志》《凡将篇》等内容中，都有所体现。而在《茶经》等茶文化专著中，也同样贯注了这种精神。无论是宋徽宗的“致清导和”，陆羽的谐调五行的“中”道之和，裴汶的“其功致和”，还是刘贞亮的“以茶可行道”之和，都有着中庸之道的深刻内涵。

在茶文化发展的漫长过程中，儒家茶文化注重人格思想，所谓高雅、淡洁、雅志、廉俭等，都是儒家茶人将中庸、和谐引入茶文化的前提准备。只有好的人格才能实现中庸之道，高度的个人修养才能导致社会的完美和谐。儒家认为中国人的性格就要像茶，清醒、理智、平和。茶虽然能给人一定的刺激、令人兴奋，但它对人总体的效果则是亲而不乱，嗜而敬之。品茶静思最终能使人心静、自省，使人能清醒看待自己，正确对待他人，冷静地面对现实，这是与儒家倡导的中庸之道相吻合的。因此，儒家便以茶的这种亲和力作为协调人际关系的手段。通过饮茶，营造一个人与人之间和睦相处的和谐空间，达到互敬、互爱、互助的目的，从而创造出一种尊卑有序、上下和谐的理想社会环境。

2. 茶文化中“天人合一”的思想

道家思想，一言以蔽之，就是“道法自然”。“天地生物，各遂其理”，茶是契合自然之物，茶道是“自然”大道的一部分。茶道无所不在地显示了自然。所谓“自然”者，对茶人来说，就是必须真正地以自然而然的态度与精神去合于“天然之道”，以素朴的人性与茶的本性契合。这些都是茶人从道家思想中得到启发并发展成为茶人的原则。

中国茶道强调“道法自然”，包含了物质、行为和精神三个层面。在物质方面，认为茶是“南方之嘉木”，是大自然恩赐的“珍木灵芽”，在种茶、采茶、制茶时必须顺应大自然的规律才能生产出好茶；在行为上，体现在茶事活动中，一切都要以自然为美，以朴素为美：动则如行云流水，静则如山岳磐石，笑则如春花自开，言则如山泉吟诉，举手投足之中都应发自自然，任由心性，毫无弄巧造作；在精神方面，“道法自然，返璞归真”表现为使自己的心性得到完全的解放，心境清静、恬然、寂寞、无为，仿佛与宇宙相融合，升华到“天人合一”的境界。

3. 茶文化的修身养性功能

古人对事茶品茗后的美妙感受记载颇多，如唐代诗僧皎然云：“一饮涤昏寐，情思爽然满天地；再饮清我神，忽如飞雨洒轻尘；三饮便得道，何须苦心破烦恼”；颜真卿云：“流华净肌骨，疏瀹涤心源”；曹邺云：“六腑睡神去，数朝诗思清”。可见茶艺、茶文化活动，不仅让人获得知识、趣味、康乐和美的享受，而且可以释放久蓄的压力，放松心情，纯化心灵，获得人文关怀，提高自身的思想境界，以应付新的人生挑战。唐代刘贞亮平生喜欢饮茶，并将事茶的好处归纳为："以茶散闷气，以茶驱睡气，以茶养生气，以茶除病气，以茶利礼仁，以茶表敬意，以茶尝滋味，以茶养身体，以茶可行道，以茶可雅志。"荣西禅师《吃茶养生记》也云："贵哉茶乎，上通诸天境界，下资人伦矣，诸药各为一病之药，茶为万病之药而已。"由此可见，以身事茶，既可修身养性，又可"吐纳而常新"。

当代茶圣吴觉农先生认为："（茶道是）把茶视为珍贵、高尚的饮料，饮茶是一种精神上的享受，是一种艺术，或是一种修身养性的手段。"吴觉农认为茶道是艺术、是修身养性的手段。庄晚芳先生认为："茶道就是一种通过饮茶的方式，对人们进行礼法教育、道德修养的一种仪式。"

总的来说，茶道过程中的饮茶本质上是艺术性的饮茶，是一种饮茶艺术，这种饮茶艺术用中国传统的说法就是"饮茶之道"。修习茶道的目的在于养生修心，以提高道德素养、审美素养和人生境界，求善、求美、求真。因此，茶道是指以养生修心为宗旨的饮茶艺术，简言之，茶道即饮茶修道。中华茶道是饮茶之道和饮茶修道的统一，饮茶之道和饮茶修道，相辅相成，缺一不可。饮茶修道，其结果在于悟道、证道、得道。悟道、证道、得道后的境界，表现为一切现成，饮茶即道。饮茶即道是茶道的最高境界，茶人的终极追求。因此，中华茶道涵蕴饮茶之道、饮茶修道、饮茶即道三义。

4. 茶文化中的协调功能

"和"是规范人伦关系和人际关系的价值尺度。中国茶文化对于"和"的精神，主要表现在客来敬茶，以礼待人，和诚处世，互敬互重，互助互勉等。通过饮茶、敬茶，形成了茶礼、茶艺、茶会、茶宴、茶俗以及茶文学等多种茶的表现形式，而实质内容则是以茶示礼、以茶联谊、以茶传情，而达到的目的则是以茶健身，以茶养性，以茶表德。客来敬茶，以茶示礼，既是一种风俗，也是一种礼节。人们通过敬茶、饮茶，沟通思想，交流感情，创造和谐气氛，增进彼此之间的友情。这种习俗和礼节在人们生活中积淀、凝炼和阐发，成为中华民族独特的处世观念和行为规范。体现在人伦关系与人际行为上，就是以和谐、和睦、和平为基本原则，来达到社会秩序的稳定与平衡。如在人际关系的处理上，诚信、宽厚、仁爱待人是一种

“和”；遇到矛盾时，求大同、存小异，是一种“和”；在激烈的竞争中，坚持公平、公开、公正的原则，也是一种“和”；对待纷繁、浮躁的世俗生活，要求平心静气，则是另一种“和”。如成都“吃讲茶”，是指旧时解决纠纷的一种方法。即发生争执的双方到知名人士家中拜访，请其出面到茶馆喝茶，评判是非。总之，茶文化崇尚以“和”为目标的价值取向，对于构建和谐文化，建立团结和睦、和诚相处、和谐一致的人伦和人际关系，有着十分重要的意义。

【第三节】·为什么要学习茶文化

一 茶文化体系的构成

茶文化是以茶叶为主体，包含人文和社会科学的一门学科，是人文和社会学科的结合，它是人类在社会历史发展过程中所创造的有关茶的物质财富和精神财富的总和。茶文化体系主要包括茶史学、茶文化社会学、饮茶民俗学、茶的美学、茶文化交流学、茶文化功能学等内容。物质形态表现为茶叶的栽培、制造、加工、保存、化学成分、分类、疗效、历史文物、遗迹等看得见、摸得着的物品。精神形态表现为茶德、茶道精神、以茶待客、以茶养廉、以茶养性、茶禅一味等。

可以说，茶文化是在饮茶活动过程中体现出来的，是人们在品茗活动中一种高品位的精神追求。作为一种传统文化，它不仅与儒家思想的中庸、和谐、积极入世有着相互映衬的一面，还与道家思想的审美观有着密不可分的联系，并对古代中国文人士大夫的精神世界产生了巨大影响，逐步成为一种深入民间的特有习俗。中国茶文化是儒释道三家互相渗透综合作用的结果。茶文化作为一种人文精神的思维轨迹实际上是把茶的自然属性与传统美德联系在一起，把人们崇尚的道德情操和人们追求的高尚品质及人格赋予具体的茶及各种茶事活动中，使之升华为茶道文化，使得茶的自然属性（自然、朴实、淡泊、清纯等）与人们倡导追求的高尚道德情操（朴实、礼让、勤俭、奉献等）融为一体，这就是我们常说的茶之精神。

二 茶文化体系的核心思想与茶人精神

1. 茶文化体系的核心思想

中国茶文化经过几千年的创造积累，已成为一个多民族、多社会结构、多层次的文化综合系统，它蕴涵着佛家的禅机、道家的清寂、儒家的理念。佛茶最初虽然是为了养生、清思，但禅宗使佛学精华与茶文化相互结合，佛理与茶理真正贯通，禅的哲学精神与茶的精神内涵融为一体。以茶自娱的道家从饮茶中得到自身与天地宇宙合为一气的真切感受，悟出饮茶是为了“探虚玄而参造化，清神身而出尘表”。儒家观念是中国茶文化的思想主体，诸如饮茶与中庸、和谐的伦理道德相连，民间茶俗与气氛欢快浓重的儒家乐感文化相沟通，养廉、雅志、励节与积极入世的操守，秩序、仁爱、敬意与友谊的规范，无不在其中。如儒家讲究“以茶可行道”，是“以茶利礼仁”之道。所以这种茶文化首先注重的是“以茶可雅志”的人格思想，儒家茶人从“洁性不可污”的茶性中吸取了灵感，并应用到人格思想中。因为他们认为饮茶可自省、可审己，而只有清醒地看待自己，才能正确地对待他人；将饮茶与人生处世哲学相结合，上升至哲理高度，形成所谓茶德、茶道等，这是茶文化的最高层次，也是茶文化的核心部分。因此，茶文化的核心思想应归之于儒家学说，并且这一核心是以礼教为基础的“中和”思想。

2. 茶文化体系中的茶人精神

所谓茶人精神是指茶人的形象或者说茶人应有的道德情操、风范、精神面貌。“默默地无私奉献，为人类造福”是“茶人精神”的朴素表达。以茶喻人，以茶树为榜样的茶人，就是指具有这种博大胸怀、无私奉献精神的人。范增平先生将茶人的精神归纳为四点：① 理性的思考：作为一个茶人凡事能做理性的思考，有所为、有所不为。② 沉着的修养：有沉着的修养，该做的事，虽千万人，吾往矣！不该做的，一定要坚守“富贵不能淫、贫贱不能移，威武不能屈”的大无畏精神。③ 坚毅的信仰：有坚毅的信仰，就能择善固执，不畏讥怕谗，明是非、辨善恶，众善奉行，诸恶莫做。④ 正义的行为：为追求真理，只问是非、善恶，不计利害得失，只要是合乎社会正义，符合大众公平的道理，就是赴汤蹈火，也在所不惜。这就是茶人的精神。茶人精神体现了当代社会主义精神文明建设的内涵，在社会主义物质文明高速发展的形势下，社会主义精神文明建设需要这种茶人精神，即具有博大的胸怀，立志为人民造福，甘于默默无私奉献的精神。

三 茶文化体系的素质教育功能

由上面的分析可以看出，茶文化作为一种人文精神的思维轨迹，实际上是把茶的自然属性与传统美德联系在一起，把人们崇尚的道德情操、人们追求的高尚品质和人格赋予具体的茶及各种茶事活动中，它不但可以去病养生，促进身体健康，而且还可以修身怡情，陶冶人的情操，引导人们养成良好的行为习惯，同时也可增长知识，提高审美情趣，促进社会的精神文明建设，这充分体现了它的素质教育功能。台湾学者指出，茶文化教育，将是未来对学生品格教育最方便也最深入的渠道之一。而且茶文化对人的感染力是全方位的，不局限在某一个层面上。它在人格塑造、情操追求、道德修养等方面的内容，对大学生树立正确的人生态度、实现人生幸福目标，具有重大意义和作用。

1. 茶德思想可引导树立正确的人生态度

大学生正处于世界观、人生观和价值观形成的关键时刻，确立什么的理想信念，对他们一生走什么样的路，做什么样的人都有着重要的影响。当前，在我国全面建设小康社会、各项改革深入推进时期，一些消极的价值观念难免会通过各种渠道对大学生的思想产生冲击和影响，使大学生自身状况发生显著变化。有的学生心理承受能力较弱，遇到学习困难、爱情失意和人际关系紧张的问题，便产生沮丧、自卑、孤独、焦虑等消极情绪，甚至发生轻生行为，缺乏应有的自我心理疏导和调节能力。因此，大学生的思想道德建设需进一步加强和改进。大学生通过对茶文化课程的学习，及通过对茶德思想的领悟，可自省、可审己，而只有清楚地认识自己，才能正确地对待他人。这样对于调整人际关系、平衡人的心态、解决现代人的精神困惑，对稳定社会秩序和精神文明建设有着重要作用。可以说，茶德思想可以为当代大学生培养健康向上的人生理想提供若干方面的深刻启迪。

2. 茶道精神有助于处己立身

仁义、诚信是每一个人立足社会必须具备的基本道德品质，同时也是一种资源和财富。但由于多方面的原因，在我国目前的社会环境中出现了某种诚信危机，甚至在大学生中也不同程度地存在诚信缺失问题。从部分大学生的考试作弊、拖欠国家助学贷款，到择业过程中的伪造证件、改动成绩、随意毁约，无不显示大学生诚信意识的淡薄。因此，作为培养新时期建设者和接班人的高等学校，对大学生进行人格塑造、情操追求、道德修养等方面的教育已成为适应新时期的挑战，以及全面建设小康社会的迫切要求。

3. 茶道精神有助于内省自律，自我完善

茶文化的本质，是要从茶中得到感悟，并可与人的追求相关，这种相关性与茶相联系，使得人们从细致入微的感官感受去感悟体验，甚至去寻思一些以前没有的认识，有助于大学生在自我认识中进一步实现自我超越。通过接受茶文化的教育感受人生智慧的启迪，是茶文化以人为本的重要体现，自然也是素质教育的主要目的。茶的生命本质与人的成长有相似性，茶文化也因此可与人生的本质相联系，引导人们感受到由茶所引发的思考或排除心理障碍，以从茶中得到启发去实践他们的目标而努力，这是茶文化课程的重要性所在。在当前激烈的社会和市场竞争下，紧张而繁忙的工作、应酬，复杂的人际关系，以及各类依附在人们心理上的压力都十分繁重。通过参与茶文化和茶事活动可缓解人们的精神压力，使自己的身心得到放松，以便保持充沛的精力和良好的情绪来完成自己的工作，迎接新挑战。

4. 茶人精神有助于培养大学生的奉献精神

茶，作为世界三大天然饮料中最为普及的饮料，从来都是默默地无私奉献，为人类造福。茶，树植根大地，四季常绿，常采不败，永葆青春，给世界以清新，给人类以健康。茶人也是这样，他们不求功名利禄升官发财，不慕高堂华屋锦衣美食，不沉溺于声色犬马、灯红酒绿，大多茶人一生勤勤恳恳、埋头苦干、清廉自守、无私奉献。茶学研究人员历来倡导这种精神，当代大学生是祖国的未来，更需要有这种精神。大学时代正是世界观、人生观和价值观形成的关键时期，校园生活为他们提供了一个完善自我、改造自我的环境，而茶文化课可胜任提升大学生思想修养的重要使命。

5. 茶文化有利于丰富自身知识结构

茶文化根植于华夏文化，其体系中渗透了古代哲学、美学、伦理学、文学及

文化艺术等理论，并融汇了儒、道、佛各家的思想和传统文化的精髓。同时，饮茶又是美学教育、陶冶情趣、修身养性的过程。弘扬茶文化可以增长知识，提高青年学生的文化修养和审美能力。如内容丰富的茶艺、茶道都容纳了礼仪、道德、科学与艺术的内容，欣赏茶歌、茶舞和茶音乐，可提高欣赏美和创造美的能力；茶与一定的历史文化相融合，涉及生活的方方面面，上至社会的规章、制度与法令，下至各种的风俗、风气与习惯，以及以茶为主题所产生的各种茶诗、茶楹联和茶画都能拓宽学生的视野，增加他们的人文知识；博大精深的茶文化，可培养学生的专业兴趣，强化他们的专业思想。

总而言之，茶文化已成为具有丰富内容、深刻思想内涵的动态的综合体系。当今社会各领域科学前沿内容飞速发展，交叉区域也滋生了许多新科学的生长——边缘学科。当代大学生如果通过将茶文化知识融入自己的知识结构中，通过学习茶文化知识，能够不断提高自己的修养。

总结：茶在中国已经超越了自身固有的物质属性，迈入一个精神领域，成为一种修养。茶文化体系，经探索、实践和丰富完善，能够为提高大学生基本素质作出应有的贡献。我国传统茶文化的基本精神是以德育为中心，注重人的思想、品德和个人的修身养性，重视人的群体价值，倡导和谐处世、化解矛盾、增进团结、无私奉献，反对见利忘义和唯利是图，毫无疑问这对于培养大学生个人修养具有重要意义。近年来随着茶文化事业的发展，越来越多的高校开设了茶文化课程，因此，把我国传统茶文化教育和当代德育要求融合在一起，发挥传统茶文化精髓对高校德育的积极作用，可增强高校德育的实效性。另外，茶文化作为一种渐进式的教育方式，并不是一时一刻就会取得明显成效的，而应与学校的校园文化建设相结合，并融合其中，作为一项长期的活动来开展，并且可与茶学专业的专业课程相结合，这样不但可强化学生的专业知识，而且也可将一种潜在教育渗透到学生身上，潜移默化地影响他们，使他们从中受到人生观、世界观、价值观的教育，受到美的熏陶。

— 参 考 文 献 —

[1] 沈佐民，曹刚. 对茶文化内涵的初探 [J]. 中国茶叶加工，2002，(2)：39~41.

[2] 高旭晖，张子强. 论茶文化与当代大学生的素质培养 [J]. 中国茶叶加工，2003，(2)：36-38.

[3] 吴觉农. 茶经述评 [M]. 第二版. 北京：中国农业出版社，2005：185.

[4] 庄晚芳. 庄晚芳茶学论文集 [M]. 上海：上海科学技术出版社，1992：428-429.

[5] 黄晓琴. 茶文化的兴盛及其对社会生活的影响 [D]. 杭州：浙江大学，2003.

[6] 范增平. 试论茶人的精神 [J]. 茶讯，2006.4.20.

[7] 黄志根. "中国茶文化"学科体系的试论述 [C]. 第三届海峡两岸茶业学术研讨会论文集，2003，379-385.

[8] 周树红，王建军，翁蔚. 弘扬校园茶文化对高校人才培养的作用 [J]. 高等农业教育，2000，04：24-26.

[9] 黄志根，赵启泉，汤一等. 高校茶文化课程与提高学生文化素养的探索和实践 [J]，高等农业教育，2001，3(117)：61-63.

[10] 张红霞，中国传统文化的基本精神及其当代传承 [J]，中国石油大学学报：社会科学版，2013，29 (1)：91-96.

[11] 周振华，李扬. 中国传统文化的基本精神及其对构建社会主义和谐社会的意义 [J]. 上饶师范学院学报，2009，29 (1)：35-38.

第二章

茶及茶文化的起源与发展

【第一节】·茶文化的起源和发展

一 茶树的起源和原产地

中国是茶的原产地。中国从发现和利用茶至今，已有约5000年的历史，人工栽培茶树，也有约3000年历史。1753年植物学家林奈把茶的学名定为“Thea sinensis”，根据这一分类方法，茶树属于被子植物门、双子叶植物纲、山茶目、山茶属、茶种，起源于中国西南地区。

中国西南地区作为茶树起源地的证据有很多。从茶树的自然分布来看，全世界山茶科植物共有23属380余种，而在中国就有15属、260余种，且大部分分布在云南、贵州和四川一带。山茶科、山茶属植物在我国西南地区的高度集中，说明了我国西南地区就是山茶属植物的发源中心，当属茶的发源地。同时，自第四纪以来，云南、四川南部和贵州一带，由于受到冰河期灾害较轻，因而保存下来的野生大茶树也最多。既有大叶种、中叶种和小叶种茶树，又有乔木型、小乔木型和灌木型茶树。从茶树的进化类型来看，茶树在其系统发育的历史长河中，总是趋于不断进化。因此，凡是原始型茶树比较集中的地区，当属茶树的原产地。茶学工作者的调查研究和观察分析表明：我国西南三省及其毗邻地区的野生大茶树，具有原始茶树的形态特征和生化特性。这也证明了我国的西南地区是茶树原产地的中心地带。

20世纪70、80年代，日本学者志村桥、桥本实从细胞遗传学角度和形态学角度，对自中国东南部的台湾、海南茶区起，直至缅甸、泰国、印度的主要茶区的茶树进行了全面系统的分析比较，结果认为：茶树的原产地在中国的云南、四川一带。我国著名茶学专家庄晚芳从社会历史的发展、大茶树的分布及变异、古地质变化、茶字及其发音、茶的对外传播五方面作了深入细致的分析，认为：茶树原产地在我国云贵高原以大娄山脉为中心的地域。

二 茶的发现与最初利用

对于茶叶的利用起源说法不一，有的认为茶叶开始于药用，也有人认为茶叶最初是食用，还有一种观点是食用和药用交叉进行。有人认为，茶“由祭品而菜食，而药用，直至成为饮料”；还有的认为，“最初利用茶的方式方法，可能是作为口嚼食料，也可能作为烤煮的食物，同时也逐渐为药料饮用”。归纳起来，对茶的利用，有如下几种说法。

1. 食用阶段

我们的祖先在发现茶树的早期，最先是把野生茶树上嫩绿的叶子当做新鲜“蔬菜”或“食物”来嚼吃的，或是纯粹当做蔬菜，或是配以必要的作料一起食用，这是我们祖先利用茶叶最早、最原始的方式。这种史实从古文献中也可窥一二。如“未有火化，食草木之实、鸟兽之肉，饮其血，茹其毛”（《札记·礼运》），人们采集各种植物作为食物，那么茶叶被当做野菜食用的可能性是很高的。茶叶最早应该是生食的，其后有了火和陶器，茶叶开始与其他食物一起进行煮食。现在我国西南少数民族尚保有食用茶叶的习俗，如基诺族的凉拌茶、侗族的油茶。根据现有史料记载，这种“吃茶”方法，一直流行到魏晋初期或此之前，历时约3000 年之久。据三国魏张揖的《广雅》记载：“……荆巴间采茶作饼，叶老者，饼成，以米膏出之。欲煮茗饮，先炙其色赤，捣末置瓷器中，以汤浇覆之，用葱、姜、橘子芼之。”这就是说，当时的饮茶方法已经从直接用茶鲜叶煮作羹（粥）饮，开始转向先将制好的饼茶炙成“色赤”，再捣碎成茶末之后“置于瓷器中”烧水煎煮，加上葱、姜、橘皮等作料，调煮成“茶羹”，供人饮用。

2. 药用阶段

在食用茶叶的过程中，远古先民发现茶叶具有清热、解毒等功效，随即将其作为药用。有关茶为药用最早的记载是《神农本草》：“神农尝百草，日遇七十二毒，得荼而解之。”其中的“荼”便是茶。随着茶叶的使用，人们对它的药用功能越来越了解。最初对于茶的功效的记载有《神农食经》：“荼茗久服，令人有力、悦志。”另外，司马相如在《凡将篇》中列举了20多种药材，其中就有“荈”，即茶叶（陆羽《茶经·七之事》）。东汉华佗的《食论》云：“苦荼久食，益思”（陆羽《茶经·七之事》），可以认为是对《神农食经》“荼茗久服，令人有力、悦志”说法的再次论证。西汉以及西汉以后的论著对茶药理作用的记述更多更详，这说明茶药的使用越来越广泛，也从另一个方面证明茶在作为正式饮料前还主要用作药物。

3. 饮用与食用阶段

茶的饮用是在食用和药用的基础上进行的。随着人们对茶叶的效用及其色、香、味的不断认识和利用，茶叶逐步成为了人们日常生活不可缺少的一部分，更是中上流社会生活崇尚的物质与文化消费品。到西晋时期，人们不再仅仅把茶汤当做一种饮料或药汤，而是把饮茶活动当做艺术欣赏的对象或审美活动的一种载体，在对茶叶的认知和饮用上，开始了品饮与欣赏的“饮茶”阶段。这一阶段的根本特征，就是把饮茶与吃饭分开，并开始讲究煮茶与鉴茶的“技艺”。根据目前掌握的史料，关于“饮茶”阶段的起源，最少可以追溯到西晋以前。西晋诗人张载在《登成都白菟楼》中“方茶冠六清，溢味播九区”的诗句，已经在描写对茶叶芳香和滋味的感悟。杜育的《荈赋》除了描述茶树生长环境和茶叶采摘外，还对喝茶用水、茶具、茶汤泡沫及茶的功效等进行了描述。魏晋南北朝时期，长江以南地区开始将饮茶与吃饭分开，这可以视为茶叶“清饮法”的开端，但在饮用形式上还没有将茶渣（末）与茶汤分开，而仍沿袭着“汤渣同吃”的“羹饮法”。这一时期茶叶饮用方法的创新主要表现在两个方面：一种是“坐席竟下饮”，即饭后饮茶；另一种是王濛的“人至辄命饮之”式的客来敬茶，与吃饭已经完全无关。到唐、宋时期，“煎茶”、“斗茶”蔚然成风，这种茶叶与茶汤同吃的古老“羹饮法”仍然得到继承和发展。如唐宣宗十年（公元856 年）杨华的《膳夫经手录》所载：“茶，古不闻食之，今晋、宋以降，吴人采其叶煮，是为茗粥。”

4. 泡饮阶段

随着茶叶加工方式的改革，我国成品茶已经由唐代的饼茶、宋代的团茶发展为明代的炒青条形散茶，因此人们饮茶时不再需要将茶叶碾成细末，只需把成品散茶放入茶盏或茶壶中直接用沸水冲泡即可饮用。这种散茶“直接冲泡法”（又称“泡茶法”或“瀹茶法”）尽管在元代已经出现，但是真正成为主流饮用方法并取代宋代点茶法，则在明太祖朱元璋废除团茶而改成进贡芽茶之后。明代“泡茶法”分为“上投法”、“中投法”和“下投法”三种，其中应用最多的“下投法”的基本程式是：鉴茶备具、茶铫烧水、投茶入瓯（壶或盏）、注水入瓯和奉茶品饮。这种瀹茶法演变发展成为盖碗泡法和玻璃杯泡法，一直沿用至今，并仍然成为当今主流的饮茶方式之一。

三 饮茶文化在国内的传播

随着茶叶作为饮料的普及，中华茶文化由内而外，由近及远地不断传播于中华大地各族人民之间，并传至海外，闻名于世。茶在国内的传播途径是通过商人带到全国各地。茶的对外传播途径主要是通过来华的僧侣、使节、商人等将茶叶带往各个国家地区。

1. 饮茶文化兴起于何地

我国的饮茶起源和茶业初兴的地方，是在古代巴蜀或今天四川的巴地和川东。陆羽《茶经》所载："巴山、峡川有两人合抱者，伐而掇之"，由此可见，至唐朝中期，这一带即发现了野生大茶树。有人估计，两人合抱的茶树，其树龄应在千年以上，大多应该都是战国以前生长的茶树，据此可以肯定，"巴山、峡川"，无疑也是我国茶树原始分布的一个中心。

在《华阳国志·巴志》讲到西周初年的情况时提到："武王既克殷，以其宗姬于巴，爵之以子……鱼盐铜铁、丹漆茶蜜……皆纳贡之。"这里清楚记述到，在周初亡殷以后，巴蜀一些原始部族，一度也变成了宗周的封国，当地出产的茶叶和鱼盐铜铁等各物，悉数变成了"纳贡"之品；而且明确指出，所进贡的茶叶，"园有芳蒻（竹）香茗……"，不是采之野生，而是种之园林的茶树。由此可见，在当时茶叶已经成为当地人经常饮用的植物类食品资源。

2. 饮茶习俗的早期传播

"自秦人取蜀而后，始有茗饮之事。"秦统一全国后，巴蜀一带，尤其是成都，成了中国早期茶业发展的重要地区，并且影响了以后中国茶叶传播的路线和速度。从秦汉到两晋，巴蜀一直是我国茶叶生产和技术发展的重要地区。

汉代，茶叶贸易已初具规模，成都一带已成为我国最大的茶叶消费中心和集散中心，当时的成都是"方茶冠六清，溢味播九区"。据考证，成都以西的崇庆、大邑、邛崃、天全、名山、雅安、荥径等地已成为茶叶的重要产区。

西汉王褒的《僮约》（公元前59年）是能反映古代茶业的最早记载，其中有"武阳买茶，烹茶尽具"，反映了当时饮茶已与人们的生活密切相关，且富实人家饮茶还用专门的茶具。

茶陵（今茶陵）县是西汉时设置的县。《茶陵图经》称，茶陵县因陵谷产茶而得名。表明时至西汉，茶已传播到了今湖南、湖北一带。

从东汉到三国，茶业又进一步从荆楚传播到了长江下游的今安徽、浙江、江苏等地。三国时魏人张揖在《广雅》中提到："荆巴间采茶作饼，成以米膏出之"，这是我国最早有关制茶的记载，也表明三国及以前，我国所制茶叶为团饼茶。

两晋时，饮茶习俗传播到北方贵族。南方种茶的范围和规模也有了较大发展，长江中下游茶区逐渐发展起来。荆巴茶业已可相提并论。杜育《荈赋》中描写，"灵山惟岳，奇产所钟，厥生荈草，弥谷被岗"，反映了晋时南方茶叶生产的繁荣景象。《荆州土地记》记载："浮陵茶最好"、"武陵七县通出茶，最好"。可见，晋时长江中下游茶区的生产规模和茶叶品质，均不亚于巴蜀。

东晋时，有识之士借茶叶以倡俭朴，士大夫之间以茶为礼，也推动了茶业与茶文化的发展。到南北朝时，我国产茶区域，已东及浙江的温州、宁波，北至江苏宜兴。一些名山名寺也陆续开始种茶，如江西庐山，浙江天台山、径山，四川青城山、峨眉山，安徽九华山、黄山等地，都有名茶出产。

历史上的隋唐宋元时期，是我国封建社会的鼎盛期，也是古代茶业的兴盛阶段。茶从南方传到中原，再从中原传到边疆少数民族。消费层次扩展至庶民百姓。茶叶逐渐发展成为举国之饮。栽茶规模和范围不断扩大，生产贸易重心转移到长江中下游地区的浙江、福建一带。植茶、制茶技术有了明显的进步，茶类生产开始由团饼茶向散茶转变。茶书茶著相继问世，茶会、茶宴、斗茶之风盛行。

隋朝，饮茶在北方逐渐普及开来。隋炀帝命修凿大运河，促进了南北方经济文化的交流，也为以后茶业的迅速发展创造了条件。

唐代茶业日益繁荣。中唐时期，是古代茶业的大发展时期。《膳夫经手录》（856年）记录了唐朝茶业的发展过程："茶，古不闻食之，至开元、天宝之间，稍稍有茶，至德、大历遂从，建中已后盛也。"封演的《封氏闻见记》中记载："古人亦饮茶耳，但不如今人溺之甚；穷日尽夜，殆成风俗。始之中原，流于塞外。"该书描述从山东的邹县、历城、惠民和河北的沧县，一直到陕西西安，许多城镇开办茶店，处处都可买到茶喝。这反映了中唐时期茶叶消费的盛况，以及茶从南方传到中原，再从中原传向塞外的过程。唐朝南方所产茶叶，大多沿大运河销往北方。扬州是唐代南茶北运的主要中转站。各地所产茶叶往往有较固定的销售市场。如新安茶（今蜀茶），主销今西南、华南、华中地区；浮梁茶，主销关西、山东一带；歙州、婺州茶，主销今河南、河北一带。

3. 茶向边疆传播

（1）西藏　茶入西藏的最早记载是在唐代。唐代的文成公主进藏，就是出于安边的目的，与此同时，也将当时先进的物质文明带到了那片苍古的高原。据《西藏日记》记载，文成公主随带物品中就有茶叶和茶种，吐蕃的饮茶习俗也因此得到推广和发展。到宋代时，西藏地区饮茶大兴。

（2）西北地区　西汉时，武帝派张骞出使西域，由此开通了丝绸之路，茶叶开始向西北地区传播。中原地区由于需要战马，西北民族便开始用战马与中原换茶叶，从汉到明，除了元代，茶马交易一直在边疆盛行。金朝在同宋朝不断进行的战争中，也逐渐从宋朝那里取得饮茶之法，而且饮茶之风日甚一日，茶饮地位不断提高，如《松漠记闻》载，女真人婚嫁时，酒宴之后，“富者遍建茗，留上客数人啜之，或以粗者煮乳酪。”同时，汉族饮茶文化在金朝文人中的影响也很深。

（3）西南地区　地处我国西南边陲的滇、藏、川“大三角”地区，早在西汉时期，这里的各族人民就在这悬崖峭壁的深山密林中开辟驿道，马帮成为唯一的交通工具。人们用马帮把这里的特产茶叶等物资驮运出去，与外界进行互市交流。这就是广为人知的以茶为主要物资的“茶马古道”。《普洱府志》（光绪）卷十九《食货志》载：“普洱古属银生府，则西蕃之用普茶，已自唐代。”茶马古道的形成，不仅沟通了四川、西藏、云南、贵州、重庆等国内各省区市，而且延伸到缅甸、印度、尼泊尔及东南亚国家，成为连接地域文化的重要纽带，在我国茶文化的传播过程中起到了极为重要的作用，在沟通中外经济文化交流方面有着极重要的历史地位，影响深远。另外，西南丝路也是我国西南地区各民族对外贸易的又一条重要商路，茶叶也是在这条商路上输出的重要商品。公元前3世纪庄跻入滇、秦人取蜀之后，因战争原因，许多少数民族迁往缅甸、越南、老挝、泰国和印度，茶文化也由此传入这些地区。据云南省茶叶科学研究所蒋铨考证，“缅北大茶山茶树也是‘濮人（今佤佬族）’所栽的”。

【第二节】·中国古代茶文化发展阶段

一 茶文化萌生时期的饮茶方式

如前所述，从西晋经过南北朝和隋朝，到中唐陆羽《茶经》成书这一时期被称为中国茶文化萌生期。这一时期人们对茶的利用完成了由药用和食用到饮用为主流的发展转变。

茶文化萌生初期的茶或是用鲜叶或干叶煮成羹汤食用或是在茶中加入各种香料如茱萸、桂皮、葱、姜、枣等煮成汤汁做药饮。晋郭璞注《尔雅》对“槚，苦荼”的注释："树小如栀子，冬生叶，可煮作羹饮。今呼早采者为荼，晚取者为茗，一名荈，蜀人名之苦荼”。“羹”是指用肉类或菜蔬等制成的带浓汁的食物，今指煮成或蒸成的浓汁或糊状食品。唐皮日休《茶中杂咏》序说："自周以降及于国朝茶事，竟陵子陆季疵言之详矣。然季疵以前称茗饮者，必浑以烹之，与夫瀹蔬而啜者无异也”。“与夫瀹蔬而啜者无异也”说明喝茶汤跟喝蔬菜汁一样，也就是说西晋到中朝陆羽《茶经》成书之前，茶叶主要是当菜煮饮的。后来人们在食用和药用过程中发现茶的饮用价值，在食物不再匮乏，吃“羹”、喝“粥”已成习惯的条件下，茶才慢慢转化为主要作为饮品。

二 茶文化的最初成形与煎茶法的发展

1. 茶文化的最初成形与推动因素

茶文化的最初成型是在唐代。唐代陆羽所著《茶经》第一次总结和全面反映了饮茶文化功能与审美相接合的特征，标志着饮茶美学诞生和中国茶文化的最初成形。其后，裴汶撰《茶述》，张又新撰《煎茶水记》，温庭筠撰《采茶录》，皎然、卢仝作茶歌，使饮茶文化日益普及。

尤其是中唐以后，随着饮茶文化的普及，大批文人介入茶事活动，以孟浩然、李白、皎然、卢仝、白居易、皮日休、陆龟蒙、元稹等为代表的诗人都留下了脍炙人口的茶诗，对唐代品茶艺术的发展产生了积极的影响。文人饮茶，提升了饮茶的文化品位，使品茗成为一种艺术享受，他们强调从审美的角度来品赏茶汤的色、香、味、形，更注重追求一种精神感受。

如前所述，唐代文人们品茶，已经超越解渴、提神、解乏、保健等生理上的满足，着重从审美的角度来品赏茶汤的色、香、味、形，强调心灵感受，唐代是中国儒、释、道思想竞争而逐渐相互渗透融合的时期，由于茶的一系列特性，儒士、道士、僧人均成为茶的爱好者和推广者，这大大推动了中国主流思想融入到饮茶活动中，比如，追求达到天人合一的最高境界。

2. 唐代饮茶方式——煎茶法

唐代饮茶方式主要为煎茶法，煎茶法包括列具、取火、用水、炙茶、碾磨、罗茶、煮水、投茶、投盐、育华、酌茶等过程。

列具：即茶具选择与准备的过程。

取火：陆羽对于煎茶煮水燃料的选择十分苛刻，燃料最好是用木炭，其次是硬柴，不可以用那些沾染了膻腻和含油脂较高的柴薪以及已经朽烂的木头。“其火，用炭，次用劲薪。其炭曾经燔炙为膻腻所及，及膏木、败器，不用之。”

炙茶：炙烤茶饼，一是因为当时成品茶含水量较高，烘烤茶叶使其干燥，利于碾末；二是进一步激发茶的香气，散发青草气。陆羽对于炙茶的技术很有研究，提出了烤茶的温度要高，要使茶受热均匀；烤茶分为两次烤，中间有一定的冷却时间，这与现代制茶干燥中分步干燥同理。

碾罗：茶饼烤好之后就趁热装入纸袋，隔纸袋敲碎。纸袋既可保香，又可以防止茶末飞溅。继而入碾碾成末，用罗合筛出细末，使碎末大小如米粒般为佳。

择水煮水：陆羽对于煮茶用水有“其水，用山水上，江水中，井水下”，“其山水，拣乳泉石池漫流者上……其江水，取去人远者。井取汲多者”。认为山上出于乳泉石池的流动缓慢的水为好，喝起来清爽，适合煮茶，而江水一般污染较大，因此去少有人去的地方水较洁净，井水要去使用频繁的井取，因为“汲多则水活”，水比较洁净、鲜活，适合煎茶。

陆羽对于水温的判断有“三沸”之说：“其沸如鱼目，微有声为一沸，缘边如涌泉连珠为二沸，腾波鼓浪为三沸，已上水老不可食也”。

投盐：当水初沸的时候，根据水量按比例加入盐。

备汤：二沸时，舀出一瓢水放在熟盂中。

旋汤：用竹夹旋激沸水中心使其形成漩涡。

投茶：量取适当茶末从漩涡中心投下。

育华：等到水沸腾翻滚，就放进之前舀出的水止沸，使其孕育沫饽，称为育华。

酌茶：即用瓢将茶舀出。这一步也是十分讲究，当水第一次沸腾时，要去掉水面上形成的一层类似黑云母的水膜。酌茶时，将第一瓢茶称为“隽永”，要放在熟盂中以备孕育沫饽或止沸之用，然后依次舀出几碗茶，各碗中的沫饽要均匀，因为“沫饽，汤之华也”。茶分好之后要趁热饮用，“如冷，则精英随气而竭”。

3. 唐代茶人饮茶意趣与精神追求

（1）唐代饮茶意趣的文人诗化特征　中唐以后，饮茶开始普及，唐朝是诗的国度，大批文人介入茶事活动，《全唐诗》中以“茶”字为诗题的咏茶诗有112篇，诗人为61人，孟浩然、李白、皎然、卢仝、白居易、皮日休、陆龟蒙、元稹等都留下了脍炙人口的茶诗，对唐代品茶艺术的发展产生了积极的影响。文人饮茶，提升了饮茶的文化品位，使品茗成为艺术享受，他们强调从审美的角度来品赏茶汤的色、香、味、形，更注重追求精神感受。唐代饮茶意趣也在众多唐代茶诗中被描画得淋漓尽致，比如诗僧皎然的《饮茶歌诮崔石使君》描述如下：

越人遗我剡溪茗，采得金芽爨金鼎。
素瓷雪色飘沫香，何似诸仙琼蕊浆。
一饮涤昏寐，情思爽朗满天地；
再饮清我神，忽如飞雨洒轻尘；
三饮便得道，何须苦心破烦恼、
此物清高世莫知，世人饮酒多自欺。
愁看毕卓翁间夜，笑向陶潜篱下时。
崔侯啜之意不已，狂歌一曲惊人耳。
孰知茶道全尔真，唯有丹丘得如此。

诗中描绘了煎茶清郁隽永的香气，甘露琼浆般的滋味，并生动描绘了一饮、再饮、三饮的感受，与卢仝的《走笔谢孟谏议寄新茶》有异曲同工之妙。卢仝在茶诗中描写的“七碗茶”将饮茶的感受从身到心淋漓尽致地表现出来：

“一碗喉吻润，两碗破孤闷。三碗搜枯肠，惟有文字五千卷。

四碗发轻汗，平生不平事，尽向毛孔散。五碗肌骨轻，

六碗通仙灵。七碗吃不得也，惟觉两腋习习清风生。”

诗中讲到喝茶喝到五碗的时候身骨都轻盈了，到第六碗的时候已经可以与神仙交流了，而到了第七碗，已经感觉到身子轻飘起来，一种飘飘欲仙的感觉。因为这首脍炙人口的茶歌，卢仝在茶界的大名仅次于陆羽，被尊为“亚圣”。

（2）唐代饮茶精神追求　如前所述，唐代文人们品茶，已经超越解渴、提神、解乏、保健等生理上的满足，着重从审美的角度来品赏茶汤的色、香、味、形，强调心灵感受，唐代是中国儒、释、道思想竞争而逐渐相互渗透融合的时期，由于茶的一系列特性，儒士、道士、僧人均成为茶的爱好和推广者，这大大推动了中国主流思想融入到饮茶活动中来。

陆羽在《茶经》中提到：“茶之为用，味至寒，为饮最宜精行俭德之人”。“精行俭德之人”便是古代“君子”的意思，认为饮茶有利于君子的修行。中唐时期，饮茶精神性诉求大大提升，煎茶法形式、器具完备，注重对饮茶环境的选择，完成了饮茶功能与审美特征的普遍性结合，表明中国茶文化已经初步成形。

三　中华茶文化的兴盛阶段

1. 宋代茶文化兴盛的基础

一般认为，中国茶文化兴于唐，盛于宋。主要表现在四个方面：① 宋元时期，中国饮茶文化在唐代大发展的基础上，茶叶经济空前发展，茶叶的生产区域和产量进一步扩大，宋代的茶区分布已与近现代中国茶区分布接近，茶业在税收、商贸领域日益发展。② 宋代饮茶更加普及，上至皇帝、王公贵族、文人墨客，下至平民百姓，社会各阶层均形成了日常饮茶的习惯，茶已成为“人家不可一日无也”的日常饮品。③ 宋代团饼茶的加工技术发展提升达到了高峰，宋代制茶工艺比唐代更加精致繁琐。④ 宋元时期点茶法较唐代流行的煎茶法更加方便，对茶品质的鉴赏和要求发生了精致化发展的趋势。

概而言之，唐宋时期的饮茶实质上是一种“吃茶法”，宋代茶饮基本沿袭了唐代

末茶“饮用”的模式，只不过在茶叶加工和茶汤准备方面有了新的发展，由于宋代帝王将相的爱好与广泛参与，宋代茶文化贵族化倾向显著：一方面体现在团饼茶的精工细作，耗费巨大的人力财力强调龙团凤饼外形纹饰之美；另一方面体现在茶汤调制方法，从唐代“煎煮”为主到宋元“冲点”为主，使宋代饮茶的价值取向出现了斗茶、茶百戏等强调游戏性和注重外在美的艺术特征。也正是以龙团凤饼、斗茶、茶百戏为特征引导宋代茶艺步入了过多强调外在美和饮茶游斗情趣，弱化了茶的饮用价值的歧途，元代是上承唐、宋，下启明、清的一个过渡时期。元代饮茶形式上基本延续宋代，却因政治、经济原因而渐弃宋代点茶的奢华与闲情雅致而重饮用，沸水直接冲泡散茶法进一步发展，为最终迎来了明朝茶叶散茶化的重大变革打下了基础。

2. 宋代饮茶方式与茶文化特点

（1）宋代点茶的程式　宋代点茶在唐代煮茶的基础上，技艺又有了系列发展和进步，客观上讲，点茶法大大提升了茶的品饮艺术，是中国末茶茶艺最辉煌的时期。点茶法源自煎茶法，开始于晚唐至五代间，宋代点茶法代替煎茶法成为主要的饮茶方式。主要操作流程包括炙茶、碾茶、罗茶、候汤、熁盏、调膏、点汤、击拂等步骤。

炙茶：用茶夹夹住茶叶置于火上慢慢烤干，其目的一是使茶叶中的水分充分散发，便于碾茶；二是使茶叶发出烘烤香。

碾茶：将烤过的茶片用干净的纸将茶叶包裹、冷却，之后再捣碎，再放于碾中反复碾压，使茶叶呈粉末状。古人以金银所制的茶碾为上，认为此法不会损伤茶色。碾茶是十分重要的一步，只有掌握好碾茶时间，才能碾出鲜白的茶色，为后面点出好的汤色及汤花打好基础。

罗茶：将碾好的茶末放入茶罗中进行筛分。茶罗一般选用细密的画绢，要求绢“细、紧、轻、平”。《茶录》中写道“罗细则茶浮，粗则水浮”，罗得过细，则茶浮；过粗则水浮在茶上，都不利于汤花的形成。

候汤：即掌握点茶用水的沸滚程度，它是点茶中比较难掌握的一步。蔡襄《茶录》中说：“候汤最难，未熟则沫浮，过熟则茶沉。前世谓之蟹眼者，过熟汤也。沉瓶中煮之不可辨，故曰候汤最难。”蔡襄认为蟹眼汤已是过熟，煮水用汤瓶，气泡难辨，故候汤最难。

熁盏：用热水预热茶盏。古人认为茶盏若冷，则茶末不能浮于水面。

调膏：将茶末置入烤热的茶盏中，向茶盏中注入少量沸水，用茶筅加以搅动，使盏中茶末呈有黏度和浓度的膏状。

点汤和击拂：点汤是继续往茶盏中注入一定比例的沸水，击拂是在点汤的同时用茶筅在茶盏中环回击拂，使之泛起汤花。点汤以及点汤手法有很高的要求，《茶录》中写道“茶少汤多，则云脚散；汤少茶多，则粥面聚。”在实际操作过程中注水和击拂同时进行。所以要创造出点茶的最佳效果：一要注意调膏，二要有节奏地注水，三是茶筅击拂需根据汤花的具体情况而有轻重缓急的运用。这种高明的点茶能手被称为“三昧手”。北宋苏轼《送南屏谦师》诗曰：“道人晓出南屏山，来试点茶三昧手”，说的就是这个意思。

根据《大观茶论》中点茶的描述，调制出如同融胶状的好茶汤，必须取茶粉适量，注入沸水方法得当，具体方法是沸水要分次注入。

第1次注入沸水时，不应直接冲到茶粉上，要沿着碗内壁周围注入。开始注水时，用茶筅搅动的手势宜轻，先搅成茶浆糊，然后边注水，边快速旋转击拂，使之上下透彻，乳沫随之产生。

第2次注入沸水时，可直冲茶汤表面，但宜急注急止，这时已形成的乳沫没有消失，同时用力击拂（搅动），这时可看到白绿色小珠粒状乳沫堆积起来。

第3次注入沸水的量如前，但击拂的动作宜轻，搅动要均匀，这时白绿色粟米蟹眼般水珠和粒状乳沫已盖满茶汤表面。

第4次注入沸水的量可以少一些，茶筅击拂动作要再轻一点，让茶汤表面的乳沫增厚堆积起来。

第5次注入沸水时，击拂宜轻宜匀，乳沫不多时可继续击拂，乳沫足够时即停止击拂，使乳沫凝聚如堆积的雪花为止，形成最理想的茶色。

第6次注水要看乳沫形成的情况而为之，乳沫多而厚时，茶筅只沿碗壁轻轻环绕拂动即可。

第7次是否注水，要看茶汤稀稠程度和乳沫形成的多少而定，茶汤稀稠程度适可，乳沫堆积很多时，就可不必注入沸水。经过上述7次注水和击拂，乳沫堆积很厚，紧贴着碗壁不露出茶水，这种状况称之为“咬盏”。这时才可用茶匙将茶汤均分至茶盏内供饮用。

（2）最为兴盛的点茶——斗茶　宋代点茶的兴盛催生了一种流行的竞技游戏——斗茶。所谓斗茶，又称茗战、点试、点茶，实际上就是点茶比赛，此法源于唐、盛于宋、终于元、明。唐代冯贽在《记事珠·茗战》中云："建人谓斗茶为茗战。"其意是说京畿一带称斗茶，福建一带称茗战，这说明唐代帝京和重要茶区已存在斗茶习俗。斗茶是以竞赛的形态品评茶叶品质及冲点、品饮技术高低的一种风俗，具有技巧性强、趣味性浓的特点。

唐代《梅妃传》也有宫廷斗茶的记载：开元年间，玄宗与梅妃斗茶，顾谓王戏曰："此梅精也。吹白玉笛，作《惊鸿舞》，一座光辉，斗茶今又胜我矣。"唐朝后期是茶道形式由煮煎茶向点茶发展的过渡期，至宋代斗茶之风开始真正盛行。宋代斗茶对于用料、器具、烹法及优劣评定都有严格的要求，其中"点汤"与"击拂"的好坏是评价斗茶技巧高低优劣的主要指标。

宋人在斗茶过程中评判点茶效果，一是看茶面汤花的色泽和均匀程度，二是看盏的内沿与茶汤相接处有没有水的痕迹。汤花面上要求色泽鲜白，民间把这种汤色称作"冷粥面"，意思是汤花像白米粥冷却后稍有凝结时的形状。汤花要均匀，称作"粥面粟纹"，就是像粟粒一样细碎均匀。汤花保持的时间较长，能紧贴盏沿而不散退的，称作"咬盏"，散退较快的，或随点随散的，称作"云脚涣乱"。汤花散退后，盏的内沿就会出现水的痕迹，宋人称为"水脚"。汤花散退早，先出现水痕的斗茶者，便是输家。《大观茶论》里如此描述汤色："点茶之色，以纯白为上真，青白为次，灰白次之，黄白又次。"以茶叶加工技术来论，汤色纯白，表明茶质鲜嫩，蒸时火候恰到好处；色偏青，表明蒸时火候不足；色泛灰，是蒸时火候太老；色泛黄，则采制不及时；色泛红，是烘焙火候过了头。《茶录》中写道"汤上盏可四分则止，视其面色鲜白，著盏无水痕为绝佳。建安斗茶，以水痕先者为负，耐久者为胜，故较胜负之说，曰相去一水两水"。

宋代斗茶，在文人中普遍流行。宋代诗人范仲淹的《和章岷从事斗茶歌》中，对宋代斗茶进行了生动描写。除了在诗词文章中多有表现外，在绘画中也多有反映，南宋刘松年的《茗园赌市图》和元代赵孟頫的《斗茶图》，形象地记录了当时斗茶的情景。

（3）宋代斗茶技艺的茶文化审美特点　如前所述，宋代点茶的兴盛催生了一种流行的竞技游戏——斗茶。斗茶以"斗浮斗色"来进行评比，比试茶的质量和点茶技艺。斗茶主要有三个评判标准。

① 看茶面汤花的色泽与均匀程度。

② 看茶盏内沿与汤花相接处有无水痕。

③ 品茶汤，要求茶味真香、回甘、滑口。

经过观色、闻香、品味三道程序，色香味俱佳者，方能大获全胜。

斗茶技艺强调鉴赏汤花，不断追求技艺和情趣，导致了“茶百戏”和“分茶术”的出现。茶百戏和分茶术是在点茶时让汤花呈现出诸如山水雨雾、花鸟鱼虫、诗词等图案，须臾即灭，需要十分高超的技术。成书于五代的陶谷（970年）《清异录·茗荈门·茶百戏》载：“茶至唐始盛，近世有下汤运匕，别施妙法，使汤纹水脉成物象者，禽兽虫鱼花草之属，纤巧如画，但须臾即就散灭，此茶之变也，时人谓之‘茶百戏’”。另外，《清异录·茗荈门·生成盏》记录了福全和尚娴熟的分茶技艺：“能注汤幻茶，成一句诗，并点四瓯，共一绝句，泛乎汤表。小小物类，唾手办耳。”福全对这种“馔茶而幻出物象于汤面”的“通神”之“汤戏”，自鸣得意“生成盏里水丹青，巧画工夫学不成。欲笑当时陆鸿渐，煎茶赢得好名声。”分茶在宋代十分流行，许多文人雅士也十分喜欢，并留下了不少关于分茶的诗词。

澹庵坐上观显上人分茶

杨万里

分茶何似煮茶好，煎茶不似分茶巧。
蒸水老禅弄泉手，隆兴元春新玉爪。
二者相遭兔瓯面，怪怪奇奇真善幻。
纷如擘絮行太空，影落寒江能万变。
银瓶首下仍尻高，注汤作势字嫖姚。
不须更师屋漏法，只问此瓶当响答。
紫薇仙人乌角巾，唤我起看清风生。
京尘满袖思一洗，病眼生花得再明。
汉鼎难调要公理，策勋茗碗非公事。
不如回施与寒儒，归续《茶经》传衲子。

杨万里的《澹庵坐上观显上人分茶》十分生动地描述他观看显上人玩分茶的情景：细腻的末茶与水相，在黑釉的兔毫盏盏面上幻变出怪怪奇奇的画面来，有如淡雅疏朗的丹青，或似劲疾洒脱的草书。

然而，宋代茶艺对于汤花的过分追求，客观上弱化了茶的饮用功能，甚而使宋代点茶艺术偏向于游戏与娱乐情趣而缺乏对精神追求，显得奢华而空洞。

另外，随着宋代斗茶技艺的发展，描写茶事活动的茶诗空前繁荣。欧阳修、梅尧臣、苏轼、王安石、黄庭坚等有名的诗人都留下了咏茶诗，据《全宋诗》统计，北宋以茶字为诗题的茶诗有300余首，诗人有102人。其中梅尧臣咏茶诗中以茶字为诗题有24首，诗中言及茶的有36首；苏轼咏茶诗中以茶为诗题的有21首左右，诗中言及茶的有55首左右；黄庭坚咏茶诗中以茶字为诗题的有23首，诗中言及茶的有72首。

宋代，儒、释、道三教合一成为时代思潮，在这种思潮影响下，文人雅士人生态度倾向于理智、平和与淡泊，文人雅士这种人生范式与茶之飘逸超然、清雅脱俗的灵性相契合，在饮茶中文人雅士体现出道德关怀的儒家情怀、若隐若现的佛性禅机、羽化成仙的道家情结，成为宋代茶文化的又一特点。

四 明清茶文化的多元发展时期

明清时期是中国茶业向近现代发展的时期，与宋代茶文化轻饮重艺、热衷于游戏娱乐的特点不同，明代茶业走上了综合考察茶叶品质和更加重视茶叶饮用功能的道路，强调加工理论和技术创新，茶叶冲泡饮用法的普及，革新了唐宋时期的“吃茶”文化，与此同时，宋代所崇尚的一些饮茶审美标准被一一弃用，取而代之的是崇尚品茶、方式从简、追求清饮之风，对茶品要求“味清甘而香，久而回味，能爽神者为上”，追求茶品之原味与保持自然之性。明清时期六大茶类相继出现，茶具趋于多样创新发展，主张用石、瓷、竹等制器，讲究天然。饮茶重视人文情怀，讲究精茶、真水、活火、妙器、闲情，强调品茶环境。概而言之，明清茶文化的发展具有以下特点。

1. 明清散茶发展与瀹茶法的兴盛

唐陆羽在《茶经·六之饮》提到“饮有粗茶、散茶、末茶、饼茶者”。宋代，团饼茶大行其道，但散茶同样得到了发展。欧阳修在《归田录》中说：“腊茶出于剑、建，草茶盛于两浙……”，其中的“草茶”就是散茶。

朱元璋以团茶制作劳民伤财为由，下诏废除贡团茶，由此，饼茶逐渐退出历史舞台，而散茶兴起，以瀹茶法为主的散茶品饮方式逐渐代替点茶法成为一直延续至今的饮茶方式。

瀹茶法是用条形散茶直接冲泡饮用的饮茶方式，这种饮茶方式杯中的茶汤没有“汤花”可欣赏，因此品尝时更看重茶汤的滋味和香气，对茶汤的颜色也从宋代的以白为贵变成以绿为贵。许次纾《茶疏》精练地概括了瀹饮法的具体要求：“未曾汲水，先备茶具，必洁必燥，开口以待。盖或仰放，或置瓷盂，勿意覆之。案上漆气食气，皆能败茶。先握茶手中，俟汤既入壶，随手投茶汤，以盖覆定。三呼吸时，次满倾盂内。重投壶内，用以动荡香韵，兼色不沉滞。更三呼吸项，以定其浮薄。然后泻以供客，则乳嫩清滑，馥郁鼻端。”瀹茶法不仅操作简便，而且保留了茶叶天然的色、香、味，受到人们的欢迎。

明代众多茶人著书立说，总结了散茶的冲泡技艺。综合明代茶学著作的有关内容，明代泡茶茶艺包含了以下几个方面。

（1）焚香　名香和名茶相伴，营造了安详、缥缈的气氛，增添了品茶的感受，为文人雅士所推崇与仿效。晚明苏州文震亨撰著的一部关于生活和品鉴的笔记体著作《长物志》认为：“品之最优者以沉香、岕茶为首，第焚煮有法，必贞夫韵士，乃能究心耳”。

（2）涤器　先用上等泉水洗涤烹茶器皿，务必保持洁净。程用宾《茶录》指出：“饮茶先后，皆以清泉涤盏，以拭具布拂净。不夺其香，不损茶色，不失茶味，而元神自在。”

（3）煮水　程用宾《茶录》说：“汤之得失，火其枢机。宜用活火，彻鼎通红，洁瓶上水，挥扇轻疾，闻声加重，此火候之文武也。盖过文则水性柔，茶神不吐。过武则火性烈，水抑茶灵。”

（4）温壶　程用宾在《茶录》中提出：“伺汤纯熟，注杯许于壶中，命曰浴壶，以祛寒冷宿气也”。

（5）洗润茶　顾元庆《茶谱》提出：“凡烹茶，先以热汤洗茶叶，去其尘垢冷气，烹之则美”。冯可宾《岕茶笺》说：“以热水涤茶叶，水不可太滚，滚则一涤无余味矣。以竹箸夹茶于涤器中，反复涤荡。去尘土黄叶老梗净，以手搦干置涤器内盖定。少刻开视，色青香烈”。

（6）冲泡投茶　张源提出应根据不同季节采取不同的投茶法。他在《茶录》说：“投茶有序，勿失其宜。先茶后汤，曰下投；汤半下茶，复以汤满，曰中投；先汤后茶，曰上投。春秋中投，夏上投，冬下投。”“投茶多寡宜斟酌，茶多则味苦香沉，水多则色清气寡。”

（7）斟茶　许次纾《茶疏》认为：“酌分点汤，量客多少，为役之繁简。三人以下，止熟一炉。如五六人，便当两鼎。”“一壶之茶，只堪再巡。初巡鲜美，再则甘醇，三巡意欲尽矣”。

（8）品茶　明代非常强调茶汤的品饮，陆树声《茶寮记》描述品饮茶汤的具体步骤为：“茶入口，先灌漱，须徐啜。俟甘津潮舌，则得真味。”要求茶汤入口，先灌漱几下，再慢慢下咽，让舌头味蕾充分接触茶汤，满口生津，细细品尝，从茶的色、香、味、形体会审美的愉悦。

2. 明清时期茶类多样化创新与饮茶文化的技术进步

明清时期制茶技术得到空前发展，伴随炒青绿茶兴盛，先后发明创生了黄茶、黑茶、白茶、青茶、红茶六大茶类。对茶叶品质的要求讲究饮茶而异，追求外形与内质的统一。

明清时期，人们注重对茶叶品质的审评，许多茶人称得上是茶叶审评专家。张源《茶录》讲述了炒青茶的评辨：“茶之妙，在乎始造之精。藏之得法，泡之得宜。优劣定乎始锅，清浊系乎末火。火烈香清，锅寒神倦。火猛生焦，柴疏失翠。久延则过熟，早起却还生。熟则犯黄，生则着黑。顺那则甘，逆那则涩。带白点者无妨，绝焦点者最胜。”当时已经通过品质判断加工的问题，认为高温炒出来的茶香味较清，炒的时间太长则茶叶变黄，时间太短茶叶则变黑，指出茶叶没有爆点才好。

张源《茶录》中还提出：“茶以青翠为胜，涛以蓝白为佳，黄黑红昏，俱不入品。雪涛为上，翠涛为中，黄涛为下”；“味以甘润为上，苦涩为下”。程用宾《茶录》则认为：“甘润为至味，淡清为常味，苦涩味斯下矣”，对滋味的品评深入细致。

清代梁章钜《归田琐记》提到福建泉州、厦门人的工夫茶时指出：“一曰香，花香小种之类皆有之。今之品茶者以此为无上妙谛矣，不知等而上之则曰清，香而不清，犹凡品也。再等而上之则曰甘，香而不甘，则苦茗也。再等而上之则曰活，甘而不活，亦不过好茶而已。活之一字，须从舌体辨之，微乎微矣，然亦必瀹以山中之水，方能悟此消息。”梁章钜将茶之香味区分为香、清、甘、活四个品级，要从舌头上去细细辨析、体味，可见清代品茶是何等之精。

明清形成的通过嗅觉、味觉、视觉、触觉等方式，从色、香、味、形诸角度来鉴别茶叶品质的方法，是现代茶叶感官审评的基础。

3. 明清茶具创新发展和茶文化倾向

明清瀹饮法为主流的沏茶法使得饮茶茶具发生了系列变化。其一，明代开始，“茶具”主要指饮茶之器，唐宋时的炙茶、碾茶、罗茶、煮茶器具成了多余之物，一些新的茶具品种脱颖而出。许次纾《茶疏》指出：“茶滋于水，水藉乎器，汤成于火，四者相须，缺一则废。”将茶具在明代品茶活动中的作用，提高到极其重要的地位。随着多茶类的出现，又使人们对茶具的种类与色泽，质地与式样，以及茶具的轻重、厚薄、大小等，提出了新的要求，创制了系列与各种茶类泡品饮相适的茶具。如茶壶的广泛应用，既可作泡茶又可作品茶的盖碗的形成，与茶壶配套的专用品茶杯的形成等。其二，明清时期，茶具品种增多，形状多变，色彩多样，再配以诗、书、画、雕等艺术元素，从而把茶具制作推向新的艺术高度，出现了系列既具有良好品饮功能，又具有较高的艺术鉴赏和收藏价值的茶具。最为突出的是江西景德镇青花瓷茶具和江苏宜兴紫砂茶具。

【第三节】·古代茶业制度

一 贡茶制度

贡茶的起源可以追溯到西周时期。《华阳国志·巴志》中记载了周武王联合四川各民族共同伐纣以后，将巴蜀所产的茶列为贡品的事情：“土植五谷，牲具六畜，桑蚕麻苎，鱼盐铜铁，丹漆茶蜜……皆纳贡之。”这是历史上茶叶最早作为王侯向天子进献的贡品的记载。

贡茶制度的真正形成始于唐朝。唐代贡茶制度有两种形式，一种是朝廷选择茶叶品质优异的地区定额纳贡，一种是朝廷选择茶树生长的生态环境得天独厚、产量集中、品质优异的产茶地区由朝廷直接设立贡茶院制作贡茶进贡朝廷。当时的常州阳羡茶、湖州顾渚紫笋茶、睦州鸠坑茶、舒州天柱茶、宣州雅山茶、饶州浮梁茶、溪州灵溪茶、峡州碧涧茶、荆州团黄茶、雅州蒙顶茶、福州方山露芽等都是品质优异的贡茶。

宋代沿袭了唐代的贡茶制度，与之不同的是在唐代兴盛的许多贡茶院已经风光不再，而建安北苑茶在历史的舞台大放光彩。根据熊蕃的《宣和北苑贡茶录》记载，北苑贡茶共有细色粗色两大类多达40多个品种。其中龙凤团茶是专供皇室的茶品，其茶以银模压之，饰以龙凤花纹，栩栩如生，精湛绝伦。宋代茶学专著，如《大观茶论》、《宣和北苑贡茶录》、《北苑别录》、《茶录》等多以建安贡茶为主要内容，这充分说明了建安茶在当时的重要地位。

进入元明时期后，贡焙制有所削弱，仅在福建武夷山设有小型御茶园，仍旧实施定额纳贡制。至明朝，明太祖朱元璋认为精工细琢的龙凤团饼茶既劳民又耗国力，因此诏令“罢造龙团，唯采芽以进”。至此，贡茶区的茶农重新开始交纳茶税，唐朝以来建立的贡茶制度不复存在。

贡茶院是贡茶制度中的重要官方机构，属于中央官产业的一个组成部分。贡茶院除中央指派官吏负责管理外，当地州长官也有义不容辞的督造之责。贡茶制度一方面把私有茶园变为官方茶园，茶农不能因种茶而谋生，定额纳贡加重了茶农负担，使他们生活日益贫困。但另一方面，人们为了制作出精良的贡茶，不断研究茶树栽培与茶叶加工技术，如《北苑别录》等书还详细列出了北苑茶的制作流程以及优缺点。古人对于贡茶的痴迷与钻研使得茶叶种植及加工技术得到了飞跃的进步与发展。

二 茶税制度

茶税是我国古代官府重要的财政收入。茶之有税，最早可以追溯至唐代。唐代是我国茶业发展的兴盛时期，茶业经济的繁荣使得唐政府认识到了制定茶税对于提高财政收入的意义。安史之乱后地方藩镇割据，兵革连绵不息，沉重的军费支出以及供养政府官僚的支出使得国库日益告急，唐德宗时的户部侍郎赵赞为了筹措国家实施轻重“常平”政策的本钱，主张对竹木茶漆等一类商品均征收10%的税，这一举措开启了中国历史上中央政府征收茶税的漫长历程。然而这次所设置的茶税并非专税，唐德宗在兴元元年大赦天下，并且“悉宜停罢”了“竹木茶漆榷铁”等税。直至唐德宗贞元九年，国家由于受水灾等的影响财政出现问题，铁盐使张滂上奏提出了茶税课征，这是我国历史上真正对茶专门设立单一税种的开端。至此，茶税成为一种固定的税赋。

茶税征收的范围、税率等在不同历史背景下有着极大的不同，它的征税原则的变化某种程度上讲可以看作政治风雨的晴雨表。茶税的变化总的来说是征收范围不断扩大，征收率不断提高。

在唐代有过三次较为明显的茶税增收。第一次是在唐穆宗长庆元年，由于元和以前财政支出不断，又恰逢宫廷建造百尺高楼，导致国家财政拮据，盐铁使王播上奏增加茶税，将过去的每千钱征收百文骤然提高到一百五十文，增加了百分之五的税率。第二次是在唐文宗大和九年，在榷茶制度短暂实施又因民怒戛然而止后，政府为了获取较高的茶利致使茶税又有了一次较为明显的提高。第三次茶税的提升是在唐武宗即位以后，盐铁转运使崔珙上奏增加江淮茶税，“是时茶商所过州县有重税，或掠夺舟车，露积雨中，诸道笠邸以收税，谓之拓地钱”。通过多次提高税率，唐政府的茶税收入有了明显的提高。至唐宣宗大中十年，全国茶叶税收总计约六十万三千三百九贯，较贞元九年增加了百分之五十。然而另一方面中央政府和地方官员对于茶税的横征暴敛最终也导致了民间茶叶私贩的兴起。

唐后的五代十国时期，全国分裂割据，导致茶法各地不一，但是都有一个明显的特征——放松了对茶的征税。到了宋代，茶业经济发展到了一个顶峰时期，全国各地上至皇族官僚，下至平民百姓，皆盛行饮茶之风，全国的茶叶生产量也较唐代翻了几番，此时在兴起的榷茶制度下，茶农茶商所获茶利较以前大为减少，茶税可谓是变相地增加了。

明朝由中央户部主管全国茶务，在地方设茶课司、茶马司办理征税和买马事宜，并且专门设立了批验所检查茶引的真伪。清代中叶，茶税在国家财政收入中所占比重有所减小，而至清朝后期，外强侵入，国内爆发农民起义等战事，战争赔款及军费开支都使清朝政府财政吃紧，朝廷被迫通过加重赋税来解决危机。此时各地任意设卡征税，一物数征，运销越远税额越大，这使得茶农和普通民众的负担异常沉重，茶叶流通严重阻滞，茶园茶庄大量荒废。

三 榷茶制度

对某些商品实行征榷（专卖）以取得财政收入是西汉及唐以后的历代王朝所实

行的一项基本国策。唐代已经出现了榷茶制度，但其真正的兴盛则是在宋代以后。宋代开始国家对于茶叶长期实行政府专独占收购批发环节，商人只得从政府购买茶叶进行销售的政策。这项制度对于整个宋代的茶业经济及茶叶发展有着十分重要的影响。此后的朝代政府多延续宋代发展起来的榷茶制度。

唐代榷茶：榷茶的最早出现可以追溯到唐文宗太和九年（835年），王涯被任命为江南榷茶使。王涯制定并实施了残酷的榷茶措施，命令百姓把他们的茶树都挖掘起来移植到官场中去，并把他们已经加工好而尚未出售的茶叶统统烧掉。这一举措导致民间怨声载道。但正好"甘露事变"发生，王涯为宦官们所杀。这时大臣令狐楚提出取消榷茶，皇帝下诏停止，唐代榷茶就此结束，历时仅为短短的两个月。

十三山场与六榷货务：十三山场与六榷货务是宋代东南地区实施榷茶的重要机构，十三山场是指淮南蕲州王祺、石桥、洗马，黄州麻城，庐州王同，舒州太湖、罗源，寿州霍山、麻步、开顺，光州商城、光山、子安场等收茶场。六榷货务是指江陵府、蕲州蕲口等贮藏批发茶叶的机构。这两个机构终于嘉祐四年（1059年）。

十三山场是宋政府在淮南产茶地区设立的机构，茶区种茶的民众被称作"园户"，隶属于所在的山场，园户交茶租和自己的"食茶"，按官府制定的价格卖给山场，而另一方面商人要想取得十三山场的茶叶，必须先在京师交纳一定的金帛，然后到指定的山场获取茶叶。宋政府通过山场控制园户，以"本钱"切断他们同商业资本、高利贷资本的联系，以此来垄断茶利。

六榷货务所在之地都是所谓的"要会之地"，这些地方既是茶叶的集散地，又是交通要冲，它们将东南各地的茶叶分别集中起来，由当地所在的榷货务掌握，然后再转向各地售卖。这种措施切断了商人同园户的直接联系，保证了政府对茶利的垄断，同时使商人所交纳的金帛的价格与各榷货务存茶叶数量的价格相当。这是宋政府维护其对茶利的垄断的办法。

交引法：宋代榷茶制度的发端要追溯至宋太祖建隆三年（962年），这一年宋政府开始参与南方北贩茶叶的经营，政府开始对北销的江南茶叶实行官府垄断收购。这项举动成为了宋代官府确立榷茶法的引子。至乾德二年（964年），政府扩大了对江南北销茶叶的全面垄断，对江南北销茶叶正式实行专卖。此时江南商人不许过江兴贩，其茶除折税外悉由官买，宋朝茶商贩茶需"入金帛京师，执引诣沿江给茶"，向朝廷购买。因商人在京师交纳金帛后到沿江地区购买茶叶是以交引为凭证，所以这种榷茶制度又被称作“交引法”。在北宋初期特殊形式下形成的以垄断收购为特色的交引法是北宋前期东南地区的主要榷茶制度。

折中法：端拱二年（989年），由于军队急需军饷粮草，榷茶制度开始实行折中法，以此通过民间商人运输军用粮草换取茶盐等榷货来保证军队后勤的供应。所谓折中法，即不同产品之间进行相互的折价用以兑换，当时的折中法具体为商人运粮草于边塞下，按照运输距离的长短折算价格，接受粮草的机构发给商人凭证到京师去换取钱财，或者到江淮荆湖地区换取等价的茶盐。由于茶利丰厚，茶商获取茶叶后转卖西北地区可以获得较高的利润，同时政府通过“加抬”“虚高”等优惠价格手段吸引商人运送粮草，因此一时有大量的茶商贩沿边运送粮草换取榷货凭引。至道二年（996年），宋夏战争的爆发导致了官茶的陈积，政府为了缓解财政，从而出现了榷茶制度中的三说法与现钱法。所谓现钱法，即商人在边塞地区的粮草直接以现钱折中换取钱财或者等价的茶引。而三说法是指商人以茶叶、香药、现钱三种物品按照比例折中的办法。这两种方法本质都是沿边折中法，它们都只涉及了茶叶是否直接用于沿边折中，并未触及茶叶的生产与收购环节。三说法与现钱法曾断续几次出现在榷茶历史上。

贴射法：贴射法是对交引法的彻底改革。宋政府实行榷茶制之后，国家、商人和园户之间展开了斗争，这种斗争使宋政府一再改变它的茶法，因而出现了贴射法。贴射法允许商人与园户直接交易，“令商人就出茶州官场算买，既大省车运，又商人皆得新茶”，而政府从中按交引法时的榷茶净利收取息钱。政府设置的榷货务和茶场不得干涉，这种允许商人与园户直接交易的管理制度又被宋人称作“通商法”。然而贴射法施行的时间远不如交引法长，至嘉祐四年（1059年），只在淳化三年（992年）和天圣元年（1023年）两次施行贴射法。贴射法虽然解决了沿边折中法存在的虚估问题，但其对于政府而言存在一个巨大的弊端，即减少了榷茶的茶利收入，欧阳修曾说贴射法有一利而有五害。

嘉祐四年（1059年），宋仁宗在听取了多方意见后，诏罢十三茶场和六榷货务，“开江淮茶禁，听民自卖，通商收税”。宋代自乾德二年（964年）至此，茶法更改反复变化，但在江淮和东南执行的基本上都是禁止自由通商的榷茶制度。嘉祐四年罢榷实行通商法后，过去实行禁榷之地，“惟腊茶（建茶）禁如旧，余茶肆行天下矣”。然而这次禁榷并未达到永久的效果，熙宁五年（1072年），政府以福建茶叶陈积，诏福建茶在京、京东西、淮南、陕西、河东禁榷，余路通商。熙宁七年（1074年），东南榷茶时无禁榷的蜀茶开始了它的禁榷历史。到宋神宗元丰八年（1085年）东南和广东茶开始复榷，除汴京及开封府界、陕西路通商外，宋境均为榷茶地。至崇宁元年（1102年）蔡京变法后，嘉祐通商法彻底被取代了。

元代榷茶：元代执行榷茶的总机构是置于江州（今江西省九江市）的江州榷茶都转运司或称江西等处都转运司。江西都转运司为发放引据之处，它与分布产茶区的若干提举司在“散据卖引”之外，同时执行“规办国课”的使命，被称作“场务官”，由此形成了较宋代“卖引法”更为重叠而严密的管制网。这套建置，便利了商贩买引，但受官场政治的腐败之风影响，也会扰乱地方税收，紊乱茶法。相对于宋代采用的官造茶笼，元代采用加盖官印的茶袋，也称“官印筒袋”。茶袋在茶卖完后必须依限上缴所在官司。元代的四川茶法受到了宋代四川茶法的影响，在中统二年（1261年），即已“官卖蜀茶，增价窝于羌人”，政府统购茶叶销售于蒙藏地区，后由于加价过高，引起了少数民族的不满。以后政府停止经营，改由商人按行纳税，自行购运。

四 茶马互易政策

茶马互易，主要是指我国北部与西部从事畜牧业经济的少数民族，用马匹等牲畜及畜产品与内地换取茶叶、布帛、铁器等生产、生活必需品的比较集中的大规模集市性贸易活动。它开始于唐代，盛行于两宋、明、清，长达千余年。茶马互易这种贸易因大多由封建国家所控制，或在国家政令的许可下，更多时候成为国家控制边境游牧民族并且获取战马的外交手段。

“番人食乳酪，不得茶则困以病”是对游牧民族对于茶的强烈需求的写照。游牧民族长期以食肉为主，因此需要通过饮茶来温润暖胃、消食解腻，而游牧民族所在的地区通常是不产茶的，必须通过与内地进行贸易而获取茶叶。游牧民族盛产牲畜和畜产品，其中马的品质更是胜过中原地区。马是狩猎、交通、骑射、战争中的重要工具，与一个国家的生产发展、军备强弱、国势盛衰有着密切的关系。因此茶马互市的产生便有了其充分条件，游牧民族与中原地区开始进行茶马互市，各取所需。

茶马互易的记载，最早见于唐代。唐开元十九年（731年），当时占据青、康、藏高原的吐蕃王朝，要求与唐划界互市，提出交马于赤岭（今青海湖东岸日月山），互市于甘松岭（今四川松潘西北）的请求。当时输入北方牧区的茶叶主要产于四川与汉中地区。

宋代，在北方相继出现了以经营畜牧业为主的少数民族建立的辽、金、夏政权。这些政权长期威胁着宋朝边境，使得宋朝政府不得不在国防与外交上下足工夫。因此，宋代的茶马互易制度较之前有了很大的发展。宋代易马主要依赖川茶，川茶法在北宋初期为自由通商法，但禁出境，其余各地茶也不可以入川境，至北宋后期则逐渐全面禁榷。川茶的禁榷在物质上确保了宋代官营茶马贸易繁荣发展。

宋代官营茶马贸易的管理机构为都大提举茶马司，该司统筹兼管茶马二政，专职榷茶易蕃马。熙宁七年（1074年），宋神宗采纳熙河路经略使王韶以茶易蕃马的建议，即设置提举成都府路茶场司、熙河路买马司，分别办理榷茶和买马事宜。二司最初都隶属于提举市易司，由此导致机构设置不当，三方职权不清，给茶马贸易的实施带来了一些障碍。熙宁十年（1077年），提举成都府等路茶场司脱离市易司成为一个独立机构，标志着宋代官营茶马贸易机构的正式创立。至崇宁四年（1105年），茶马二司合并成茶马司，成为茶马事务的最高管理机构。

宋代茶马贸易大体为以熙河、秦凤为中心的西北茶马贸易格局。这主要是因为熙河（治所在熙州，在今甘肃临洮）、秦州（秦凤路的治所，在今甘肃天水市）是西北养马的天然牧场，自古盛产良马。其位于陇右（古人以西为右，故称陇山以西为陇右，古时也称陇西。陇右地区位处黄土高原西部，界于青藏、内蒙、黄土高原三大高原结合部）通关中、蜀中的三岔交汇之地的这一优越地理位置也使之成为西北贸易的集散地，便于运送川茶交换马匹。

宋王朝为了稳定发展茶马贸易，根据质量差价、季节差价、地区差价、规格差价等制定了一系列茶马比价政策。为了获取更多的马和满足边疆少数民族对茶叶的需求，宋政府还规定了茶马贸易年额。宋初政府每年买马五千余匹，至熙宁三年（1070年）升至一万匹，徽宗初期买马数最多，一度突破年额二万匹。徽宗以前陕西买马用茶年额一般均在二万驮（指一匹骡马所负载的茶叶）上下波动，崇宁时期由于买马额稍有增加，加之马价变动，年用茶额遂增至五万驮以上，为北宋最高年额。

南宋时，政府偏安于江南一隅，但为了巩固局势，抗击金兵，马匹来源至为重要，于是互市的重点便由原来的北方转向西南，主要与大理政权之间进行。至元朝由于统治者是蒙古族，其本身便为草原上的游牧民族，战马来源充足，加之国土空前辽阔，边荒皆为内地，因此对茶马互易的重视远不如前代。

茶马互易发展到明代，其性质已发生很大的变化。在实行茶叶专卖的同时，制定了更加完备的茶马市易制度。明代的茶马贸易，主要还是与北部及西部的蒙、藏等少数民族间进行。所易之茶，初期仍是唐宋以来传统的“巴茶”，后来逐渐为物美价廉的湖南茯茶所取代。明朝还对茶马互市采取了一系列新举措，以保障茶马互易的正常进行。一是在洪武十六年（1383年）出台了“土赋”制度。二是实行金牌信符制度，即差发马制度。明洪武初相继在秦州、河州、洮州、庄浪、西宁、甘州设立茶马司，负责用四川、汉中等地出产的茶换取西宁卫（今西宁市）、河州卫（治所在今甘肃临夏市）、甘州卫（今张掖市）等地所产的马。洪武三十年间，对西北各“纳马之族”给发金牌，以为纳马凭证。金牌信符成为明代茶马贸易的合法凭证。三是实行“收纳差发马匹，给以价差”的茶马比价制度。蒙古族地区每年输出如此大量的马匹，但他们的生活必需品茶叶却受到明廷的限制，经常得不到满足。于是“万历五年俺答款塞，请开茶市”，这反映了蒙古游牧民族对扩大茶叶贸易的迫切要求。明代政治相对于宋代较为安定，少数民族地区的畜牧业也较为发达，这使得明代的茶马互市贸易十分活跃。

清初延续了明代的“茶马互易”制度。顺治二年（1645年）设西宁、甘州等5个茶马司，由陕西茶马御史督理。康熙七年（1668年）裁撤陕西茶马御史，茶马事务由巡抚兼理。康熙四十四年（1705年）中止以茶易马事务，改征茶叶税款并且允许商人自由贸易。随着清朝在全国范围内统治秩序的建立、社会的安定，以及农牧业经济的发展和民间贸易的繁盛，茶法、马政也开始发生了相应的变化。清朝政府在康熙二十年（1681年）、二十二年（1683年）分别平定“三藩”和收复台湾之后基本达到了全国的政治统一，朝廷对茶马贸易开始淡化。雍正九年（1731年）因用兵新疆，恢复“茶马互市”，仍设西宁等地茶马司。对新疆的军事行动结束后（1735年），所需马匹数量已大不如战时，仅靠贡赋形式就可以满足，延续近千年的茶马互市制度至此正式宣告结束，茶马贸易转由民间经营。

— 参 考 文 献 —

[1] 邓前程. 论明代“以茶驭番”的立法与实践[J]. 社会科学战线，2008（1）：104-106.
[2] 黄纯艳. 宋代茶法研究[M]. 昆明：云南大学出版社，2002.

[3] 章秉纯．唐代茶税考述[J]．云南师范大学哲学社会科学学报，1996，28（2）：8-11.
[4] 张凯农，肖纯．我国茶税演进与茶业发展[J]．福建茶叶，1996，（2）：43-45.
[5] 钱时霖．我国古代的茶税、榷茶和茶法[J]．中国茶叶加工，1994，（4）：44-46.
[6] 钱时霖．我国古代的茶税、榷茶和茶法（续）[J]．中国茶叶加工，1995，（1）：43-46.
[7] 刘瑛．元代的茶法和茶叶生产[J]．中国茶叶，2006（3）：42-44.
[8] 象多杰本．略论茶马互市的历史演变[J]．青海社会科学，2007（5）：79-81.
[9] 沈冬梅．论宋代北苑官焙贡茶[J]．浙江社会科学，1997（4）：98-102.
[10] 白振声．茶马互市及其在民族经济发展史上的地位和作用[J]．中央民族大学学报：哲学社会科学版，1982（3）：28-34.
[11] 中华茶叶联谊会编．中华茶叶五千年[M]．北京：人民出版社，2001.
[12] 张学亮．明代茶马贸易与边政探析[J]．东北师大学报，2005，（01）：75-80.

第三章

茶叶分类与加工

【第一节】·茶叶的分类与品质特征

一 我国茶区分布

中国茶区分布辽阔，东起东经122度的台湾省东部海岸，西至东经95度的西藏自治区易贡，南自北纬18度的海南岛榆林，北到北纬37度的山东省荣成市，东西跨经度27度，南北跨纬度19度。共有浙江、湖南、湖北、安徽、四川、福建、云南、广东、广西、贵州、江苏、江西、陕西、河南、台湾、山东、西藏、甘肃、海南等21个省（自治区）的上千个县市，地跨中热带、边缘热带、南亚热带、中亚热带、北亚热带和暖温带。在垂直分布上，茶树最高种植在海拔2600米高地上，而最低仅距海平面几十米或百米。不同地区生长着不同品种的茶树，其品质、适制性及适应性也不同，从而形成了一定的茶类结构。在中国，国家一级茶区分为4个，即江北茶区、江南茶区、西南茶区、华南茶区。

江北茶区指南起长江，北至秦岭、淮河，西起大巴山，东至山东半岛，包括甘南、陕南、鄂北、豫南、皖北、苏北、鲁东南等地，是我国最北的茶区，该茶区种植的茶树大多为灌木型中叶种和小叶种，主要以生产绿茶为主。

江南茶区在长江以南，大樟溪、雁石溪、梅江、连江以北，包括粤北、桂北、闽中北、湘、浙、赣、鄂南、皖南和苏南等地。江南茶区产茶历史悠久，资源丰富，历史名茶甚多，如西湖龙井、君山银针、洞庭碧螺春、黄山毛峰等，享誉海内外。该茶区种植的茶树大多为灌木型中叶种和小叶种，以及少部分小乔木型中叶种和大叶种。该茶区是发展绿茶、乌龙茶、花茶、名优茶的适宜区域。

西南茶区在昆仑山、大巴山以南，红水河、南盘江、盈江以北，神农架、巫山、方斗山、武陵山以西，大渡河以东的地区，包括黔、川、滇中北和藏东南。西南茶区茶树资源较多，由于气候条件较好，适宜茶树生长，所以栽培茶树的种类也多，有灌木型和小乔木型茶树，部分地区还有乔木型茶树。该区适制红碎茶、绿茶、普洱茶、边销茶和花茶等。

华南茶区位于大樟溪、雁石溪、梅江、连江、浔江、红水河、南盘江、无量山、保山、盈江以南，包括闽中南、台湾、粤中南、海南、桂南、滇南。华南茶区茶树资源极其丰富，汇集了中国的许多大叶种（乔木型或小乔木型）茶树，适宜加工红茶、黑茶（普洱茶、六堡茶）、白茶、乌龙茶、绿茶等。

二 我国茶叶分类与品质特征

我国生产的茶有绿茶、黄茶、黑茶、青茶（俗称乌龙茶）、白茶和红茶六大类，各类茶均有各自的品质特征。分类的主要依据是根据初制加工过程中，鲜叶的主要化学成分特别是多酚类中的一些儿茶素类发生不同程度的酶性或非酶性的氧化，其氧化程度的不同而形成不同风格的茶类。绿茶、黄茶和黑茶类在初制中，都先通过高温杀青，破坏鲜叶中的酶活性，制止了多酚类的酶促氧化。绿茶经揉捻、干燥形成绿茶清汤绿叶的特征；黄茶和黑茶在初制过程中，通过闷黄或渥堆工序使多酚类产生不同程度的非酶性氧化，黄茶形成黄汤黄叶，黑茶则干茶乌黑、汤色橙黄。相反，红茶、青茶和白茶类，在初制过程中，都先通过萎凋，为促进多酚类的酶促氧化准备条件。红茶是经过揉捻或揉切、发酵和干燥，形成红汤红叶的品质。青茶则进行做青，破坏叶子边缘的细胞组织，多酚类局部与酶接触发生氧化，再经杀青固定氧化和未氧化的物质，形成具有汤色金黄和绿叶红边的特征。白茶经长时间萎凋后干燥，多酚类缓慢地发生酶性氧化，形成白色芽毫多、汤嫩黄、毫香毫味显的特征。

当然，也可直接按照茶叶发酵程度来划分：① 不发酵茶：绿茶。② 半发酵茶：青茶。③ 全发酵茶：红茶。④ 微发酵茶：黄茶和白茶。⑤ 后发酵茶：黑茶。也可以根据加工层次分为初制茶、精制茶以及再加工茶，花茶、速溶茶、袋泡茶、保健茶、茶饮料等都属于再加工茶。各茶类分别介绍如下。

1. 绿茶

绿茶是中国产区最广泛、产量最多的一个茶类，占我国茶叶总产量的75%左右。绿茶种类很多，按照杀青与烘干的方法不同分为蒸青、炒青、烘青和晒青四类。由于采用的工艺不同，在滋味、香气等品质特征上也体现出不同的风格。

（1）蒸青　是指采用热蒸汽瞬间破坏茶叶中多酚氧化酶的活性，由于茶叶受热时间短，茶叶中的绿色成分如叶绿素得到大量保存，故所加工出的茶叶形成的“叶色、汤色、叶底”都具有嫩绿的特征。蒸青绿茶加工技术在我国唐宋时期广泛应用，现在国内只有个别省区生产蒸青绿茶。蒸青茶在唐代随着茶叶种植与蒸青茶制作技术传入日本后一直沿用至今。蒸青茶有煎茶、玉露、番茶、碾茶之分，目前主要在日本流行。上好的玉露被碾成粉末，称碾茶或末茶（又称抹茶），在举行茶道时使用。在国内常见的绿茶面包、月饼里添加的绿茶粉也多为蒸青绿茶原料。

（2）炒青　是指利用金属传热方式，茶鲜叶通过与高温锅体接触引起多酚氧化酶的变性失活，是我国现代绿茶的主要杀青方法。

如果杀青后再采用热炒方式进行干燥的叫炒青绿茶。炒青绿茶由于炒制时作用力不同，产生了不同的形状，分为长炒青、圆炒青、扁炒青等。长炒青经过精制加工后称为眉茶，成品花色有珍眉、贡熙、雨茶、茶芯、针眉、秀眉、茶末等，是我国出口绿茶的主要花色。圆炒青其品质特征是外形圆颗粒状，色泽深绿油润，汤色黄绿，有栗香，滋味浓厚，叶底深绿较壮实。历史上名优炒青有平炒青（原产于浙江嵊州、新昌、上虞等市县。因历史上毛茶集中于绍兴平水镇精制和集散，成品茶外形细圆紧结似珍珠，故称“平水珠茶”或称平绿，毛茶则称平炒青）、泉岗辉白（又称前岗辉白茶，因产于四明山脉的浙江省嵊州市下王镇前岗树而得名）、涌溪火青（原产于安徽省泾县城东70公里涌溪山的枫坑、盘坑、石井坑湾头山一带）等。扁炒青外形扁平光滑，产于西湖周边的龙井为西湖龙井，素有“色绿、香郁、味甘、形美”四绝，外形光扁平直，色翠略黄，滋味甘鲜醇和，香气幽雅清高，汤色碧绿黄莹，叶底细嫩成朵。

名优炒青，也称细嫩炒青绿茶，是指著名的炒青绿茶，包括龙井茶、涌溪火青等扁炒青、圆炒青，也包括毛尖型、芽型的各种名茶。特种炒青绿茶品质各异，名扬中外，著名的有西湖龙井、江苏洞庭碧螺春、南京雨花茶、安化松针等。其品质的共同特点是外形独特，色泽鲜活翠绿，内质香气清鲜高长，滋味鲜美纯甘，汤色绿亮，叶底嫩匀鲜活。

（3）烘青　烘青指茶叶原料经过杀青、揉捻处理后，采用热风进行干燥所形成的绿茶。普通烘青绿茶大多作为制作茉莉花茶的原料，香气一般不如炒青高。品质优越的烘青也称为特种烘青绿茶，有黄山毛峰、太平猴魁、六安瓜片、开化龙顶等。其基本特征是外形条索紧直、显锋毫，色泽深绿油润，香气清高，汤色清澈明亮，滋味鲜醇，叶底匀整嫩绿明亮，也是现在绿茶消费市场上的主流产品。

（4）晒青　晒青是指利用日光晒干绿茶。主要产于云南、四川、湖南、湖北等地。这种茶在市场上直接流通的并不多，大部分晒青茶叶用于制作黑茶，个别流通的晒青佳品多出于云南古茶树产区，以小产区概念茶行销于市，如老班章（属于云南省西双版纳傣族自治州勐海县布朗山布朗族乡管辖）、冰岛（隶属双江拉祜族佤族布朗族傣族自治县勐库镇）、昔归（昔归村隶属于云南省临沧市临翔区邦东乡邦东行政村）等。晒青绿茶再加工成紧压茶，如果不渥堆仍属于绿茶，经过渥堆之后属于黑茶。

绿茶除了根据加工工艺的不同来分类，还可以根据茶叶外形的不同进行分类。如扁形、片形、针形、卷曲形、珠形、眉形、兰花形等。

2. 红茶

红茶起源于中国武夷山，武夷山桐木关是小种红茶的发祥地。早在16世纪末就发明了红茶，之后在此基础上慢慢地演变出工夫红茶和红碎茶的制法。红茶是世界上消费的主要茶类，占世界茶叶产量的75%左右。根据初制工艺及品质的不同，红茶主要分工夫红茶、红碎茶和小种红茶三大类。红碎茶是世界红茶贸易的主要品种，占红茶世界贸易总量的98%左右。

（1）工夫红茶　工夫红茶是我国传统的特有红茶品种，属于条形茶，又称“条红”，以内销为主。通常以地名来给茶叶冠名，如祁红（安徽祁门）、滇红（云南凤庆一带）、越红（浙江）、粤红（广东）、闽红（福建）等。由于产地不同，采用的茶树品种和加工工艺都有差异，因此形成了各种风格迥异的工夫红茶。

高档工夫红茶的品质特征为：外形条索紧结，有金毫，色泽乌润，香高味浓，汤色红艳明亮，叶底红亮嫩匀。

（2）红碎茶　红碎茶与工夫红茶不同，做形环节以揉切工艺代替普通红茶的揉捻工艺，茶叶破碎率高，萎凋及发酵程度偏重。因此，红碎茶滋味浓强，收敛性强，汤色红艳明亮，适合加奶或加糖后饮用。

红碎茶分叶茶、碎茶、片茶和末茶四个规格。① 叶茶类：外形成条状，要求条索紧结，颖长，匀齐，色泽纯润，有金毫（或少或无金毫）。内质汤色红艳（或红亮），香味鲜浓有刺激性，按品质分为“花橙黄白毫”（Flowery Orange Pekoe，简称F.O.P）和“橙黄白毫”（O.P.）两个花色。② 碎茶类：外形呈颗粒状，要求颗粒重实匀齐，含毫（或无毫），色泽乌润，内质汤色红浓，香味鲜爽浓强，按品质分“花碎橙黄白毫”（Flowery Broken Orang Pokoe，简称F.B.O.P）、“碎橙黄毫”（B.O.P.）、“碎白毫”（B.P）等花色。③ 片茶：外形呈木耳形片状，要求尚重实匀齐，汤红亮，香味浓爽，按品质分“花碎橙黄白毫屑片”（Flowery Broken

Orange Pekoe Fanning，简称F.B.O.P.F）、“碎橙黄白毫屑片”（B.O.P.F）、“白毫屑片”（P.F）、“橙黄屑片”（O.F）和“屑片”（F）等花色。④末茶（Dust，简称D）：外形呈砂粒状，要求重实匀齐，色乌润，内质汤色红浓稍暗，香味浓强微涩。等级规格清晰，具体可分为花橙黄白毫（F.O.P）、橙黄白毫（O.P）、白毫（P）、花白毫（F.P）、花碎橙黄白毫（F.B.O.P）、碎橙黄白毫（B.O.P）、碎白毫（B.P）、碎白毫片（B.P.F）、片茶（F）、末茶（D）等。

（3）小种红茶　小种红茶是福建省武夷山的特种红茶，生产历史悠久，是我国最早产生的红茶。小种红茶具有特殊的松烟香，似桂圆香，滋味浓爽，带桂圆味，汤色橙黄。小种红茶根据产地的不同，分正山小种和人工小种。

正山小种是武夷山自然保护区内星村乡桐木关一带生产的，也称“桐木关小种”或“星村小种”，而周边的政和、坦洋、北岭、屏南、古田、沙县及江西铅山等地所产的仿正山品质的小种红茶，统称“外山小种”或“人工小种”。

3. 乌龙茶

乌龙茶是我国特有的茶类，又称“青茶”，属于半发酵茶。乌龙茶的命名一般与所采制的茶树品种相关，不同茶树品种的茶树单独采摘分别付制，如铁观音茶是由铁观音茶树品种采摘的鲜叶加工而成。

我国的乌龙茶产区主要分布在福建、广东、台湾地区。福建乌龙茶又分为闽北和闽南两个产区，闽北以武夷岩茶为代表，闽南以安溪铁观音为代表。广东地区以潮州的凤凰单丛和饶平的凤凰水仙为代表。台湾乌龙茶则以冻顶乌龙、白毫乌龙、文山包种等为代表。

闽南乌龙茶主产于福建南部的安溪、漳州、平和、永春等县市。闽南乌龙茶的发酵程度比闽北乌龙茶青轻，揉捻环节采用包揉的工艺。其外形紧结，重实卷曲，色泽砂绿油润，香气清高持久，带花香，滋味浓厚鲜爽，回甘明显。代表的茶叶有铁观音、黄金桂（黄旦）、本山、毛蟹、佛手等。

武夷岩茶是闽北乌龙茶的代表，茶树生长于山坑岩壑间，生产的茶叶具有天然的“岩骨花香”。根据茶树生长的环境不同，平地茶园所产的为“洲茶”，武夷山区内的慧苑坑、牛栏坑、大坑口、天心岩、天游岩、竹窠岩等范围内所产的为“正岩茶”，武夷山区内除生产洲茶和正岩茶之外的茶园生产的岩茶为“半岩茶”。茶树花色品种繁多，品质差异大，代表的四大名丛如大红袍、白鸡冠、铁罗汉、水金龟等，每个茶名的背后都有一个美丽的传说。另外还有武夷水仙、武夷肉桂等当家品种。

台湾乌龙茶源于福建，但是福建乌龙茶的制茶工艺传到台湾后有所改变，依据发酵程度和工艺流程的区别可分为：轻发酵的文山包种茶、冻顶乌龙茶，重发酵的台湾乌龙茶（如东方美人茶）。

4. 黄茶

黄茶也是我国特有的茶类之一，是从绿茶演变而来的特殊茶类。在唐时已有蒙顶黄芽作为贡茶。黄茶具有干茶色黄、汤色黄、叶底黄的“三黄”品质特征，其香气高锐，滋味醇爽。

加工过程中，在揉捻前后或初干后进行“闷黄”，在湿热的条件下茶叶中的茶多酚等物质进行氧化，并促使叶绿素降解，形成了黄茶“黄汤黄叶”的特点。根据采摘标准的不同，黄茶又分黄芽茶、黄小茶、黄大茶。我国的黄茶产量小，品种也比较少，代表的茶品有君山银针、霍山黄芽、蒙顶黄芽、平阳黄汤、莫干黄芽等。

5. 白茶

白茶是我国的特产，产于福建省的福鼎、政和、松溪和建阳等县市，台湾省也有少量生产。白茶生产已有200年左右的历史。茶叶外形以“满披白毫”为显著特点，加工工艺以“不炒不揉”为特点。白茶在加工过程中，经过长时间的萎凋，茶多酚进行轻度而缓慢的氧化。

白茶最主要的特点是毫色银白，素有“绿妆素裹”之美感，且芽头肥壮，汤色黄亮，滋味鲜醇，叶底嫩匀。冲泡后品尝，滋味鲜醇可口，还能起药理作用。中医药理证明，白茶性清凉，具有退热降火之功效，海外侨胞往往将白茶视为不可多得的珍品。白茶的主要品种有白毫银针、白牡丹、新工艺白茶、贡眉、寿眉等。

6. 黑茶

黑茶是六大茶类中的后发酵茶，过去以边销为主，少量内销，因此又称“边销茶”。黑茶根据产地和工艺的不同，分为湖南黑茶、湖北老青砖、四川边茶、广西六堡茶、云南普洱茶等。

（1）湖北老青砖　湖北老青砖解放前集中于湖北蒲圻（今赤壁市）的羊楼洞一带，故又名“洞砖”，砖面印有“川”字，又称“川字砖”。新中国成立后，老青砖主要集中在湖北赤壁市赵李桥茶厂加工，每块重2千克，长34厘米、宽17厘米、厚4厘米。青砖原料里外等级不一样，洒面、二面和里茶分别由老青茶的一、二、三级毛茶拼配压制而成。

（2）茯砖　茯砖是以湖南黑毛茶和四川西路边茶为原料的一种紧压茶。茯砖因在伏天加工，因此又称“伏砖”。湖南的茯砖主要集中在安化、益阳一带，茶砖呈长方形，一般每片重2千克，主要销往新疆、甘肃、青海一带。

茯砖在压制前需要经过一道特殊的工序——“发花”，在一定的温度、湿度条件下，使茶坯内部的特殊霉菌滋生，分泌各种酶，促进内含物质转化，使毛茶中的青涩味减弱，茶砖内部出现“黄花”茂盛，茶叶色泽黄褐。“金花”学名冠突散囊菌，是一种有益菌，金黄色颗粒就是这种菌的孢子囊。

（3）康砖和金尖　康砖和金尖都是四川南路边茶中的紧压茶，主产于四川雅安、宜宾及重庆市等地，主要销往西藏、青海一带，现在市场上又称“藏茶”。

现在，传统的康砖由各种绿毛茶拼配、压制而成，重0.5千克，呈圆角长方体，每篓装20块。金尖每块净重2.5千克，呈圆角长方体，每篓装4块，金尖色泽棕褐，香气平和，滋味醇厚，汤色红亮。从原料上来看，康砖的等级要高于金尖。

7. 再加工茶——花茶

花茶是我国传统的再加工茶，由茶坯（绿茶或乌龙茶等基本茶类）与各种香花进行窨制而成的茶叶。因此，花茶又称“香花茶”“熏花茶”“香片”。花茶以所采用的花的名称来命名，如“茉莉花茶”“珠兰花茶”“玫瑰花茶”等。

现在市场上销售最多的为茉莉花茶，是茉莉花与烘青绿茶经过窨花、通花、起花、烘干、提花等工序制成的。茉莉花茶香气清高鲜灵，滋味醇厚，汤色淡黄，饮后唇齿留香。

8. 深加工茶

传统茶叶的消费不能完全消耗掉我国的茶叶产量，每年大量的库存茶需要通过深加工来提高茶叶的附加值和产值。传统散茶的消费，需要用特有的茶具冲泡，对水温、环境等都有要求，而且冲泡后有茶渣，无法迎合年轻人和生活节奏较快的都市白领的需求。通过深加工，生产出不同类型的茶产品，适应各种层次消费者的需求，扩大茶叶的消费量，如速溶茶、茶饮料、茶提取物等。

【第二节】· 各类茶的加工方法

一 绿茶的加工方法

绿茶是鲜叶先经锅炒杀青或蒸汽杀青，揉捻后炒干或烘干或炒干加烘干加工而成的。在绿茶加工过程中，由于高温湿热作用，破坏了茶叶中的酶的活性，阻止了茶叶中的主要成分——多酚类的酶性氧化，较多地保留了茶鲜叶中原有的各种化学成分，保持了“清汤绿叶”的品质风格。因此，绿茶又称“不发酵茶”。

绿茶初制加工的一般步骤是：鲜叶→杀青→揉捻→干燥。

（1）鲜叶原料　普通绿茶鲜叶嫩度要求为一芽二叶和一芽三叶，高档绿茶要求芽头、一芽一叶和一芽二叶初展。鲜叶采摘后不能立即进行加工，需要经过一定时间的摊放。摊放后，鲜叶中的水分减少，叶质变软，青草气减弱，茶叶中的氨基酸和可溶性糖增加。摊放后，鲜叶的失重率一般在15%～20%。

（2）杀青　采用高温破坏鲜叶中多酚氧化酶的活性，阻止鲜叶中多酚类物质在酶的作用下氧化，防止茶叶变化，保持茶叶固有的绿色，同时蒸发叶内部分水分，使叶质变软，便于揉捻，随着水分蒸发，一些低沸点的芳香物质散发，高沸点的芳香物质显露，从而使成品茶香气改善。杀青过程中要注意三个原则：首先，要“高温杀青，先高后低”，高温能使茶鲜叶迅速升温，达到快速破坏细胞内多酚氧化酶的活性的要求，后期温度降低，以免茶尖和叶缘由于水分过度散失而导致焦化；其次应“抛闷结合，多抛少闷”，绿茶要保持绿色的叶底和外形，叶绿素分解要少，因此多抛能使水蒸气尽快散发，以免过多湿热状态（闷）而使叶绿素降解产生黄的颜色；再者，应注意“老叶嫩杀，嫩叶老杀”的原则，老叶水分含量少，杀青程度宜轻，嫩叶水分含量高，酶活性强，杀青程度应重一些。

（3）揉捻　用手或机器的力量使叶子卷曲，为茶叶塑形，并使叶细胞适量破坏，细胞中的茶叶生化成分以茶汁的形式溢出，并附于茶叶表面，冲泡时溶解于茶汤，增加茶汤浓度，形成茶的滋味。

（4）干燥　干燥的目的是利用高温蒸发水分，固定茶叶品质，进一步巩固和发展香气。干燥的方法有烘干、炒干、晒干三种形式。烘干一般分为初干（又称毛火）和足干（又称足火），初干温度较高，高温有利于迅速固定品质，进一步发展香气，将茶叶烘至八成干，再用足火低温烘至足干。

二 红茶的加工方法

红茶是世界上生产和贸易的主要茶类，但在中国它的生产量次于绿茶。红茶是全发酵的茶类。鲜叶经鲜叶萎凋→揉捻（揉切）→发酵→干燥等工序加工，制出的茶叶，汤色和叶底均为红色，故称为红茶。其主要品质特点是“红汤红叶”。红茶的加工工艺流程如下。

（1）萎凋　萎凋是红茶初制的第一道工序，萎凋的目的是鲜叶在一定的条件下，均匀地散失适量的水分，使细胞张力减小，叶质变软，便于揉卷成条，为揉捻创造物理条件。伴随水分的散失，叶细胞逐渐浓缩，酶的活性增强，引起内含物质发生一定程度的化学变化，为发酵创造化学条件，并使青草气散失。

（2）揉捻　揉捻是红茶初制的第二道工序，是形成工夫红茶紧结细长的外形、增进内质的重要环节。揉捻的目的是在机械力的作用下，使萎凋叶卷曲成条；充分破坏叶细胞组织，茶汁溢出，使叶内多酚氧化酶与多酚类化合物接触，借助空气中氧的作用，促进发酵作用的进行。由于揉出的茶汁凝于叶表，在茶叶冲泡时，可溶性物质溶于茶汤，增进茶汤的浓度。

（3）发酵　发酵是红茶初制的第三道工序。发酵在萎凋、揉捻的基础上，是形成红茶色香味的关键，是绿叶红变的主要过程。发酵的目的是增强酶的活化程度，促进多酚类化合物的氧化缩合进一步形成茶黄素、茶红素，形成红茶特有的色泽和滋味。在适宜的环境条件下，使叶子发酵充分，减少青涩气味，并产生浓郁的香气。

（4）干燥　干燥目的是利用高温破坏酶的活性，停止发酵，固定萎凋、揉捻，特别是发酵所形成的品质。蒸发水分使茶叶含水量降低到6%左右，以紧缩茶条，防止霉变，便于贮运。此时继续发散青臭气，进一步发展茶叶香气。一般红茶烘干分两次进行，第一次烘干称毛火，中间适当摊晾，第二次烘干称足火。毛火掌握高温快速的原则，以便能迅速抑制酶的活性，散失叶内水分。足火掌握低温慢烤的原则，继续蒸发水分，发展香气。

三 乌龙茶的加工方法

乌龙茶的基本加工工艺为：晒青→做青→杀青→揉捻→干燥。这种加工工艺结合了绿茶和红茶的工艺，使乌龙茶具有了介于绿茶和红茶之间的品质特点，香气高，且具有天然的花香，滋味醇厚，回甘明显，耐冲泡，叶底具有绿叶红镶边的特点。

（1）鲜叶采摘　乌龙茶的采摘标准一般为成熟采，形成驻芽的成熟新梢，又称“开面梢”、“开面采”。新梢顶部第一叶与第二叶的面积比例≤1/3为小开面，面积比例≥2/3为大开面，介于两者之间的为中开面。

（2）晒青　乌龙茶鲜叶采摘后，需要进行晒青。其原理是鲜叶在阳光的红外线和紫外线的作用下，叶温迅速提高，水分蒸发，酶的活性逐渐加强，促进了多酚类化合物的转化和对叶绿素的破坏，同时对香草成分的形成与青草成分的挥发也起着很好的作用。晒青方法为：鲜叶薄摊于水筛、竹帘或专用的布帘上，选择下午15:00后或者上午11:00之前，日光较弱的时候进行晒青。晒青时间15~30分钟，中间翻叶2~3次。当晒青叶萎蔫，叶面贴伏，第二叶下垂，叶色呈暗绿并失去光泽，水分降至74%左右，到此程度即可。闽北乌龙茶晒青程度较闽南乌龙重，减重率在10%~15%，闽南乌龙一般为6%~12%。

（3）做青　做青是乌龙茶制作的重要工序，特殊的花香和绿叶红镶边的特征就是在做青过程中形成的。做青过程包括摇青和凉青。根据茶叶品质要求、鲜叶特点及气候等因素的不同，乌龙茶的做青工艺要求“看青做青”“看天做青”，因此即使同样的鲜叶、设备和加工人员，由于天气的不同，加工而成的乌龙茶品质也不尽相同。做青较适宜的温度为16~26℃，相对湿度55%~58%。其加工工艺原理为：萎凋后的茶叶放入摇青机或筛子上，通过机械的摇动，使叶片与叶片或叶片与摇青工具间相互摩擦和碰撞，擦伤叶缘细胞，从而促进细胞中的多酚类生化成分外溢，多酚类物质通过酶促作用与空气中的氧发生氧化反应，形成茶黄素氧化物质。通过晾青过程，将茶叶的水分重新分布，并促进醇类花香物质的形成。叶片刚开始时水分蒸发非常缓慢，失水也较少，摇青伴随着水分的蒸发，推动梗脉中的水分和水溶性物质，通过输导组织向叶片渗透、运转，水分从叶面蒸发，而水溶性物质在叶片内积累起来，最终形成茶叶的滋味物质。做青的过程也是走水过程，是以水分的变化控制物质的变化促进香气滋味形成和发展的过程。掌握和控制好摇青过程中的水分变化，是乌龙茶加工的关键。

当青叶呈半紧张状态，叶缘垂卷，叶背呈“汤匙状”，主脉半透明，手握柔软，做青程度较适宜。如果做青过度，则青叶色泽发暗，无光泽，红边面积不大，香低；做青若不足，叶态萎蔫，叶色呈暗绿，梗较壮，青臭气明显。

（4）杀青　做青叶达到一定程度后，需要通过杀青来固定品质，一般采用锅杀和滚筒杀青的杀青方式。杀青温度在200℃以上，杀青完成后，叶子能握成团而不散，梗折而不断，清香或花香显露。

（5）包揉做形　杀青完成后，进行揉捻或包揉成形。条形乌龙茶，如闽北和广东乌龙采用揉捻机成形，然后进行烘干。而闽南乌龙需要进行多次包揉、烘干。包揉是安溪乌龙茶和台湾高山茶制造的特殊工序，也是塑造外形的重要手段。包揉运用“揉、搓、压、抓”等动作，作用于茶坯，使茶条形成紧结、弯曲螺旋状外形。通过初包揉可进一步摩擦叶细胞，挤出茶汁，黏附在叶表面上，加强非酶性氧化，增浓茶汤。包揉时，用力先轻后重，抓巾先松后紧，包揉过程中要翻拌1～2次，翻拌速度要快，谨防叶温下降，包揉时间2～3分钟，初包揉后要及时解去布巾，进行复焙，如不能及时复焙，应将茶团解开散热，以免闷热泛黄。

（6）干燥　乌龙茶的干燥是在热力的作用下，茶叶中一些不溶性物质发生热裂作用和异构化作用，对增进滋味醇和、香气纯正有很好的效果。干燥应采用“低温慢烤”，分两次进行。第一次干燥茶农称为“走水烘”，茶叶气味清纯，第一遍烘焙，八至九成干，下烘摊放，使梗叶不同部位剩余水分重新分布，摊晾一小时左右，进行第二次烘焙。这次烘焙称为“烤焙”，烘焙的作用是蒸发水分，固定品质，紧结条形，发展香气和转化其他成分，对提高青茶品质有良好作用。如岩茶毛火时，采用高温快速烘焙法，使茶叶通过高温转化成一种焦脆香味，足火后的茶叶还要进行文火慢烘的吃火过程，对于增进汤色，提高滋味醇度和辅助茶香熟化等都有很好的效果。

四　黄茶的加工方法

黄茶的加工方法与绿茶相似，只是在工艺中增加了“闷黄”的工序。在闷黄过程中，发生了热酶促反应，湿热条件下促使茶叶内部成分发生一系列氧化、水解反应，叶绿素含量下降，胡萝卜素保留较多，因此形成了黄色的外形和叶底，同时儿茶素和黄酮类发生水解和氧化聚合，形成了黄汤的特征，滋味也较绿茶醇和，回甘明显。黄茶的加工工艺如下。

（1）原料　黄大茶鲜叶原料要求一芽四五叶，其他要求为芽头、一芽一叶或一芽二叶初展。

（2）杀青　黄茶杀青原理、目的与绿茶基本相同，但黄茶品质要求黄叶黄汤，因此杀青的温度与技术就有其特殊之处。杀青锅温较绿茶锅温低，一般在120~150℃。杀青采用多闷少抖，造成高温湿热条件，使茶叶内含物发生一系列变化，如叶绿素受到较多破坏，多酚氧化酶、过氧化物酶失去活性，多酚类化合物在湿热条件下发生自动氧化和异构化，淀粉水解为单糖，蛋白质分解为氨基酸等。这些都为形成黄茶醇厚滋味及黄色创造条件。

（3）闷黄　闷黄是形成黄茶品质的关键工序。黄茶的闷黄是在杀青基础上进行的。在闷黄过程中，由于湿热作用，多酚类化合物总量减少很多，特别是复杂儿茶素类大量减少。由于这些酯型儿茶素自动氧化和异构化，改变了多酚类化合物的苦涩味，从而形成黄茶特有的金黄色泽和较绿茶醇和的滋味。

（4）干燥　黄茶干燥分两次进行。毛火采用低温烘炒，足火采用高温烘炒。干燥温度先低后高，是形成黄茶香味的重要因素。堆积变黄的叶子，在较低温度下烘炒，水分蒸发得慢，干燥速度缓慢，多酚类化合物的自动氧化和叶绿素的降解等在湿热作用下进行缓慢转化，促进了黄叶黄汤的进一步形成。然后用较高温度烘炒，固定已形成的黄茶品质，同时在干热作用下，使酯型儿茶素裂解为简单儿茶素和没食子酸，增加了黄茶的醇和味感。

五 白茶的加工方法

传统白茶的加工过程中，不炒不揉，即不进行杀青和揉捻，基本工艺只有萎凋、干燥。

萎凋是白茶加工过程中最重要的工序，萎凋方法有：室外自然萎凋、室内自然萎凋、加温萎凋等。在萎凋过程中，白茶内含成分发生轻度发酵，儿茶素形成茶黄素等，蛋白质水解为氨基酸，香气由青臭气转为清香。白茶的萎凋至九成干左右进行烘干，阴雨天时，可萎凋至六七成干时进行，以免茶叶变红变黑。

新工艺白茶是福建福鼎白琳茶厂1968年创制的新产品，在加工过程中与传统工艺不同，增加了“揉捻”。通过揉捻，能使茶叶外形更加紧结、滋味更加浓厚，在运输过程中也不易破碎。

六 黑茶的加工方法

黑茶属后发酵茶，主产区为四川、云南、湖北、湖南等地。黑茶是以绿茶为原料经蒸压而成的边销茶。由于四川、云南的茶叶要运输到西北地区，当时交通不便，运输困难，为减少体积，所以蒸压成团块。黑茶在加工成团块的过程中，要经过二十多天的湿坯堆积，所以毛茶的色泽逐渐由绿变黑。成品团块茶叶的色泽为黑褐色，并形成了成品茶的独特风味。由于黑茶的原料比较粗老，制造过程中往往要堆积发酵较长时间，所以叶片大多呈现暗褐色，因此被人们称为“黑茶”。黑茶主要供边区少数民族饮用，所以又称边销茶。

黑茶按地域分布，主要分类为湖南黑茶、四川黑茶、云南黑茶及湖北黑茶。

传统黑毛茶的初制工艺为：杀青→揉捻→干燥→渥堆。一般黑茶所采用的原料较粗老时，由于含水量少，在杀青时可进行洒水。杀青叶趁热揉捻，揉捻成形后进行渥堆。黑茶在渥堆过程中，微生物大量繁殖，呼吸和分解产物使堆内温度升高，为防止渥堆过度，在这个过程中还应适时翻堆。

渥堆过程促进了茶叶内部非酶性的氧化，转化成茶褐色等氧化物，形成褐绿或褐黄的外观特征，滋味更加醇和。以黑毛茶作为原料，经过蒸压最终形成黑茶成品“紧压茶”。

云南普洱茶分生茶和熟茶两种。普洱生茶以云南大叶种为原料，经过杀青→揉捻→干燥→拼配→蒸茶压制→干燥→包装→入库自然陈化等工序。

普洱熟茶在滇青毛茶经过拼配后，通过增加茶叶的含水量，促进普洱茶内的微生物和酶类的作用，堆高1～1.5米，每堆加工量为8～10吨，并保持叶层20%～30%的湿度进行发酵。在渥堆过程中，还应进行6～7次的翻堆，堆温达不到40℃或超过65℃均应进行翻堆。渥堆的过程一般要进行4～6周。渥堆完成后，可采用自然干燥的方式进行干燥，此时加工完成的是普洱散茶（熟茶）。散茶经过拼配、筛分、拣剔、蒸压、包装，就制成了各种形状的普洱紧压茶（熟茶）。

【扩展阅读】 再加工茶——茉莉花茶的加工

花茶又称熏制茶，或香片，主产于福建、广西、浙江等地，采用精加工好的茶叶与鲜花窨制而成。花茶的加工从我国明代开始就有，钱椿年、顾元庆校编的《茶谱》中，记载："木樨、茉莉、蔷薇、蕙兰、橘花、栀子、木香、梅花皆可做茶，诸花开放，摘其半含半放、蕊之香气全者，量其茶叶多少，扎花为伴。"其中提到多种花可以用来制作花茶，另外提到加工过程中应注意："花多则太香而脱茶韵，花少则不香而不尽美"。

用于窨制花茶的茶坯主要是烘青绿茶。用于窨制花茶的鲜花主要有茉莉花、白兰花、珠兰花、桂花等。芬芳的花香加上醇厚的茶味是花茶的总体品质特征。其加工工序是：茶坯处理→鲜花处理→茶花拼和→窨花→通花散热→收堆续窨→起花烘焙→提花。

茶坯处理：毛茶进行筛分后进行复火，复火是为了减少茶坯含水量，增进吸香。

鲜花处理：鲜花采回后摊放至90%的花开成鱼口形时，便可用来窨花。

茶花拼和——窨花：将茶与花按照一定比例拼和，然后开始窨花。

通花散热——收堆续窨：窨花过程中会产生热量，因此要通花散热，散热之后又收堆，继续窨制。

起花烘焙——提花：窨花后期，鲜花失去生机，此时要将花提出，之后用高温快速干燥，干燥后再用少量花提香。

【第三节】·我国各地名茶简介

一 绿茶中的名茶

1. 西湖龙井

"西湖之泉，以虎跑为最，两山之茶，以龙井为佳。"西湖龙井是我国绿茶中的名品，也是浙江省十大名茶之首。西湖龙井主产于浙江省杭州市西湖区，狮峰、龙井、虎跑、梅家坞一带。特级西湖龙井一般用一芽一叶加工而成，干茶色泽翠绿，外形扁平光滑，形似“碗钉”，汤色碧绿明亮，滋味甘醇鲜爽，享有“色绿、香郁、味醇、形美”四绝之誉。

2008年国家质量监督检验检疫总局颁布了GB/T 18650—2008《地理标志产品 龙井茶》标准，规定了浙江省龙井茶的地理标志产品的保护范围、生产及品质等要求。根据规定，杭州市西湖区现辖行政区域为西湖产区；杭州市萧山、滨江、余杭、富阳、临安、桐庐、建德、淳安等县市现辖行政区域为钱塘产区；绍兴市绍兴、越城、新昌、嵊州、诸暨等县市现辖行政区域以及上虞、磐安、东阳、天台等县市现辖部分乡镇区域为越州产区。

西湖龙井的采制技术相当讲究，通常以清明前采制的龙井茶品质最佳，称明前茶，谷雨前采制的品质尚好，称雨前茶。另外在采摘上十分强调细嫩和完整。只采一个嫩芽的称“莲心”；采一芽一叶，叶似旗，芽似枪，称“旗枪”；采一芽二叶初展的，叶形卷曲如雀舌，称“雀舌”。

高级龙井茶的手工炒制是在特制的铁锅中，不断变换手法炒制而成。龙井茶的全手工炒制手法复杂，俗称“十大手法”，包括抓、抖、搭、搨、捺、推、扣、甩、磨、压。炒制时根据鲜叶大小、老嫩程度和锅中茶坯的成形程度，不断变化手法，非常巧妙，只有掌握了熟练技艺的人，才能炒出色、香、味、形俱佳的龙井茶。

高级龙井茶的炒制分青锅、回潮和辉锅。青锅，即杀青和初步造型的过程，当锅温达80～100℃时，涂抹少许炒茶专用油（主要成分为茶籽油）使锅面更光滑，投入约100克经摊放过的叶子，开始以抓、抖式为主，散发一定水分后，逐渐改用搭、压、抖、甩等手式进行初步造型，压力由轻而重。起锅后进行回潮，摊凉回潮一般为40～60分钟，最后经过辉锅，锅温60～70℃，主要采用抓、扣、磨、推、压等手法。

现今市场上的龙井茶大部分采用半手工或全机械的方式加工。先采用长板式扁形茶炒制机青锅，摊晾后用龙井锅手工辉锅，或者用滚筒式龙井茶辉干机进行辉锅。

2. 江苏洞庭碧螺春

碧螺春是我国绿茶中的珍品，以形美、色艳、香浓、味醇享誉中外。碧螺春名称的由来说法有多种。其中一种相传以前此茶称作“吓煞人香”，康熙得此茶时认为其名不雅，最后题名为碧螺春。也有人认为，碧螺春是因为形状卷曲如螺，色泽碧绿，采于早春而得名。

碧螺春产于江苏吴县太湖洞庭山，洞庭山位于太湖东南部，由洞庭东山与洞庭西山组成，东山是伸入太湖之中的一座半岛，上面有洞山与庭山，故称洞庭东山；西山是太湖里最大的岛屿，因位于东山的西面，故称西山，全称洞庭西山。两山为茶、果间作区，茶树和桃、李、杏、柿、橘等果木交错种植，生态环境优越，使碧螺春具有天然的“花香果味”。

碧螺春一般在每年春分前后开采，谷雨前后结束。特级碧螺春通常采一芽一叶初展，芽长1.6～2.0厘米的原料，叶形卷如雀舌，称之“雀舌”，炒制500克高级碧螺春需采6.8万～7.4万颗芽头。碧螺春炒制的主要工序为：杀青→揉捻→搓团→干燥。杀青是在平锅或斜锅内进行，当锅温190～200℃时，投叶500克左右。揉捻时锅温控制在70～75℃，采用抖、炒、揉三种手法。搓团是形成条索卷曲似螺、茸毫满披的关键过程。锅温控制在50～60℃，边炒边用双手用力将全部茶叶搓成数个小团，不时抖散，反复多次。

碧螺春的品质特点是：条索纤细，卷曲成螺，满披白毫，银白隐翠，香气浓郁，滋味鲜醇甘厚，汤色碧绿清澈，叶底嫩绿明亮，嫩匀成朵。

碧螺春表面茸毛多，适宜用沸水放凉到70～80℃冲泡，冲泡时，在玻璃杯中先放入水，然后再投茶，使茶叶慢慢在水中展开。

3. 信阳毛尖

信阳毛尖产自河南信阳。信阳毛尖属特种绿茶，外形细、紧、圆、直、多白毫，内质香高、味浓、耐泡，享誉海内外，是我国传统十大名茶之一，曾经在1915年巴拿马万国博览会上荣获过一等金质奖。历史上，信阳毛尖主产于信阳市、信阳县（今信阳市平桥区）和罗山县（部分乡）一带。现产地包括：信阳市浉河区、信阳市平桥区、罗山县、光山县、新县、商城县、固始县、潢川县管辖的128个产茶乡镇。而今“信阳毛尖”的驰名地域为“五云、二潭、一寨”。五云即原信阳县的车云山、集云山、云雾山、天云山、连云山，二潭则是白龙潭和黑龙潭，一寨就是何家寨。如今信阳毛尖主要产区在信阳县、信阳市及罗山县一部分。

信阳毛尖产区茶叶的采摘，每年四月份开采，九至十月份停采。有时气温高，可采明前茶。采摘要求采大不采小，采嫩不采老。芽叶完整的采，有病虫害机械损伤的不采，紫芽、老对夹叶、老单片叶不采，雨天不采等。在分级上以一芽一叶或一芽二叶初展为特级和一级毛尖，一芽二三叶制2～3级毛尖。

信阳毛尖炒制工艺独特，炒制分“生锅”（相当于茶青工艺）、熟锅”（相当于炒二青工艺）、“烘焙”三个工序，用双锅变温法进行。“生锅”是两口大小一致的光洁铁锅，并列安装成35～40度倾斜状。“生锅”用细软竹扎成圆扫茶把，在锅中有节奏地反复挑抖，鲜叶下锅后，开始初揉，并与抖散相结合。反复进行4分钟左右，形成圆条，达四五成干（含水分55%左右）即转入“熟锅”内整形；“熟锅”开始仍用茶把继续轻揉茶叶，并结合散团，待茶条稍紧后，进行“赶条”，当茶条紧细度初步固定不粘手时，进入“理条”，这是决定茶叶光和直的关键。“理条”手势自如，动作灵巧，要害是抓条和甩条，抓条时手心向下，拇指与另外四指张成“八”字形，使茶叶从小指部位带入手中，再沿锅带到锅缘，并用拇指捏住，离锅心13～17厘米高处，借用腕力，将茶叶由虎口处迅速有力敏捷摇摆甩出，使茶叶从锅内上缘依次落入锅心。“理”至七八成干时出锅，进行“烘焙”，烘焙经初烘、摊放、复火三个程序。控制含水量不超过6%即为成品信阳毛尖。

4. 黄山毛峰

黄山毛峰是清代光绪年间谢裕泰茶庄所创制，该茶庄创始人谢正安（字静和）是歙县人，为了迎合市场需求，亲自率人到黄山充川、汤口等高山各园选采肥嫩芽叶，经过精细炒焙，创制了风味俱佳的优质茶，由于该茶白毫披身，芽尖似峰，取名“毛峰”，后冠以地名为“黄山毛峰”。黄山风景区境内海拔700～800米的紫云峰、桃花峰、云谷寺、松谷庵、吊桥庵、慈光阁一带为特级黄山毛峰的主产地。

黄山毛峰采摘细嫩，特级黄山毛峰的采摘标准为一芽一叶初展，1～3级黄山毛峰的采摘标准分别为一芽一叶、一芽二叶初展；一芽一二叶；一芽二三叶初展。特级黄山毛峰开采于清明前后，1～3级黄山毛峰在谷雨前后采制。鲜叶进厂后先进行拣剔，剔除冻伤叶和病虫危害叶，拣出不符合标准要求的叶、梗和茶果，以保证芽叶质量匀净。然后将不同嫩度的鲜叶分开摊放，散失部分水分。为了保质保鲜，要求上午采，下午制；下午采，当夜制。

黄山毛峰的制造分杀青、揉捻、烘焙三道工序。

（1）杀青　使用名优茶电炒锅，锅温要先高后低，即130～150℃。每锅投叶量，特级200～250克，一级以下可增加到500～700克。鲜叶下锅后，闻有炒芝麻声响即为温度适中。单手翻炒，手势要轻，翻炒要快（每分钟50～60次），扬得要高，撒得要开，捞得要净。杀青程度要求适当偏老，即芽叶质地柔软，表面失去光泽，青气消失，茶香显露即可。

（2）揉捻　特级和一级原料，在杀青达到适度时，继续在锅内抓带几下，起到轻揉和理条的作用。二、三级原料杀青起锅后，及时散失热气，轻揉1～2分钟，使之稍卷曲成条即可。揉捻时速度宜慢，压力宜轻，边揉边抖，以保持芽叶完整，白毫显露，色泽绿润。

（3）烘焙　分初烘和足烘。初烘时每只杀青锅配四只烘笼，火温先高后低，第一只烘笼烧明炭火，烘顶温度90℃以上，以后三只温度依次下降到80℃、70℃、60℃左右。边烘边翻，顺序移动烘顶。初烘结束时，茶叶含水率为15%左右。初烘过程翻叶要勤，摊叶要匀，操作要轻，火温要稳。初烘结束后，茶叶放在簸箕中摊凉30分钟，以促进叶内水分重新分布均匀。待初烘叶有8～10烘时，并为一烘，进行足烘。足烘温度60℃左右，文火慢烘，至足干。拣剔去杂后，再复火一次，促进茶香透发，趁热装入铁桶，封口贮存。

特级黄山毛峰条索细扁，形似“雀舌”，带有金黄色鱼叶（俗称“茶笋”或“金片”，是有别于其他毛峰的特征之一）；芽肥壮、匀齐、多毫；香气清鲜高长；滋味鲜浓、醇厚，回味甘甜；汤色清澈明亮；叶底嫩黄肥壮，匀亮成朵。

二　红茶中的名茶

1. 祁门红茶

祁门茶叶，唐代就已出名。据史料记载，这里在清代光绪以前，并不生产红茶，而是盛产绿茶，制法与六安茶相仿，故曾有“安绿”之称。光绪元年（1875年），有个黟县人叫余干臣，从福建罢官回籍经商，因羡福建红茶（闽红）畅销利厚，想就地试产红茶，于是在至德县（今池州市东至县）尧渡街设立红茶庄，仿效闽红制法，获得成功，次年就到祁门县的历口、闪里设立分茶庄，始制祁红成功。与此同时，当时祁门人胡元龙在祁门南乡贵溪进行“绿改红”，设立“日顺茶厂”试生产红茶也获成功，并取号牌“胡日顺”，从此“祁红”不断扩大生产，形成了中国的重要红茶产区。胡元龙也成为了“祁红”鼻祖。

茶叶的自然品质以祁门历口、闪里、平里一带最优。当地的茶树品种高产质优，植于肥沃的红黄土壤中，而且气候温和、雨水充足、日照适度，所以生叶柔嫩且内含水溶性物质丰富，又以3～4月份所采收的品质最佳。祁红外形条索紧细匀整，锋苗秀丽，色泽乌润（俗称“宝光”）；内质清芳并带有蜜糖香味，上品茶更蕴含着兰花香（号称“祁门香”），馥郁持久；汤色红艳明亮，滋味甘鲜醇厚，叶底红亮。

采摘工序：祁红的采摘标准十分严格，高档茶以一芽一叶、一芽二叶原料为主，分批多次留叶采，春茶采摘6～7批，夏茶采6批，秋茶少采或不采。

萎凋：将采下的生叶薄摊在晒簟上，在日光下晾晒直至叶色暗绿。

揉捻：将萎凋后的生叶人工揉成条状，适度揉出茶汁。

发酵：将揉捻叶置于木桶或竹篓中，加力压紧，上盖湿布放在日光下晒至叶及叶柄呈古铜色并散发茶香，即成毛茶湿坯。

烘干：旧时茶农将湿坯用太阳晒，遇阴雨用炭火烘培，至五六成干，俗称毛茶。

2. 正山小种

正山小种红茶是世界红茶的鼻祖。武夷山市桐木关是生产正山小种红茶的发源地，至今已经有400多年的历史。在桐木关内，流传着这样一个关于正山小种的故事：明朝中后期的某年，在采茶的季节，有一支军队路过于此，晚上驻扎于今天的桐木村，当地茶农未曾见过如此动乱场面，当天已采摘的茶青没有来得及制作茶叶，第二天已经发酵。为了挽回损失，茶农以当地马尾松干柴进行炭焙烘干，并通过增加一些特殊工序，以最大程度保证茶叶成分。制成的茶叶运往镇上销售，本是无心之作的茶叶，却受到大量茶客的欢迎与喜爱。这种说法真实与否，都无法考证了。而桐木的正山小种红茶，在得到市场认可的情况下，为了保证垄断性，将星村及桐木一带自然保护区的几百公里范围内生产的红茶，取名“正山”小种，而其他的地区生产的红茶，则称为“外山”小种，以示正宗。

16世纪末17世纪初（约1604年），正山小种被远传海外，由荷兰商人带入欧洲，随即风靡英国皇室乃至整个欧洲，并掀起流传至今的“下午茶”风尚。自此正山小种红茶在欧洲历史上成为中国红茶的象征，成为世界名茶。

正山小种产区四面群山环抱，气候严寒，年降水量达2300毫米以上，当地具有气温低、降水多、湿度大、雾日长等气候特点。茶树生长繁茂，茶芽粗纤维少，持嫩性高。正山小种红茶的原料为不同地域的武夷菜茶群体品种所制，为野生、半野生的菜茶品种。

正山小种的加工工艺极具特点：由桐木关终年云雾，特别是春茶季节日照极少，故鲜叶萎凋大部分依靠加温萎凋，当地松树很多，日常燃料都用松柴，故萎凋用燃料也是松柴。萎凋在烘房青楼上进行（同武夷传统岩茶加温萎凋法），青楼分两层，中间无楼板，只用横木档隔开，档与档之间孔隙3～4厘米，档上铺有小四方孔的竹席，供萎凋摊叶用，档下0.3米处，悬置焙架，供熏焙用。加温萎凋时将湿松柴于地面排列成“T”字形或“一”字形，点然后使其慢慢燃烧，利用下层焙架上放置之湿坯上升的热气使青叶受热软化。青叶是均匀摊放在档上的萎凋席上，利用小四方孔的间隙受热。青叶摊厚3～7厘米，紧闭门窗以免热气散失，室温控制在30℃左右，每隔20分钟左右翻拌一次，动作要快，防止伤叶，下面火力要均匀。晴天也可在外面晒青架（高2.5米，宽长不限）的青席上进行日光萎凋，中间翻动2～3次，使鲜叶水分散失均匀，萎凋至叶面失去光泽，叶张柔软，手握如棉，梗折不断，叶脉透明，青气减退而略有清香为适度。萎凋叶均需在室内地面稍摊凉后，再进行揉捻。揉捻时间为1小时左右。首先不加压轻揉25分钟，再轻压揉15分钟，解块一次，再重压10 分钟，然后松压5分钟，最后下桶解块待发酵。揉捻程度以叶面细胞破碎率达85%左右为适度，茶汁大量流出部分叶色呈微黄绿。发酵场所温度控制在22～25℃之间，发酵时间8～12小时，发酵适度时叶色变淡红，黄色叶脉茶汁呈浅红黄绿色，绝大部分青草气消失，发出清香甚至有花果香。

过红锅工序：过红锅是小种红茶特有的技术，它具有去掉茶叶杂异味，形成焦糖香与花果香，使香气更加爽快成熟、滋味更甘甜醇厚、汤色更明亮清澈、叶底色泽更均匀的作用。过红锅工序是将发酵适度的发酵叶投入锅中，锅温高达150～200℃，晚上可见锅底发红，快速炒1～2分钟扬闷磨相结合，下锅复揉1～2分钟，解块后可进行干燥。

干燥分为初焙和复焙足干。初焙需要高温，温度120～130℃，迅速散发水分及去除杂异味，以促进香气滋味更加完善。时间20～35分钟，每2～3分钟翻动一次。复焙宜低温文火，以75～85℃、时间3～4小时为宜，以促其花果香进一步巩固，汤色清澈，耐冲泡。其间每半小时翻动一次，动作要轻，以防断碎。当闻到清香花果香，手抓干茶有刺手感，搓之成粉末即可，趁热装箱以保持固定其高香。

三 乌龙茶中的名茶

1. 大红袍

大红袍是武夷岩茶中的名丛珍品，是武夷岩茶中品质最优异者，产于福建武夷山市东南部的武夷山。武夷山大红袍是武夷岩茶的代表。大红袍母树于明末清初发现并采制，距今已有350年的历史。大红袍母树生长在武夷山天心九龙窠的峭壁上，两旁岩壁矗立，日照不长，温度适宜，多反射光，昼夜温差大，岩顶终年有细泉浸润流滴。这种特殊的自然环境，造就了大红袍的特异品质，大红袍茶树现有6株，都是灌木茶丛，叶质较厚，芽头微微泛红。

传说明朝洪武十八年，举子丁显上京赴考，路过武夷山时突然得病，腹痛难忍，巧遇天心永乐禅寺一和尚，和尚取所藏大红袍茶泡与他喝，病痛即止。考中状元之后，前来致谢和尚，并用锡罐装取大红袍带回京城。状元回朝后，恰遇皇后得病，百医无效，便取出那罐茶叶献上，皇后饮后身体逐渐康复，皇上大喜，赐红袍一件，命状元亲自前往九龙窠披在茶树上以示龙恩，同时派人看管，采制茶叶悉数进贡，不得私匿。从此，武夷岩茶大红袍就成为专供皇家享受的贡茶，大红袍的盛名也被世人传开。

大红袍是工序最多、技术要求最高、最复杂的茶类。其制法极为精细，基本制作工艺包括：采摘→萎凋→摊晾→做青→杀青→揉捻→烘干→毛茶等工序。

（1）采摘　其鲜叶采摘标准为新梢芽叶生育至成熟（开面三四叶），无破损、新鲜、均匀一致。鲜叶不可过嫩，过嫩则成茶香气低、味苦涩；也不可过老，过老则滋味淡薄，香气粗劣。

（2）萎凋　其标准为新梢顶端弯曲，第二叶明显下垂且叶面大部分失去光泽，失水率为10%~15%。其中日光萎凋是最好的萎凋方式。萎凋时，将鲜叶置于谷席、布垫等萎凋器上，摊叶厚度每平方米1~2千克。阳光强烈时要二晒二凉。晒青程度以叶面光泽消失、青气不显、清香外溢、叶质柔软，手持茶梢基部，顶叶能自然下垂为度。

（3）做青　手工做青时要以特有的手势摇青。将水筛中的凉青叶不断滚动回旋和上下翻动，通过叶缘碰撞、摩擦、挤压而引起叶缘组织损伤，促进叶内含物质氧化与转化。摇后静置，使梗叶中水分重新均匀分布，然后再摇，摇后再静置，如此重复7~8次，逐步形成其特有的品质特征。做青在岩茶制作中占有特殊地位，费时最长，一般需要8～12小时。若操之过急，苦水未清，则会给茶汤滋味带来不良影响。

（4）杀青　杀青标准为叶态干软，叶张边缘起白泡状，手揉紧后无汁溢出且呈粘手感，青气去尽呈清香味即可。

（5）揉捻　装茶量需达揉捻机盛茶桶高1/2以上至满桶；揉捻过程掌握先轻压1～2次，即采用轻—重—轻，以利于桶内茶叶的自动翻拌和整形。初揉后即可投入锅中复炒，使茶条回软利于复揉，又补充杀青之不足，并使已外溢的茶汁中的糖类、酶类等直接与高温锅接触，轻度焦化而形成岩茶的韵味，时间虽仅30秒，却对品质起很大作用。复揉除使条形紧结外，还能提高茶汤浓度。

（6）走水焙　岩茶“走水焙”在一个密闭的焙间中用焙笼进行。在各个不同温度（90～120℃）的焙笼上以“流水法”操作，使复揉叶经历高、低、高不同温度的烘焙，达六七成干下焙。整个过程10多分钟。

（7）焙火与趁热装箱　拣剔后的茶条先以90～100℃的温度复焙1～2小时，再改用70～90℃低温“文火慢焙”。这是武夷岩茶特有的过程，对增进汤色、冲泡次数、改进滋味、熟化香气等有很好效果。最后趁热装箱，也是一种热处理过程，对品质也有一定良好影响。

大红袍外形条索壮结匀整，色泽绿褐鲜润。冲泡后，汤色深橙黄色，明亮清澈，滋味甘醇，叶片黄绿相间，典型的叶片有绿叶红镶边之美感。大红袍品质最突出之处是，香气馥郁有兰花香，香高而持久，“岩韵”明显，香气浓郁，岩骨花香。大红袍很耐冲泡，冲泡七八次仍有余香。

2. 铁观音

铁观音既是茶树品种名，也是茶名。铁观音原产安溪县西坪乡，已有200多年的历史。传说安溪西坪南岩仕人王士让，曾经在南山之麓修筑书房，取名“南轩”。有一天，他偶然发现层石荒园间有株茶树与众不同，就移至南轩的茶圃，悉心培育，茶树枝叶茂盛，采制成品，乌润肥壮，泡饮之后，香馥味醇，沁人肺腑。乾隆六年，王士让奉召入京，谒见礼部侍郎方苞，并把这种茶叶送给方苞，方侍郎品后方知其味非凡，便转送内廷，皇上饮后大加赞誉，因此茶乌润结实，沉重似铁，味香形美，犹如“观音”，赐名“铁观音”。

铁观音是乌龙茶的极品，其品质特征是：茶条卷曲，肥壮圆结，沉重。匀整，色泽砂绿，整体形状似蜻蜓头、螺旋体、青蛙腿。冲泡后汤色金黄浓艳似琥珀，有天然馥郁的兰花香，滋味醇厚甘鲜，回甘悠久，俗称有“音韵”。铁观音茶香高而持久，可谓“七泡有余香”。

铁观音茶加工工艺：铁观音茶的原料是采摘成熟新梢的2~3叶，俗称“开面采”，是指叶片已全部展开，形成驻芽时采摘。采来的鲜叶力求新鲜完整，具体工艺如下。

（1）晒青、凉青　晒青时间以下午16时阳光柔和时为宜，叶子宜薄摊，以失去原有光泽，叶色转暗，手摸叶子柔软，顶叶下垂，失重6%~9%为适度。然后移入室内凉青后进行做青。

（2）做青　摇青与凉青相间进行，合称做青。铁观音鲜叶肥厚，要重摇并延长做青时间，摇青共3~5次，每次摇青的转数由少到多。摇青后摊置历时由短到长，摊叶厚度由薄到厚。第二、三次摇青必须摇到青味浓强、鲜叶硬挺，俗称“还阳”，梗叶水分重新分布平衡。第四、五次摇青，视青叶色、香变化程度而灵活掌握。做青适度的叶子，叶缘呈朱砂红色，叶中央部分呈黄绿色（半熟香蕉皮色），叶面凸起，叶缘背卷，从叶背看呈汤匙状，发出兰花香，叶张出现青蒂绿腹红边，稍有光泽，叶缘鲜红度充足，梗表皮显有皱状。

（3）炒青　又称杀青，现在多采用滚筒杀青机杀青。一般在青味消失，香气初露即可进行。

（4）揉捻、烘焙　铁观音的揉捻是多次反复进行的。初揉3~4分钟，解块后即行初焙。焙至五六成干，不粘手时下焙，趁热包揉，运用揉、压、搓、抓、缩等手法，经三揉三焙后，再用50~60℃的文火慢烤，使成品香气敛藏，滋味醇厚，外表色泽油亮，茶条表面凝集有一层白霜。包揉、揉捻与焙火是多次重复进行的，直到外形满意为止，最后才焙火烤干成品。

3. 凤凰单丛

凤凰单丛，属条形乌龙茶。产于广东潮安凤凰山区。当地种植水仙茶树种、制茶均已有900余年，宋《潮州府志》载：“凤山名茶待韶茶，亦名贡茶”。现尚存300~400年老树龄茶树3000余株，性状奇特。凤凰山区濒临东海，茶区在海拔1400多米的乌岽山麓。茶区云雾缭绕，昼夜温差大，自然环境有利于茶树的发育及芳香物质的形成。用于制作凤凰单丛茶，是从凤凰水仙群体中选出的优异单株，古时一株取一名，分株单采单制，皆品质优良，但名目杂繁。1950年就统一命名为“凤凰单丛”。因其茶香、滋味差异，习惯将单丛茶按茶香型分为如蜜兰香、玉兰香、黄枝香、肉桂香、桂花香、茉莉香、芝兰香等十大香型。

凤凰单丛茶的制法过去多以手工制作为主，目前摇青、揉捻、干燥均采用机械加工。初制工艺流程为：鲜叶→晒青→凉青→摇青（碰青）→杀青（炒青）→揉捻→烘焙。将0.5千克鲜叶均匀摊于一竹筛中晒青：根据气温情况需要历时20～30分钟，气温28～33℃，历时10～15分钟。晒青时不宜翻动，以叶子失水10%（叶子含水量约70%）、顶芽下垂、略有清香产生为适度。凉青历时60分钟左右，使叶内水分重新均匀分布，恢复伸张状态（俗称叶子返阳）。摇青是将凉青叶2～3筛并为一筛，以室温22～26℃、相对湿度70%以上为宜，摇青6～7次，每次摇青3～5分钟，每次间隔120分钟。摇青手势应先轻后重，摇青动作次数应先少后多（即先慢后快），全过程需10～14小时。适度标准是，叶缘二成变红，叶脉透明，叶面黄绿色，清香味减退，果香味增浓，叶子含水量65%左右。杀青与揉捻两个工序互相交替进行，两杀两揉。第一次杀青锅温为140～160℃，投叶1～2千克，手法是多闷少扬，历时5分钟左右，出锅揉捻，初步成条后进行第二次杀青，锅温100～110℃，历时3分钟。第二次揉捻至条索紧卷，解块后进行烘焙。第一次烘焙温度80～90℃，历时10分钟，达五六成干时摊凉；第二次烘焙温度为50～60℃，历时约3小时。毛茶含水量4%～5%。成茶品质特点：其外形条索粗壮，匀整挺直，色泽黄褐，油润有光，并有朱砂红点；冲泡清香持久，有独特的天然兰花香，滋味浓醇鲜爽，润喉回甘；汤色清澈黄亮，叶底边缘朱红，叶腹黄亮，素有“绿叶红镶边”之称。具有独特的山韵品格。

四 黄茶中的名茶

君山银针，产于湖南省岳阳市洞庭湖一带，属于黄芽茶。君山银针始于唐代，清朝时被列为“贡茶”。据《巴陵县志》记载：“君山产茶嫩绿似莲心。”“君山贡茶自清始，每岁贡十八斤。”君山银针茶香气清高，味醇甘爽，汤色清澈，芽壮多毫，条直匀齐，白毫如羽，芽身金黄发亮，有淡黄色茸毫，叶底肥厚匀亮，滋味甘醇甜爽，久置不变其味。冲泡后，茶芽竖立于水中，徐徐下沉，再升再沉，三起三落，蔚成趣观。

君山银针采摘时间为清明前三天左右，直接从茶树上拣采芽头。芽头要求长25～30毫米、宽3～4毫米，一个芽头包含三到四个已分化却未展开的叶片。雨天不采、露水芽不采、紫色芽不采、空心芽不采、开口芽不采、冻伤芽不采、虫病芽不采、瘦弱芽不采、过长过短芽不采，即君山银针的“九不采”。

君山银针的制作特别精细而又别具一格，分杀青、摊凉、初烘、初包、复烘、摊凉、复包、足火八道工序，历时三昼夜，长达70小时之久。杀青锅温在80～120℃，先高温后低温。初烘温度控制在50～60℃，复烘温度和足火温度在50℃左右。初包即初次闷黄大约48小时，复包20小时左右。当茶芽色泽金黄，香气浓郁即为适度。

君山银针有其特殊的冲泡方法：用开水预热茶杯，清洁茶具。用茶匙轻轻从茶罐中取出君山银针约3克，放入茶杯待泡。用水壶将70℃左右的开水，先快后慢冲入盛茶的杯子，至1/2处，使茶芽湿透。稍后，再冲至七八分满为止。君山银针经冲泡后，可看见茶芽渐次直立，上下沉浮，并且在芽尖上有晶莹的气泡。君山银针在饮茶中欣赏。冲泡初始，芽尖朝上、蒂头下垂而悬浮于水面，随后缓缓降落，竖立于杯底，忽升忽降，蔚为壮观，有“三起三落”之称。最后竖沉于杯底，如刀枪林立，似群笋破土，堆绿叠翠，令人心仪。其原因极简单，不过是“轻者浮，重者沉”。“三起三落”，因茶芽吸水膨胀和重量增加不同步，芽头密度瞬间变化而引起。最外一层芽肉吸水，密度增大即下沉，随后芽头体积膨胀，密度变小则上升，继续吸水又下降，如此往复。

【扩展阅读】 为什么高山云雾出好茶？

古有诗云：“雾芽吸尽香龙脂”，自古以来，好茶总是与名山大川有着紧密的关系，高山云雾的地方能出好茶，这是人们选择优质茶叶的一个很常见的条件。高山云雾出好茶的主要原因有以下几点。

1. 云雾对茶树生长的影响

海拔较高的山地茶园，容易形成云雾，俗话说“高山多雾”，云雾使不同波长的太阳光通过以后光质发生改变，蓝紫光增加，芽叶中叶绿素、氨基酸等成分的含量迅速增加，进而能产生优质的茶叶。

其次，云雾缭绕的环境，缩短了光照时间，降低了光照强度，有利于含氮化合物的代谢，使芽中蛋白质、氨基酸含量明显增加，提高芽叶持嫩性，叶质柔软。

2. 日夜温差大

高山茶园一般昼夜温差比平地大，因此，白天积累的物质在晚间被呼吸作用消耗的较少，茶叶的内含营养成分增加，水浸出物比平地茶园所产的茶叶含量高，因而高山茶叶比较耐冲泡。

3. 高山低温有利于芳香油和糖类累积

环境温度对茶树酶活性强弱有重要影响，高海拔地区气温较低，昼夜温差大，糖的代谢作用较弱，多糖类的纤维素、半纤维素不易形成，有利于氨基酸和芳香油的形成和积累，因此，茶叶原料的持嫩性好，所制得的茶叶外观油润，香气也高。

4. 高山茶园的生态环境优良

高山森林植被保存完好，枯枝落叶层有利于水源保持和有机质缓慢分解，从而给茶树生长发育提供了良好的肥力和水源，保证了优质茶叶生长的需要。

第四章

饮茶与健康

【第一节】·茶叶有益健康的主要成分

有关茶的药理功能的最早记载出现在秦汉年间《神农本草·木部》，“茗，苦荼，味甘苦，饮之使人益思、少卧、轻身、明目。”司马相如《凡将篇》中，开列“乌喙、桔梗”等20种药物，其中“荈诧”一名，即为当时巴蜀方言的茶，这反映茶叶最初曾是作为药用。东汉华佗《食论》记载：苦茶久食，益意思，这是最先提出长期饮茶，能提高人们思维能力的记载。唐代陆羽《茶经》有云：“茶之为用，味性寒，若热渴、凝闷、脑疼、目涩、四肢烦、百节不舒，聊四五啜，与醍醐、甘露抗衡也。”陆羽在《茶经》中明确而详细地阐述了茶的性质及其药用价值。

唐代兵部《手集方》记载：“久年心痛五年十年者，煎湖茶以醋和匀，服之良。”明代李时珍《本草纲目》记载：“茶，阴中之阴，沉也降也，最能降火。火有虚实，若少壮胃健之人，心肺脾胃之火多盛，故与茶相宜，温饮则火因寒气而下降，热饮则茶借火气而升散。又兼解酒食之毒，使人神思闿爽，不昏不睡，此茶之功也。”清代黄宫绣《本草求真》记载：“凡一切食积不化，头目不清，痰涎不消，二便不利，消渴不止，及一切吐血、衄血、血痢、火伤目疾等症，服之皆有效。”清代赵学敏《本草纲目拾遗》记载：口烂，茶树根煎汤代茶，立效；泡过的茶叶干燥，治无名肿毒、犬咬及火烧成疮；经霜老茶叶治羊癫疯。纵观我国古文献记载可知，茶叶作为一种饮料，作为一种药物物质，在我国已经得到了千百年的传承和记载。茶叶在营养和药用价值上，都得到了历史的认可和证明。

营养价值指在特定食品中的营养素及其质和量的关系，一般认为含有一定量人体所需的物质即为营养物质，具有一定的营养价值，如茶叶含有的维生素、蛋白质、氨基酸和矿物质等。茶作为一种营养物质，不仅是因为茶叶含有人体所需的多种营养物质，还在于茶叶本身能够有效地调理人体对各种营养物质的综合吸收利用，从而更好地维持人体功能的平衡。对于“药用价值”的阐述，从“伏羲尝百药”“神农尝百草，一日而遇七十毒”的远古时代至今，都有被使用和传承。茶叶所含药用物质多达250多种，其中含量较多的茶多酚、咖啡碱、茶多糖和茶氨酸等对人体的功能调节非常有效。

一 茶的营养价值

1. 茶中含有人体需要的多种维生素

茶叶中含有多种维生素。目前已知的20多种维生素中，茶叶中被证实的就有十多种。我们通常按照溶解性，将维生素分为水溶性维生素和脂溶性维生素。茶叶中的水溶性维生素，如维生素C和B族维生素等，可以通过饮茶直接被人体吸收利用。

在茶叶中维生素C含量较高，一般每100克绿茶中含量可高达100～250毫克，高级龙井茶含量可达360毫克以上，比柠檬、柑橘等水果含量还高。红茶、乌龙茶因加工中经发酵工序，维生素C受到氧化破坏而含量下降，每100克茶叶只剩几十毫克，尤其是红茶，含量更低。因此，绿茶档次越高，其营养价值也相对越高。从营养平衡角度分析，成人每日只要喝10克高档绿茶，就能满足人体对维生素C的日需要量。

B族维生素中的维生素B_2又称核黄素，在茶叶中的含量较一般粮食、蔬菜高10～20倍；维生素B_3又称泛酸，对人体能量代谢、ATP的生成有重要协助作用；维生素B_5又称烟酸，在茶叶中的含量比糙米、粗面、杂粮、瓜果、蔬菜等食物还多；维生素B_{11}又称叶酸，其生理功能是携带一碳单位，是人体新陈代谢不可缺少的稀有维生素；维生素B_{12}对治疗恶性贫血非常有效。

对于茶叶中难溶于水的脂溶性维生素，即使用沸水冲泡也难以析出。因此，现今提倡适当“吃茶”来弥补这一缺陷，即将茶叶制成超微细粉，添加在各种食品中，如含茶豆腐、含茶面条、含茶糕点、含茶糖果、含茶冰淇淋等。通过食用茶食品，则可获得茶叶中所含的脂溶性维生素营养成分，更好地发挥茶叶的营养价值。

茶叶中含有丰富的水溶性维生素，有规律地经常饮茶可以补充人体对多种维生素的需要。茶叶中也含有丰富的脂溶性维生素，“吃茶”是获取这些维生素的好办法。

2. 茶中含有人体需要的蛋白质和氨基酸

茶叶中蛋白质和氨基酸的含量非常丰富，它们不仅是构成茶叶本身品质的重要物质，也是人类身体所需的重要营养物质。茶叶中的蛋白质主要有白蛋白、球蛋白、醇溶蛋白和谷蛋白等，其含量占鲜叶干重的20%左右。依据水溶与否，我们将蛋白质分为可溶性蛋白质和不可溶性蛋白质两类。茶叶中能通过饮茶被直接吸收利用的水溶性蛋白质含量约为2%，大部分蛋白质为水不溶性物质，存在于茶渣内，很难通过直接饮用被人体吸收。

茶叶中的氨基酸种类丰富，多达25种以上，其中的异亮氨酸、亮氨酸、赖氨酸、苯丙氨酸、苏氨酸、缬氨酸，是人体必需的八种氨基酸中的六种。谷氨酸、精氨酸能降低血氨，治疗肝昏迷；胱氨酸有促进毛发生长与防止早衰的功效；半胱氨酸能抗辐射性损伤，参与机体的氧化还原过程，调节脂肪代谢等；精氨酸、苏氨酸、组氨酸对促进人体生长发育以及智力发育非常有效，又可促进钙与铁的吸收，预防老年性骨质疏松。还有婴儿生长发育所需的组氨酸。这些氨基酸在茶叶中含量虽不高，但可作为人体日需量不足的补充。其中，与茶叶保健功效关系最密切的氨基酸是茶氨酸和γ-氨基丁酸。

3. 茶中含有人体需要的矿物质元素

茶叶中含有几十种矿物质元素，其中大部分可溶于热水，易被人体吸收利用。我们通常将人体所需的矿物质元素分为大量元素和微量元素。常见的大量元素主要是磷、钙、钾、钠、镁、硫等；微量元素主要是铁、锰、锌、硒、铜、氟和碘等。茶叶中矿物质元素含量与茶叶品质存在一定的相关性。Zn、P、K、Ni、Cu元素含量较高的茶叶，品质较好，Mn、Al、Ca、Ba元素含量较高的茶叶，品质较次。研究人员通过对贵州茶中矿物质元素的含量分析与茶叶质量关系的测定可知，茶叶中Zn、Cu、Mg、Mn的溶出率较高，而Ca、Fe的溶出率较低，且元素的溶出数量与茶叶含有量呈正相关。

茶叶中存在的矿物质元素，很大部分与人体健康有着密切关系。磷和钙是骨骼生长的重要材料，食物中含有丰富的磷元素。锌具有参与人体糖代谢、核酸和蛋白质的合成、促进细胞生长、促进性功能发育、提高免疫力等多种药性。铁是人体血红素的组成成分，直接参与血液氧的运输和传递。铁元素不足将导致缺铁性贫血，铁在每克干茶中的平均含量约为123微克，在红茶干茶中的含量约为196微克。锌是人体许多酶类必需的微量元素，被人们称为“生命之火花”。缺锌可导致儿童智力发育不良、抵抗力弱、生长缓慢，孕妇妊娠中影响宫内胎儿发育，造成男性弱精不育等各种疾病。缺铜会导致全身软弱、呼吸减速、皮肤溃烂。茶叶含锌量较高，每克红茶中平均含锌32微克；绿茶含锌量最高，每克绿茶平均含锌量达73微克，有的可达252微克。茶叶是一种富集锰的植物，一般低含量也在30毫克/100克左右，老叶中含量更高，可达400～600毫无/100克，茶汤中锰的浸出率为35%。成人每天需锰量为2.5～5.0毫克，一杯浓茶最高含量可达1毫克。硒（Se）是人体内最重要的抗过氧化酶辅基，辅助保护红细胞不受破损，具有一定的抗癌、抗衰老和保护人体免疫功能的作用。据我国科研人员的研究和报道证明，硒元素对人体抗氧化、抗衰老具有十分重要的作用。茶叶含有硒元素相对于粮食中的硒元素更容易被人体吸收。

此外，茶叶是一种富含氟的植物。我国茶叶中的氟含量为21～550毫克/千克，比粮食高114～571倍，比一般植物高十倍至几百倍。氟在骨骼与牙齿的形成中有重要作用，氟对儿童常见的龋齿与老年常见的骨质疏松症的防治非常有利。人体对氟的需求量极为敏感，从满足人体生理需求到过量中毒之间，差额很小。如氟摄取量过多，就会对骨骼和牙齿产生危害，如发生氟骨症、氟牙症等。茶叶中的氟很易被浸出，热水冲泡时浸出率有60%～80%，容易被人吸收。大量研究和长期实践证明，茶叶以老嫩来分，老茶叶中氟的含量是嫩叶的12～36倍；以茶类来分，绿茶最低，黑茶最高。截至目前还未见有饮茶型氟中毒的报道，因此适当饮茶补充人体氟元素，还是非常可信，非常需要的。

上述这些元素对人体的生理功能有着重要的作用。因此，经常饮茶，科学饮茶，是获得这些矿物质元素的重要渠道之一。

二 茶的药用成分

现代科学大量研究证实，茶叶含有与人体健康密切相关的生化成分，因此，茶叶不仅具有提神清心、清热解暑、消食化痰、去腻减肥、清心除烦、解毒醒酒、生津止渴、降火明目、止痢除湿等药理作用，还对现代疾病，如高脂血症、心脑血管病、癌症等疾病，有一定的药理功效。可见茶叶药理功效之多，作用之广，是其他饮料无法替代的。正如宋代欧阳修《茶歌》赞颂的：“论功可以疗百疾，轻身久服胜胡麻。”茶叶具有药理作用的主要成分是茶多酚、咖啡碱、茶多糖、茶氨酸、茶黄素等。

1. 茶多酚

茶多酚，俗称茶鞣质、茶单宁，是茶叶中30多种多酚类物质的总称，含量占茶叶干物质总量的20%～30%，是由黄烷醇类为主和少量黄酮及苷组成的复合体。主要包括黄烷醇类、羟基-黄烷醇类（花白素类）、花色素类、黄酮类、酚酸类等。其中儿茶素类属于黄烷醇类物质，占茶多酚总量的60%～80%，是茶多酚的主要组成成分。茶多酚分子中带有多个活性羟基（—OH）可终止人体中自由基链式反应，清除超氧离子，具有类似SOD（超氧化物歧化酶）之功效。茶多酚对超氧阴离子与过氧化氢自由基的消除率达98%以上，呈显著的量效关系，其效果优于维生素E和维生素C；茶多酚对细胞膜与细胞器有保护作用，对脂质过氧化自由基的消除作用十分明显。茶多酚还有抑菌、杀菌作用，能有效降低大肠对胆固醇的吸收，防治动脉粥样硬化，是艾滋病毒（HIV）逆转酶的强抑制物，有增强机体免疫能力；茶多酚还具有抗肿瘤，抗辐射作用，具有抗氧化防衰老机理。毒理学研究证实，茶多酚安全、无毒，是食品、饮料、药品及化妆品的天然添加成分，目前已经广泛应用于轻工业领域。

2. 咖啡碱

咖啡碱是茶叶中含量最多的生物碱，在茶叶中含量一般在2%～4%（在咖啡中的含量一般在0.8%～1.8%），是茶叶中重要的滋味物质，与茶黄素缔合形成复合物，使其具有鲜爽味。咖啡碱、茶叶碱和可可碱等都是茶叶中重要的生物碱，这三类生物碱的药理作用相似，但对人体的不同组织器官的作用强度不同。咖啡碱存在于茶、咖啡、碳酸饮料、巧克力等多种食物（和药物）中，这使得它可以作为一种普遍的兴奋药物得以传播和发展。

咖啡碱对中枢神经系统有兴奋作用，能解除酒精毒害、强心解痉、平喘、提高胃液分泌量、增进食欲、帮助消化以及调节脂肪代谢，因此，适量地摄入咖啡碱，对人体是非常有利的。咖啡碱在茶叶中的分布也是嫩芽叶含量最多、老叶含量相对较少，以一杯茶饮量需茶叶3～4克，咖啡碱含量最高4%来计，其咖啡碱的含量也不过是140毫克，远低于人体可接受咖啡碱的最高水平，是可以放心饮用的。现代研究也显示，如果咖啡碱的摄入量过多，人体就会产生不良反应，但适当地品饮，还是不需担心的。因为茶叶中有对咖啡碱起协调作用的茶多酚、茶氨酸等成分存在，它们之间的拮抗作用，可适当消除纯咖啡碱的不良作用。故而，因过度喝茶而造成咖啡碱摄入量过多而引起的不良反应，发生的可能性相对较轻、较缓和。

3. 茶氨酸

茶氨酸是茶叶中的一种特殊氨基酸，是茶树中含量最高的游离氨基酸，一般占茶叶干重的1%～2%。春茶及特种品种的茶叶含量较高。茶氨酸能引起脑内神经递质的变化，促进大脑的学习和记忆功能，并能对帕金森症、传导神经功能紊乱等疾病起预防效果。茶氨酸能抑制脑栓塞等脑障碍引起的短暂脑缺血（常导致缺血敏感区发生延迟性神经细胞死亡）。因此，茶氨酸有可能用于脑栓塞、脑出血、脑中风、脑缺血以及老年痴呆等疾病的防治。茶氨酸具有促进脑波中α波产生的功能，从而引起舒畅、愉快的感觉，同时还能使人注意力集中。动物和人体试验均表明，茶氨酸可以作用于大脑，快速缓解各种精神压力，放松情绪，对容易不安、烦躁的人更有效。人们在饮茶时感到平静、心境舒畅，也是茶氨酸对咖啡碱有拮抗作用的结果。茶氨酸是谷氨酰胺的衍生物，二者结构相似。肿瘤细胞的谷氨酰胺代谢比正常细胞活跃许多，因此，作为谷氨酰胺的竞争物，茶氨酸能通过干扰谷氨酰胺的代谢来抑制肿瘤细胞的生长。另外茶氨酸可降低谷胱甘肽过氧化物酶的活性，从而使脂质过氧化的过程正常化。

4. 茶多糖

茶多糖，即茶叶复合多糖，它是茶叶中含有的与蛋白质结合在一起的酸性多糖或酸性糖蛋白，由糖类、蛋白质、果胶和灰分组成的一种类似灵芝多糖和人参多糖的高分子化合物。茶多糖主要为水溶性多糖，易溶于热水，易被人体吸收，茶多糖在茶叶中的含量相对较高，在绿茶饮料中，茶多糖总量占绿茶饮料固体物含量的3.5%。现代科学研究证实，茶多糖具有降血压和减慢心率的作用，能起到抗血凝、抗血栓、降血脂、降血压、降血糖、改善造血功能、帮助肝脏再生、短期内增强机体非特异性免疫功能等功效。

5. 茶黄素

茶黄素是存在于红茶中的一种金黄色色素，是茶叶发酵（茶多酚氧化）的产物。在生物化学上，茶黄素是一类多酚羟基具茶骈酚酮结构的物质。茶黄素，占干茶重量的0.5%～2%，具体含量取决于红茶加工的方法。茶黄素在茶汤鲜亮的颜色和浓烈的口感方面，起到了一定的作用，是红茶的一个重要的质量指标。现已发现，茶黄素具有调节血脂、抗氧化、抗肿瘤、抗心脑血管疾病的多种药理活性，以及调节机体免疫、抗菌、抗病毒等多方面的药理作用，并在多种相关疾病防治上具有确切疗效。

【第二节】·茶叶的主要保健功能

茶叶作为药用由来已久。“诸药为各病之药，茶为万病之药”，早在唐代的《本草拾遗》中，先人就已对茶的药疗功效作出过总结性评价。茶叶中含500多种成分，其中具有药用价值的就有250多种。茶叶不仅具有提神清心、清热解暑、消食化痰、去腻减肥、清心除烦、解毒醒酒、生津止渴、降火明目、止痢除湿等药理作用，还对现代疾病，如高脂血症、心脑血管病、癌症等疾病，有一定的药理功效。现代科学大量研究证实，茶叶含有与人体健康密切相关的生化成分，如茶多酚、茶皂苷、茶色素、茶多糖、茶皂素、生物碱、芳香物质、维生素、氨基酸、微量元素和矿物质等。其中药理作用最明显的成分有茶多酚、咖啡碱、茶多糖和氨基酸等。随着现代医学研究的发展，人们已将茶叶中所含的功效物质进行提取并加以利用，造福人类。

一 抗氧化和调节机体免疫作用

自由基又称“游离基”，是指化合物的分子在光热等外界条件下，共价键发生钩裂而形成的具有不成对的原子或基因。按照自由基学说，物体内自由基处于生物生成体系与生物防护体系的平衡之中。由于人体的衰老或者外界影响，就会导致这个平衡失调，自由基积累，危害机体健康。此时就需要增加外援的抗氧化剂清除自由基，保护机体正常运转。我们依据抗氧化剂清除自由基的性质，可将其分为预防型抗氧化剂和断链型抗氧化剂。SOD（超氧化物歧化酶）、CAT（过氧化氢酶）等抗氧化剂属于预防型抗氧化，而茶多酚及其氧化产物不仅具有酚类抗氧化剂的通性，能够直接清除自由基，还可作用于自由基的相关酶类，络合金属离子，间接清除自由基，从而起到内源性（断链）抗氧化和外源性（预防）抗氧化的双重特性，更好地保护机体。

免疫是机体免疫系统对抗原物质的生物化学应答过程，具有“识别”和“排除”抗原性异物、维持机体生理平衡的功能。茶多酚能有效地增加机体的细胞免疫功能，对免疫功能低下的机体有刺激促进免疫提高的作用，如延缓人体胸腺衰退，保护淋巴细胞，促进胸腺淋巴细胞增殖，刺激抗体活性等；而对正常机体的免疫功能具有一定的调节和保护作用，预防免疫系统的变态反应。经实验研究发现，红茶、乌龙茶和绿茶都可较大幅度地抑制酶活力，且抑制作用依次增强。

二 调节血脂、预防心脑血管疾病

心脑血管疾病是21世纪发病率最高，对人体危害极大的常见性多发病。高血压病是我国常见的心血管疾病之一。动脉粥样硬化是导致心脑血管疾病的主要因素。饮茶可以有效降低血脂，抗动脉粥样硬化。茶多酚可以调节血脂代谢，有研究显示，喝茶多的人其血液中胆固醇总量较低。其调节血脂的原理在于它能与体内的脂类结合，并通过粪便将其排出体外，从而抑制脂质斑块的形成；同时它也能促进高密度脂蛋白固醇逆向转运胆固醇，使血管内膜斑块中的胆固醇较多地逆向转运至肝脏，并在肝脏中经代谢生成胆固酸，排出体外，从而起到调节血脂、预防心脑血管疾病发生的作用。茶多酚也可通过抗凝、促纤溶以及抑制血小板聚集，抑制动脉平滑肌细胞增生，影响血液流变学特性等多种机制，从多个环节对心血管疾病起调理作用。

茶叶中的茶色素是指茶叶中儿茶素等多酚类及其氧化衍生物的混合物，其主要成分为茶黄素类、茶红素类及其络合物等。茶色素可改善红细胞变形，改善身体微循环，阻止血液和氧的供给，改善机体免疫力和组织代谢水平，从而达到有效预防心脑血管疾病的目的。我国相应的临床研究也表明，茶色素在调节血脂，抵抗脂质过氧化，消除自由基和抗凝、促纤溶等方面起积极作用，且在抑制主动脉平滑肌细胞增殖，抑制主动脉脂质斑块形成等多方面也非常有效。绿茶中黄酮类物质含量较高，特别是儿茶素类。科学饮用绿茶，可有效降低心血管疾病和癌症的风险。

三 防癌抗突变

饮茶可抑制多种不同肿瘤的生长，实验表明，茶多酚能抑制啮齿动物皮肤、胃、肺、食管、十二指肠、结肠肿瘤的致癌诱导。其功能主要体现在茶多酚的抗氧化作用，对细胞生长、分化、死亡过程中多种分子机制的调控作用，以及清除或抑制致癌化学物质，抗突变，抗离子辐射、紫外线辐射、抑制微生物和病毒入侵，提高人体免疫力等方面。茶多酚的抗癌作用是多方面的，它可以清除活性氧和自由基，增强机体解毒酶活力，阻止转化细胞表达及促进DNA修复等。此外，茶多酚对肿瘤放、化疗引起的白细胞、血小板减少也有显著的提升作用。

通常医学上将基因突变和染色体变异常统称为突变，突变通常会导致细胞运作不正常，或细胞死亡，甚至引发癌症等。茶叶中的茶多酚可以通过对代谢的调节、阻断、抑制DNA的复制、修复、增殖和转移，有效实现抗突变。

四 抗菌消炎

茶多酚具有广谱微生物抗性，对自然界中几乎所有动植物病原微生物，都可通过生物化学和物理化学机理来改变病菌的生理，干扰病菌的代谢，从而起到一定的抑制能力。这其中包括了真菌、细菌、微浆菌、病毒及其分泌的毒素等。其中茶多酚对细菌和病毒的作用最强，对酵母的抑制作用很微弱，对霉菌则完全没有抑制作用。

茶多酚对微生物有抑制和杀灭双重作用，并可抑制细菌毒素的活性和某些芽孢的萌发。茶多酚还可阻止病菌对机体的侵袭等。茶多酚的抑菌能力与细菌的性质相关。茶多酚对革兰阳性菌的抑制作用强于革兰阴性菌；茶多酚抑菌有极好的选择性，可抑制有害菌群的生长，维持正常菌群平衡，而对有益菌有促进作用；茶多酚选择性作用的另一意义是对病原菌有毒性，而对正常寄主细胞（机体）无害，茶多酚抗菌过程中，不会使细菌产生耐药性。这些特点使得茶多酚非常符合医药、食品及农业生产应用需要。另外，茶多酚还能有效沉淀多数重金属盐（如Pb^{2+}、Hg^{2+}、Cr^{2+}等），从而起到对饮用水消毒的作用。现今社会水源多存在金属超标现象，清除水内多余金属，缓解体内金属离子的毒害作用，对人体也起到一定的解毒抗菌的功效。

五 抗辐射作用

大量的高能射线辐射会引起血液中白细胞减少、免疫力下降，从而引发多种疾病。随着社会经济的发展，电脑、手机、电视的遍及，人们长期承受着越来越严重的低剂量长时间电磁辐射的危害。长期遭受辐射会引起头晕乏力、胸闷气滞、体质下降；重者可使胃肠功能紊乱，免疫力下降，导致各类慢性疑难疾病，危及身体健康。多年的研究证实，茶多酚具有抗辐射作用，主要表现在对辐射损伤的防护和对损伤机体的治疗两方面。茶多酚能直接参与清除辐射产生的过量自由基，避免生物大分子的损伤；通过提高体内抗氧化酶的活力，调节和增强免疫功能，从而提高细胞对辐射的抗性；防护并修复造血干细胞和骨髓细胞，促进造血功能，并使免疫细胞增殖和生长，使辐射损伤组织得到恢复。在动物试验中发现，服用茶多酚可减缓辐射引起的免疫细胞损伤，促进受损免疫细胞和白细胞的恢复，防治骨髓细胞的辐射损伤。另外，茶多酚还可防止紫外线A、紫外线B对皮肤造成的损伤，因此，也常用茶叶提取物制作防晒化妆品等。

六 消除口臭作用

口臭是指呼吸时散发出一种以挥发性硫化物为主要物质，产生令人不愉快气味的病症。形成口臭的因素很多，其中约90%来源于口腔内因素。口腔中未治疗的龋齿、残根、残冠、不良修复体、不正常解剖结构、牙龈炎、牙周炎及口腔黏膜病等都可以引起口臭。饮茶能有效地消除口臭。因为茶多酚能与引发口臭的多种化合物起化学反应，生成无挥发性的产物，蛀牙及齿根膜疾病主要由口腔细菌感染引起，茶多酚对这些病原菌都有抑制效果。茶多酚不仅抑制各种口腔细菌的黏附、生长和繁殖，还可直接杀灭口腔细菌，因此对口腔细菌表现较强的抑制作用。除了口腔微生物，茶多酚对咽喉微生物同样有抑制作用。茶多酚对口腔咽喉主要致病菌如肺炎球菌、金葡萄球菌、表皮葡萄球菌、乙型链球菌及与牙周病相关的坏死梭杆菌、牙龈卟啉菌等都有明显的抑菌和杀菌作用，从而消除口臭。调查显示，中国口臭患病率为27.5%，将茶叶中消除口臭的药理物质进行提取利用，是治疗口臭等多种疾病的途径之一。

【第三节】·科学饮茶常识

一 如何做到科学饮茶

1. 饮茶要适量

饮茶有益于健康，但也应该有个度。现代医学研究证明，每个饮茶者具有不同的遗传背景，因而体质也有较大差异，脾胃虚弱者，饮茶不利，脾胃强壮者，饮茶有利；饮食中多油脂类食物者，饮茶有利；饮食清淡者要控制饮茶的量。一般来说每天饮茶不超过30克为宜，此数据是根据氟元素的摄入量来计算的。前文已经表述，氟是一种有益的微量元素，但是摄入过多则会损害人体健康。中国营养学会推荐成年人每天应摄取氟1.5～3毫克。以茶叶实际氟含量最高值、泡水时茶叶中氟的浸出率计算，每天可饮茶30～60克。考虑到从其他食物和水中会摄取的氟，每天喝茶15～30克不会造成氟过量。

2. 饮茶要适时

从科学饮茶的角度而言，每个人的生活习惯不同，饮茶的时间并不需要固定，但是由于饮茶与一日三餐不同，还需要讲究一定的时间。一般来说，饭前饭后都不适合饮茶。空腹不能饮茶，而饭后也不可以立即饮茶，因为饭后如果立即饮茶会影响到铁元素的吸收，长期下去会引起缺铁病症，而等到饭后一个小时，人体对铁的吸收基本完成，所以饭后一个小时饮茶最佳。另外，如果是对咖啡碱的兴奋作用特别敏感的人在睡前也不要饮茶，否则咖啡碱的兴奋作用会使人失眠，而对此不敏感的人则可不忌讳。当然，在吃药时也不可用茶水送服，主要原因是茶水中的茶多酚会络合药物中的有效成分，进而导致药物失效。

从人体铁元素吸收来看，我们也应尽量避免餐饮时饮茶。一般认为，鱼类、肉类食物中含有丰富的铁元素，且大部分的铁是以血红素铁的形态存在的，所以用餐前后饮茶对铁的吸收影响不会太大，而以素食为主的食物中，铁元素含量相对较少，且大多以非血红素铁形态存在，在这样的情况下，如果进食前后饮茶就可能导致铁元素摄入量的不足。

3. 空腹不适合饮茶

空腹不适合饮茶，特别是发酵程度较低的如绿茶、黄茶等。由于其中茶多酚等保留较多，如在空腹状态下饮用，会对人体产生不利影响。空腹时，茶叶中的茶多酚等会与胃中的蛋白结合，对胃形成刺激。除了会对胃肠有刺激，空腹喝茶还会冲淡消化液，影响消化。同时，空腹时，茶里的一些物质容易被过量吸收，如咖啡碱和氟。咖啡碱会使部分人群出现心慌、头昏、手脚无力、心神恍惚等症状，医学上称为“茶醉”现象。一旦发生茶醉现象，可以吃一块糖、喝杯糖水，或者吃甜食，上述症状即可缓解并消失。患有胃、十二指肠溃疡的人，更不宜清晨空腹饮绿茶，因为茶叶中的多酚类会刺激胃肠黏膜，导致病情加重，还可能引起消化不良或便秘。

4. 饮茶与解酒

饮茶到底能不能解酒，一直有争论。一般认为，茶虽然有利尿功能，可以加快人体的水分代谢，饮茶之后小便增多，这样人体通过排尿将血液中的酒精带出体外以达到醒酒的目的，通过饮茶醒酒减轻了肝脏的负担，但如此一来，却增加了肾脏的负担，长此以往会造成肾脏的一些疾病。另外，过量饮酒者会因为饮酒而心跳加速，如果饮用大量浓茶，增加咖啡碱的摄入，由于咖啡碱也有兴奋神经的作用，饮用浓茶会使心跳过快，从而增加心脏功能负担。但是，如果通过饮用淡茶来补充人体所需要的水分，通过增加人体内茶多酚浓度，清除酒精代谢过程中产生的过量自由基，也会有利于酒精代谢。而经过科学实验表明，饮茶可以解酒，但要在饱腹的情况下才有效，若空腹则不仅无效，而且会加剧酒精对人体的损害。

二 饮茶也有适宜人群

茶虽然是一种保健饮料，但对于不同体质、不同习惯的人群来讲，喝哪种茶还是有所区别的。对于初次接触茶叶的人群，如其口味相对清淡，可推荐品饮上好的绿茶和黄茶，如西湖龙井茶、碧螺春茶、黄山毛峰茶、君山银针茶等；如口味偏重，可推荐品饮茉莉花茶、炒青绿茶等。对于老茶客，则应首选个人嗜好的茶品，在品饮时，需适当控制茶叶用量。

任何药物都有宜、忌两面，茶作为一种药物也不例外。从中医角度分析，茶的药性微寒，偏于中凉。单就茶叶来讲，红茶性偏温，对胃的刺激性相对较小，适宜平性惧寒的人群品饮；绿茶性偏寒，对肠胃的刺激性较大，容易使人产生清凉的感觉，适合惧热的人群使用；乌龙茶介于红茶和绿茶之间，性情适中，适合身体肥胖的人饮用。而刚炒制出来的炒青绿茶，其性质与初制的爆米花、板栗等性质类似，这些刚炒制出来的茶叶是不适合立即品饮的，一般都要放置一周甚至数周后才宜饮用。

我国茶叶品类繁多，不同的品饮者选择茶品也是有差异的，原因在于不同的茶叶其功能成分含量是有差异的。如绿茶的氨基酸、儿茶素、维生素C等含量较高，用于抗氧化、抗辐射效果比较明显；红茶的茶黄素、茶红素等氧化缩合物含量偏高、香味物质偏多，对于大多体性偏寒的女性来讲，非常适宜；乌龙茶则介于绿茶和红茶之间，其独特的韵味得到大多消费者的青睐，其良好有效的减肥效果也得到了大量的科学实践证实。对于砖茶，因原料粗老，茶砖中含有较多的茶多糖和氟元素，对糖尿病的治疗非常有益，但同时也需注意人体对氟的吸收。

从年龄上分析，年轻人阳气足、活力强盛，适当地喝些茶叶是有益的。儿童饮茶量不宜过多，每天1~2克即可；饮茶不宜过浓，清淡茶汤即可；饮用茶叶宜嫩不宜老，以上好的绿茶为佳。有研究表明，儿童适量饮茶具有增进食欲、补充人体多种营养物质、防止肥胖和抗龋齿、抗辐射的功效。对于老年人来讲，因自身新陈代谢放缓、抵抗力下降、生理功能下降等，使得老年人在饮茶方面更要留意，喝茶时需做到早、少、淡。

以上，我们从饮茶人群对茶的接触程度、茶的中医冷热秉性、茶类功效以及年龄阶层等方面对饮茶的机理进行了简单的分析，下面我们就针对特殊人群的饮茶科学进行一一阐述。

1. 糖尿病患者

糖尿病的本质是血糖的来源和去路间失去正常状态下的动态平衡。

茶多糖可以降血糖已被公认，我国民间一直流传着泡饮粗茶来治疗糖尿病的说法，蔡鸿恩、李布青；以及Isjguki K.等人的调查实验都显示，粗茶中的茶多糖能够有效降低人体、动物体的血糖含量，有效控制糖尿病的发生。

2. 吸烟人群

肺癌是所有恶性肿瘤中发病率和死亡率最高的肿瘤，吸烟是公认的肺癌最主要的致病因素。杜春华等研究表明，茶多酚可抑制肺癌细胞的增殖活性，其抑制作用随时间的延长而增强，以36小时抑制作用最强，在浓度50～150 mg/L范围内，抑制作用随浓度增高而增强。程书钧研究表明，茶多酚可明显抑制香烟凝集物诱导的细胞突变和染色体的损伤，其抑制作用比维生素C、维生素E及β-胡萝卜素更强。自由基清除动力学研究表明，每分子儿茶素可清除2～6分子自由基(每分子非酯型儿茶素可清除2分子自由基,每分子酯型儿茶素可清除6分子自由基)。茶多酚抗自由基氧化损伤及防癌抗癌作用已得到普遍认同。有研究表明亚急性高浓度吸烟使小鼠谷胱甘肽过氧化物酶(GSH-Px)升高,以超氧化物歧化酶（SOD）活性为主要观察指标，结果显示大剂量口服茶多酚(约为成人日摄入量的20倍)，可使高浓度吸烟(约为成人日平均吸烟量的20倍)动物的超氧化物歧化酶（SOD）活性维持在正常水平,作用与大剂量口服维生素E相同。 较低剂量口服茶多酚,则不能维持大剂量吸烟动物的SOD活性。

3. 贫血患者

贫血患者可否饮茶，这应根据贫血的性质而定。如果是缺铁性贫血，那么最好不饮茶，或选用红茶或者普洱茶，最不宜选用绿茶，这是因为茶叶中的茶多酚很容易与食物中的铁发生化合反应，不利于人体对铁的吸收，而绿茶茶多酚含量最高，红茶与普洱茶在加工过程中多酚类物质大部分被氧化为其他缩合物，比绿茶温和。其次，缺铁性贫血患者服的药物，多数为含铁补剂，用绿茶茶汤服药会直接影响到药物的吸收和疗效。其他贫血患者大多是气血两虚，身体虚弱，而喝茶有“消脂”“令人瘦”的作用，即有可能使虚症加剧，所以也以少饮茶为宜，特别是要防止过量或过浓饮茶。

4. 脾胃虚寒者

茶是清凉的饮料，特别是绿茶，性偏寒，对脾胃虚寒者不利，因此脾胃虚寒者在饮茶时不宜饮浓茶，尤其是绿茶。再者，饮茶过多、过浓，尤其是绿茶中含有较多茶多酚，会对胃部产生强烈的刺激，影响胃液分泌，导致影响到人体对食物的消化和吸收，进而产生食欲不振或出现胃痛、胃酸等现象。所以，对脾胃虚寒者而言，不宜选用绿茶，同时也不宜选用浓茶，尽量选择性温的茶类，如红茶、普洱茶等，以减少对脾胃的刺激作用。

5. 神经衰弱者

对神经衰弱患者来说，一要做到不饮浓茶，二要做到不在临睡前饮茶。这是因为患神经衰弱的人，其主要症状是晚上失眠，而茶叶中含有的咖啡碱最明显的作用是兴奋中枢神经，使精神处于兴奋状态。晚上或临睡前喝茶，这种兴奋作用表现得更为强烈，所以，喝浓茶和临睡前喝茶，对神经衰弱患者来说，无疑是“雪上加霜”。神经衰弱患者由于晚上睡不着觉，白天往往精神不振。因此，早晨和上午适当喝点茶水，吃些含茶食品，既可以补充营养不足，又可以帮助振奋精神。但对神经衰弱患者来说，品饮脱咖啡因茶是不影响睡眠的。

6. 冠心病患者

冠心病又称冠状动脉性心脏病，是由于脂质代谢不正常，导致血液中脂质沉积在原本光滑的动脉内膜上，造成动脉内膜出现似粥样的脂类物质堆积，动脉变得狭窄，血流受阻，从而导致心脏缺血，出现心绞痛的现象。对于心动过速的冠心病患者来说，少饮茶，饮淡茶，或饮脱咖啡因茶比较有利。茶叶中含有的生物碱，尤其是咖啡碱和茶碱等有兴奋作用，能增强心肌的功能。多喝茶或喝浓茶会促使心跳过快。有早博或心房纤颤的冠心病患者，也不宜多喝茶，喝浓茶，否则会促使发病或加重病情。对于心动过缓，或窦房传导阻滞的冠心病患者来说，其心率通常在每分钟60次以内，适当多喝些茶，甚至喝一些偏浓的茶，不但无害，而且还可以提高心率，有配合药物治疗的作用。

7. 妇女“三期”

处于“三期”的妇女最好少饮茶，或饮脱咖啡因茶。经血中含有高铁血红蛋白质和血浆蛋白，月经期妇女需补充身体缺乏的铁元素。茶叶中的多酚类物质对铁离子会产生络合作用，使铁离子失去活性，经期饮茶影响人体对铁的吸收，容易产生痛经、经期延长和经血过多现象，导致缺铁性贫血。茶叶中的咖啡碱对神经系统和心血管系统有一定的刺激作用，浓茶咖啡碱含量较大，怀孕期妇女饮浓茶，不仅会导致缺铁性贫血的发生，也会加剧孕妇的心跳和排尿，增加孕妇的心肾负担，诱发妊娠中毒，损伤母体和婴儿的健康。茶叶中的鞣酸不仅能抑制肠液的分泌，还会抑制乳腺分泌，影响母亲对幼儿的哺乳。且浓茶中的咖啡因通过人乳进入婴儿体内，也容易导致幼儿肠痉挛肠激惹的疾病发生，给婴儿的生长会带来不良的影响。因此“三期”妇女最好少饮茶，即使偶尔饮茶，也要清淡少许方可。

8. 肥胖病人

茶叶对人体重调节具有双重作用，它不仅具有减肥功效，还可使偏瘦者体重增加。有关于饮茶对城市中老年人健康的影响研究显示，在不饮茶的调查人群中，肥胖或超重人数达到51.6%，偏瘦人数约在12.1%；在过量饮茶的人群中，两者比重分别为36%和6%。而在调查的适量饮茶人群中，两个比例维持在不饮茶和过量饮茶之间。茶叶降脂的物质基础主要是茶多酚、咖啡碱和茶多糖等。临床试验也表明，茶叶能够有效降低血液中三甘油酸酯的含量，起降脂的功效。对于有肥胖症的人来说，饮各种茶都是很好的，因为茶叶中咖啡碱、黄烷醇类、维生素类等化合物，能促进脂肪氧化，除去人体内多余的脂肪。但不同的茶，其作用有所区别，根据实践经验，喝乌龙茶及沱茶、普洱茶、砖茶等紧压茶，更有利于降脂减肥。据国外学者研究表明：乌龙茶对人体能量的消耗大于绿茶，且乌龙茶分解脂肪、帮助消化、利于减肥健美的功效也是非常明显的。国外医学界一些研究资料也显示，云南普洱茶和沱茶具有减肥健美功能和预防心血管病的作用。临床实验表明，常饮沱茶，对年龄在40～50岁的人，有明显减轻体重的效果，对其他年龄段的人也有不同程度的效用。

9. 饮茶与服药的关系

茶叶在中药中本身就是一味药，它的多种成分都具有药理功能，如上述的多酚类、咖啡碱、茶氨酸、茶多糖等。中药汤剂、中成药等药物其组方的治疗效果是药物中多种成分在一定比例下的综合作用，除医生特别嘱咐外，一般内服汤剂或中成药均不宜与茶同用，主要是为了避免茶叶中的药理物质影响这些汤剂或药物中药理物质的平衡。

茶叶也不能和大多数西药混用。茶叶中的多酚类成分可与三价铁离子发生络合反应，生成难溶性物质，影响人体对铁的吸收。所以在服用硫酸亚铁、富马酸亚铁、乳酸亚铁等补铁的药物时，禁止饮茶。茶叶中的茶多酚类还可与钙剂类（如葡萄糖酸钙、乳酸钙等）、钴剂类（维生素B_{12}、氯化钴等）、铝剂类（胃舒平、硫糖铝等）、银剂类（硅碳银等）等药物相结合，在肠道中生成沉淀，影响药性，刺激胃肠道，引起胃部不适，甚至可引起胃肠绞痛、腹泻或便秘等。茶叶中的多酚类在肠道内可与四环素、氯霉素、红霉素、利福平、强力霉素、链霉素、新霉素、先锋霉素等抗生素类药物发生络合或吸附反应，影响药物疗效。另外，茶叶中的多酚类也可与碳酸氢钠发生化学反应使其分解，与氢氧化铝相遇可使之沉淀，故而也不适宜与制酸剂药物混用。此外，药物中的喹喏铜类抗菌药物有类似于咖啡碱的结构，可以和茶多酚发生类似咖啡碱性质的络合，减弱药性，甚至使药性丧失。含有单胺氧化酶抑制剂的药物可透过血脑屏障抑制儿茶酚胺的代谢，促进脑中环磷腺苷（cAMP）的合成；而咖啡碱、茶碱等可抑制磷酸二酯酶的活力，减少对cAMP的破坏，从而引起高血压的发生。茶水也不能用于送服助消化药物。茶叶中的多酚类物质能与助消化酶形成氢键络合，改变助消化酶的性质和作用，使助消化作用减弱甚至消失。氨非咖片（PPC）、散痛片、去痛片等可与茶叶中的咖啡碱发生沉淀反应，也不宜用茶水送服。

截至目前，茶叶对某些药物的影响依然不明朗，进入市场的源源不断的药物品种与茶叶成分的关系依然还待研究和观测，所以在服用药物时，饮茶需慎重。

第五章

茶叶品质评定与检验

【第一节】·茶叶感官品质形成原理

茶是一种饮料，其品质的好坏历来被消费者所重视。所谓茶叶的品质，简单地说是指茶叶的“色、香、味、形”四个字。影响茶叶品质的因素很多，例如，在生态环境方面有土壤、气候、海拔、地区、季节等；在技术措施方面有施肥、采摘、初制、精制、贮藏、包装等。这些均影响到茶叶的内含化学成分。茶叶的品质是所有茶叶生产、经营、科研工作者和消费者都十分关心的问题，茶叶的化学特性，即茶叶中所含的化学成分，是决定茶叶品质的物质基础。茶叶中化学成分的协调统一，决定了茶叶品质的优劣及其饮用价值。

一 茶叶色泽的形成

茶叶的色泽分为干茶色泽、茶汤色泽、叶底色泽三个部分。色泽是鲜叶内含物质经过加工而发生不同程度的降解、氧化聚合变化的总反映。茶叶色泽是茶叶命名和分类的重要依据，是分辨品质优次的重要因子，是茶叶主要品质特征之一。

（1）绿茶　杀青抑制了叶内酶的活性，阻止了内含物质反应，基本保持鲜叶固有的成分。因此形成了绿茶干茶、汤色、叶底都为绿色的“三绿”特征。其绿色主要由叶绿素决定，即深绿色的叶绿素A和黄绿色的叶绿素B。茶叶中的橙红色主要由茶叶中的多酚类、儿茶素经过氧化聚合形成的茶黄素、茶红素、茶褐素等色素决定。茶黄素为黄色，茶红素为红色，茶褐素呈褐色。

（2）红茶　红茶经过发酵，多酚类充分氧化成茶黄素和茶红素，因此茶汤和叶底都为红色。其中叶底的橙黄明亮主要由茶黄素决定，红亮是由于茶红素较多所致。红茶干茶的乌润是红茶加工过程中叶绿素分解的产物——脱镁叶绿素及果胶质、蛋白质、糖和茶多酚氧化产物附集于茶叶表面，干燥后呈现出来的。

（3）黄茶　黄茶在“闷黄”过程中产生了自动氧化，叶绿素被破坏，多酚类初步氧化成为茶黄素，因此形成了“三黄”的品质特征。

（4）白茶　传统白茶只萎凋而不揉捻，多酚类与酶接触较少，并没有充分氧化。而且白茶原料毫多而嫩，因此干茶和叶底都带银白色，茶汤带杏色。白茶的白色是白色素的反映，与芙蓉花白素、飞燕草花白素有关。

（5）青茶　青茶经过做青，叶缘遭破坏而发酵，使叶底呈现出绿叶红边的特点，茶汤橙红，干茶色泽青褐。但发酵较轻的茶如包种茶色泽上与绿茶接近。

（6）黑茶　黑茶在“渥堆”过程中，叶绿素降解，多酚类氧化形成茶黄素、茶红素，以及大量的茶褐素，因此干茶为褐色，茶汤呈红褐色，叶底的青褐色是茶多酚氧化产物与氨基酸结合形成的黑色素所致。

茶叶色泽品质的形成是品种、栽培、制造及贮运等因素综合作用的结果。优良的品种、适宜的生态环境、合理的栽培措施、先进的加工技术、理想的贮运条件是良好色泽形成的必备条件。影响色泽的因素主要有茶树品种、栽培条件、加工技术等。如茶树品种不同，叶子中所含的色素及其他成分也不同，使鲜叶呈现出深绿、黄绿、紫色等不同的颜色。深绿色鲜叶的叶绿素含量较高，如用来制绿茶，则具“三绿”的特点。浅绿色或黄绿色鲜叶，其叶绿素含量较低，适制性广，制红茶、黄茶、青茶，茶叶色泽均好。另外，栽培条件的不同，如茶区纬度、海拔高度、季节、阴坡、阳坡的地势、地形不同，所受的光照条件也不同，导致鲜叶中色素的形成也不相同。土壤肥沃，有机质含量高，叶片肥厚，正常芽叶多，叶质柔软，持嫩性好，制成干茶色泽一致、油润。不同制茶工艺，可制出红、绿、青、黑、黄、白等不同的茶类，表明茶叶色泽形成与制茶关系密切。在鲜叶符合各类茶要求的前提下，制茶技术是形成茶叶色泽的关键。

二　茶叶香气的形成

茶叶具有特有的茶香，是内含香气成分比例与种类的综合反映。茶叶的香气种类虽然有600多种，但鲜叶原料中的香气成分并不多，因此，成品茶所呈现的香气特征大多是茶叶在加工过程中由其内含物发生反应而来。各类茶叶有各自的香气特点，是由于品种、栽培条件和鲜叶嫩度不同，经过不同制茶工艺，形成了各种香型不同的茶叶。

在茶鲜叶香气成分中，以醇类化合物最为突出。其中一部分属于低碳脂肪族化合物，具有青草气和青臭气；另一部分属于芳香类化合物，具有花香和水果香。鲜叶经过加工，叶片内发生了一系列生化反应，青草气等低沸点物质挥发，高沸点的芳香物质生成，最终形成茶叶的香气品质。已知茶叶香气成分有600种之多，各类香气成分之间的平衡和各种成分相对比例的不同便形成了各种茶叶的香气特征。

如炒青绿茶，杀青时间较长，具有青草气的低沸点化合物得到大量挥发，高沸点香气成分如香叶醇、苯甲醇、苯乙醇等得到大量显露或转化，并达到一定的含量。高温下糖类与氨基酸反应形成具有焦糖香的吡嗪、吡咯、糠醛等物质。所以高级绿茶的香气成分中，醇类、吡嗪类较多，具有醇类的清香和花香以及吡嗪类的烘炒香。而祁门红茶以蔷薇花香和浓厚的木香为特征，斯里兰卡红茶以清爽的铃兰花香和甜润浓厚的茉莉花香为特征。原因是，祁门红茶的香叶醇、苯甲醇、2-苯乙醇等含量丰富，而斯里兰卡红茶的芳樟醇、茉莉内酯、茉莉酮酸甲酯的含量丰富。所以，红茶的香气成分中，醇类、醛类、酮类、酯类含量较高，尤其是氧化、酯化后的醛、酮、酯类的生成量较大。

乌龙茶的香型以花香特殊为特点。福建乌龙茶的香气成分主要为橙花叔醇、茉莉内酯和吲哚；而台湾乌龙茶的香气成分主要为萜烯醇、水杨酸甲酯、苯甲醇、2-苯乙醇等。

另外，茶叶香气组成复杂，香气形成受许多因素的影响，不同茶类、不同产地的茶叶均具有各自独特的香气。如红茶香气常用“馥郁”“鲜甜”来描述，而绿茶香气常用“鲜嫩”“清香”来表达，不同产地茶叶所具有的独特香气常用“地域香”来形容，如祁门红茶的“祁门香”等。总之，任何一种特有的香气都是该茶所含芳香物质的综合表现，是品种、栽培技术、采摘质量、加工工艺及贮藏等因素综合影响的结果。

三 茶叶滋味的形成

茶叶具有的饮用价值，主要体现在溶解在茶汤中对人体有益物质含量的多少，以及有味物质组成配比是否符合消费者的要求。因此，茶汤滋味是组成茶叶品质的主要项目。茶叶滋味的化学组成较为复杂，各种呈味物质的种类、含量和比例构成了不同的滋味。茶叶中的呈味物质主要有以下几类。

（1）刺激性涩味物质　主要是多酚类。鲜叶中的多酚类含量占干物质的30%左右。其中儿茶素类物质所占百分比最高，儿茶素中酯型儿茶素含量占80%左右，具有较强的苦涩味，收敛性强，非酯型儿茶素含量不多，稍有涩味，收敛性弱，喝茶后有爽口的回味。黄酮类有苦涩味，自动氧化后涩味减弱。

（2）苦味物质　主要是咖啡碱、花青素、茶皂素、儿茶素和黄酮类。

（3）鲜爽味物质　主要是游离态的氨基酸类、茶黄素以及氨基酸、儿茶素、咖啡碱形成的络合物，茶汤中还存在可溶性的肽类和微量的核苷酸、琥珀酸等鲜味成分。氨基酸类中的茶氨酸具有鲜甜味，谷氨酸、天门冬氨酸具有酸鲜味。

（4）甜味物质　主要是可溶性糖类和部分氨基酸，如果糖、葡萄糖、甘氨酸等。糖类中的可溶性果胶具有黏稠性，可以增加茶汤的浓度和厚感，使滋味甘醇。甜味物质能在一定程度上削弱苦涩味。

（5）酸味物质　主要是部分氨基酸、有机酸、抗坏血酸、没食子酸、茶黄素和茶黄酸等。酸味物质是调节茶汤风味的要素之一。

以上不同类型的呈味物质在茶汤中的比例构成了茶汤滋味的类型，茶汤滋味的类型主要有浓烈型、浓强型、浓醇型、醇厚型、醇和型和平和型等。影响滋味的因素主要有品种、栽培条件和鲜叶质量等。茶树品种的一些特征往往与物质代谢有着密切的关系，因而也就导致了不同品种在内含成分上的差异。栽培条件及管理措施合理与否直接影响茶树生长、鲜叶质量及内含物质的形成和积累，从而影响茶叶滋味品质的形成。如茶树在不同季节其鲜叶内含成分含量差异很大，制茶后滋味品质也明显不同。一般春茶滋味醇厚、鲜爽，尤其是早期春茶。

另外，鲜叶原料的老嫩度不同，内含呈味物质的含量也不同。一般嫩度高的鲜叶内含物丰富，如多酚类、蛋白质、水浸出物、氨基酸、咖啡碱和水溶性果胶等的含量较高，且各种成分的比例协调，茶叶滋味较浓厚，回味好。

不同的茶叶滋味要求不同，一般小叶种绿茶滋味要求浓淡适中，南方的红茶、绿茶要求滋味浓强鲜，青茶滋味要求醇厚，白茶要求滋味清淡，黄茶滋味要求清甜，黑茶要求醇和。

四　茶叶形状的形成

茶叶的形状是组成茶叶品质的重要项目之一，也是区分茶叶品种花色的主要依据。茶叶形状包括干茶的形状和叶底的形状。

干茶形状类型：各种干茶的形状，根据茶树品种和采制技术的不同，可分为条形、卷曲条形、圆珠形、扁形、针形等。

叶底形状类型：叶底即冲泡后的茶渣。茶叶在冲泡时吸收水分膨胀到鲜叶时的大小，比较直观，通过叶底可分辨茶叶的真假，还可以分辨茶树品种、栽培情况，并能观察到采制中的一些问题。再结合其他品质项目，可较全面地综合分析品质特点及影响因素。

1. 茶叶形状的形成

干茶形状和叶底形状的形成及优劣与制茶技术的关系极为密切。制法不同，茶叶形状各式各样，而同一类形状的茶也会因各自加工技术掌握的好坏而使其形状品质差异很大。例如，以下几种茶叶形状的形成各有不同的特色。

（1）条形茶　先经杀青或萎凋，使叶子散失部分水分，后经揉捻成条，再经解块、理条，最后烘干或炒干。

（2）圆珠形茶　经杀青、揉捻和初干使茶叶基本成条后，在斜锅中炒制，在相互挤压、推挤等力的作用下逐步造形，先炒三青做成虾形，接着做对锅使茶叶成圆茶坯，最后做大锅成为颗粒紧结的圆珠形。

（3）扁形茶　经杀青或揉捻后，采用压扁的手法使茶叶成为扁形。

（4）针形茶　经杀青后在平底锅或平底烘盒上搓揉紧条，搓揉时双手的手指并拢平直，使茶条从双手两侧平平落入平底锅或烘盒中，边搓条，边理直，边干燥，使茶条圆浑光滑挺直似针。

总之，不同的制法将形成不同的形状，有的干茶形状和叶底形状属同一类型，有的干茶形状属同一类型而叶底形状却有很大的差别。如白牡丹、小兰花干茶形状都属花朵形，它们的叶底也都属花朵形；而珠茶、贡熙干茶同属圆珠形，但珠茶叶底芽叶完整成朵属花朵形，而贡熙叶底属半叶形。

2. 影响形状的因素

茶叶形状不同，主要是制茶工艺造成的。但是，影响形状尤其是干茶形状的因素还有很多，如茶树品种、采摘标准等，虽然它们不是形状形成的决定性因素，但对形状的优美和品质的形成都很重要，个别因素在某种程度上也起着支配性的作用。

茶树品种不同，鲜叶的形状、叶质的软硬、叶片的厚薄及茸毛的多少有明显的差别，鲜叶的内含成分也不尽相同。一般鲜叶质地好，内含有效成分多的鲜叶原料，有利于制茶技术的发挥，有利于造形，尤其是以品种命名的茶叶，一定要用该品种鲜叶制作，才能形成其独有的形状特征。而栽培条件也直接影响茶树生长、叶片大小、质地软硬及内含的化学成分。鲜叶的质地及化学成分与茶叶形状品质有密切的关系。采摘嫩度直接决定了茶叶的老嫩，从而对茶叶的形状品质产生深刻的影响。嫩度高的鲜叶，由于其内含可溶性成分丰富，汁水多，水溶性果胶物质的含量高，纤维素含量低，使叶子的黏稠性高、黏合力增大，有利于做形，如加工成条形茶则条索紧结，重实，有锋苗；加工成珠茶则颗粒细圆紧结，重实。

【第二节】·茶叶审评基础知识

茶叶品质评定，又称感官审评，就是对茶叶的品质进行感官评定的过程。茶叶品质的评定是一项难度较高、技术性较强的工作，也是茶文化学习者需要掌握的内容。学习者可以通过不断的实践来锻炼自己的嗅觉、味觉、视觉、触觉，使自己具有较好的感官辨别能力，当然还要学习相应的理论知识，并通过反复练习，才能熟练掌握不同茶叶的评定方法。茶叶品质的感官审评可分为干茶外观审评和内质审评，俗称干评和湿评，即干评外形和湿评内质，一般以湿评内质为主。茶叶感官审评一般按外形、香气、汤色、滋味、叶底的顺序进行。

一 茶叶品质评定的方法

1. 茶叶品质的外形审评

通过茶叶外形包括嫩度、形状、色泽、整碎、净度等几个方面去辨别品质的好坏。审评外形有两种方法：一是筛选法，即把150～200克茶叶放在样盘中，双手筛旋，使茶叶分层，粗大的浮在上面，中等的在中层，碎末的在下面，再用右手抓取一大把茶看其条索及整碎程度；另一种是直观法，把茶样倒入样盘后，再将茶样徐徐倒入另一只空盘中，这样来回倾倒2～3次，使上下层茶充分拌和，即可评审外形。直观法使茶样充分拌和能代表茶样的原始状态，不受筛选法易出现的种种干扰产生误差，故能较正确而迅速地评定外形。而实际应用时，通常是结合以上两种方法进行评定。

2. 茶叶品质的内质评定

茶叶的内质评定过程是：将准确称取的（按茶水比取好的）茶样置于审评杯中，冲入沸水加盖并准确计时，至冲泡时间后，及时将茶汤沥出，然后按次序看汤色→闻香气→尝滋味→评叶底。对茶叶的内在品质进行综合评价，这一方法是目前国际上对茶叶质量等级评定最通用的方法。

（1）看汤色　汤色即茶汤的颜色，是茶叶生化成分溶解于沸水中而反映出来的色泽。审评时看汤色要及时，因为茶汤中的成分容易氧化导致汤色变化，因此，通常把看汤色放在闻香气之前。

审评汤色时主要看茶汤的色度（是颜色的色调和饱和度）、亮度和清浊度。

绿茶汤色品质描述由好到差的术语：嫩绿明亮→黄绿明亮→绿明→绿欠亮→绿暗→黄暗等。

红茶汤色品质描述由好到差的术语：红艳→红亮→红明→红暗→红浊等。

（2）闻香气　香气是茶叶冲泡后随水蒸气挥发出来的气味，是茶叶品质好坏的重要指标之一。评茶时对香气的感觉，是由鼻腔上部的嗅觉感受器接受茶香的刺激而发生的。采用盖碗法或审评杯冲泡法评定茶叶内质时，可以在倒出茶汤后，一手拿茶杯（碗），一手半揭开盖，靠近杯沿（碗边）用鼻子深嗅或轻嗅，嗅1～2次，每次2～3秒。一般香气辨别分热嗅、温嗅和冷嗅。热嗅主要辨别香气是否正常（如有无杂味）、香气的类型和香气的高低。温嗅是指待茶叶温热（55℃左右）时闻嗅，辨别香气的优次。冷嗅是指在茶叶凉后再进行闻嗅，辨别香气的持久性。审评香气除了辨别香型外，主要比较香气的纯异（有无异味、杂味）、高低（香气浓度）、长短（香气的持久程度）。

香气品质好坏可采用香气术语来描述，如茶叶香气从高到低可以如下描述：高鲜持久→高→尚高→纯正→平和→低→粗。

香气的类型：由于鲜叶的品种、生长环境和加工方法的区别，茶叶香气的种类千变万化。如下列出的是常见的茶叶香气类型。

清高：清香高爽，久留鼻间，为茶叶较嫩且新鲜，制工好的一种香气。

清香：香气清纯柔和，香虽不高，令人有愉快感，是自然环境较好，品质中等茶所具有的香气。与此相似的有清正、清纯、清鲜略高一点。

果香：似水果香型，如蜜桃香（白毫乌龙）、雪梨香、佛手香、橘子香、桂圆香、苹果香等。

嫩香：芽叶细嫩，做工好的茶叶所具有的香气，与此相似的有鲜嫩。

栗香：似熟板栗的甜香，多见于制作中火功恰到好处的高档绿茶。

毫香：茸毛多的茶叶所具有的香气，特别是白茶。

甜香：工夫红茶具有，甜枣香。

花香：自然环境好，茶叶细嫩，做工好所具有的香气。如兰花香、玫瑰香、杏仁香等。

火香：炒米香，高火香，老火香，锅巴香。

陈香：压制茶、黑茶具有的品质，如普洱茶、六堡茶。

松烟香：小种红茶、黑毛茶、六堡茶。

另有低档茶的粗气、青气、浊气、闷气等。

（3）尝滋味　滋味是品尝者对茶汤的味觉感受。人的味觉能感觉辨别的茶汤味道，包括汤质的各种味道与纯异、浓淡等内容。舌的不同部位对滋味的感觉并不相同，舌面中部对滋味的鲜爽度判断最敏感；舌根对苦味最敏感；舌尖、舌边对甜味最敏感；舌底对酸味最敏感。审评滋味时，要根据舌的生理特点，充分发挥其长处。

辨别滋味的最佳汤温在50℃左右。过高则易烫伤味觉器官，低于40℃则显迟钝，涩味加重，浓度提高。每次用茶匙取茶汤4~5毫升，将茶汤吮入口中，让茶汤在舌头上循环滚动，以便辨别滋味，感受滋味时，既要包括舌处的味道，又要包括从喉咙处扩散至嗅觉器官的香气和来自鼻腔的香气的混合知觉——即严格来说应包括香气，然后，根据感觉对茶汤进行描述或排序或打分。审评滋味时的茶汤不宜下咽，在尝第二碗时，汤匙应该用白开水中洗净。对滋味很浓的茶，尝味2~3次后，需用温开水漱漱口，再尝其他茶汤，以免味觉麻痹，达不到评味的目的。

描述滋味品质从高档茶到低档茶的基本术语：

浓烈→浓厚→浓纯→醇厚→醇和→纯正→粗涩→粗淡等。

（4）评叶底　叶底是指冲泡后过滤出茶汤的茶渣。审评叶底时可将茶渣倒在叶底盘上，用手触摸来感受叶底的软硬、厚薄等，再看芽头和嫩叶含量、叶张的色泽、均匀度等。一般好的茶叶叶底，嫩芽叶含量高，质地柔软，色泽明亮，叶底均匀一致，叶形均匀一致，叶片肥厚。主要评叶底的老嫩、整碎、色泽与匀杂。详细论述见下节。

二 茶叶品质的评价内容

（一）从外观看茶叶品质

外形审评对鉴别品质高低起重要作用，现根据外形审评各项因子的内容分述如下。

1. 嫩度

嫩度是决定茶叶品质的基本条件，是外形审评的重点。一般来说，嫩叶中可溶性物质含量高，饮用价值也高，又因叶质柔软，叶肉肥厚，有利于初制时成条和造型，故条索紧结重实，芽毫显露，完整饱满，外形美观。而嫩度差的则不然。审评时应注意一定嫩度的茶叶，具有相应符合该茶类规格的条索，同时一定的条索也必然具有相应的嫩度。当然，由于茶类不同，对外形的要求不尽相同，因而对嫩度和采摘标准的要求也不同。例如，青茶和黑茶要求采摘具有一定成熟度的新梢。安徽的六安瓜片也是采摘成熟新梢，然后再经扳片，将嫩叶、老叶分开炒制。所以，审评茶叶嫩度时应因茶而异，在普遍性中注意不同茶叶的特殊性。嫩度主要看芽叶比例与叶质老嫩，有无锋苗和毫毛及条索的光糙度。

（1）嫩度好　指芽及嫩叶比例大、含量多。审评时要以整盘茶去比，不能单从个数去比，因为同是芽与嫩叶，仍有厚薄、长短、大小之别。凡是芽及嫩叶比例相近，芽壮身骨重，叶质厚实的品质好。所以采摘时要老嫩匀齐，制成毛茶外形才整齐，而老嫩不匀的芽叶初制时难以掌握，且老叶身骨轻，外形不匀整，品质就差。

（2）锋苗　指芽叶紧卷做成条的锐度。条索紧结、芽头完整锋利并显露，表明嫩度好、制工好。嫩度差的，制工虽好，条索完整，但不锐无锋，品质就次。如初制不当造成断头缺苗，则另当别论。芽上有毫又称茸毛，茸毛多、长而粗的好。一般炒青绿茶看芽苗，烘青看芽毫，条形红茶看芽头。因炒青绿茶在炒制中茸毛多脱落，不易见毫，而烘制的茶叶茸毛保留多，芽毫显而易见。但有些采摘细嫩的名茶，虽经炒制，因手势轻，芽毫仍显露。芽的多少，毫的疏密，常因品种、茶季、茶类、加工方式不同而不同。同样嫩度的茶叶，春茶显毫，夏秋茶次之；高山茶显毫，平地茶次之；人工揉捻显毫，机揉次之；烘青比炒青显毫；工夫红茶比炒青绿茶显毫。

（3）光糙度　嫩叶细胞组织柔软且果胶质多，容易揉成条，条索光滑平伏。而老叶质地硬，条索不易揉紧，条索表面凸凹起皱，干茶外形较粗糙。

2. 条索

叶片卷转成条称为“条索”。各类茶应具有一定的外形规格，这是区分商品茶种类和等级的依据。外形呈条状的有炒青、烘青、条茶、长条形红茶、青茶等。条形茶的条索要求紧直有锋苗，除烘青条索允许略带扁状外，都以松扁、曲碎的差，青茶条索紧卷结实，略带扭曲。其他不成条索的茶叶称为“条形”，如龙井、旗枪是扁条，以扁平、光滑、尖削、挺直、匀齐的好，粗糙、短钝和带浑条的差。但珠茶颗粒圆结的好，呈条索的不好。黑毛茶条索要求褶皱较紧，无敞叶的好。

3. 色泽

干茶色泽主要从色度和光泽度两方面去看。色度指茶叶的颜色及色的深浅程度，光泽度指茶叶接受外来光线后，一部分光线被吸收，一部分光线被反射出来，形成的茶叶色面的亮暗程度。各类茶叶均有一定的色泽要求，如红茶以乌黑油润为好，黑褐、红褐次之，棕红更次；绿茶以翠绿、深绿光润的好，绿中带黄者次；青茶则以青褐光润的好，黄绿、枯暗者次；黑毛茶以油黑色为好，黄绿色或铁板色都差。干茶的色度主要是比较不同干茶外观颜色的深浅，而光泽度可从润枯、鲜暗、匀杂等方面去评比。

（1）深浅　首先看色泽是否符合该茶类应有的色泽要求，正常的干茶、原料细嫩的高级茶颜色深，随着级别下降颜色渐浅。

（2）润枯　“润”表示茶叶色面油润光滑，反光强。一般可反映出鲜叶嫩而新鲜，加工及时合理，是品质好的标志。“枯”是有色而无光泽或光泽差，表示鲜叶老或制工不当，茶叶品质差，劣变茶或陈茶的色泽枯且暗。

（3）鲜暗　“鲜”为色泽鲜艳、鲜活，给人以新鲜感，表示成品新鲜，初制及时合理，为新茶所具有的色泽。“暗”表现为茶色深且无光泽，一般为鲜叶粗老，贮运不当，初制不当或茶叶陈化等所致，紫芽种鲜叶制成的绿花，色泽带黑发暗，颜色深绿的鲜叶制成的红茶，色泽常呈青暗或乌暗。

（4）匀杂　“匀”表示色调和一致。色不一致，茶中多黄片、青条、筋梗、焦片末等谓之“杂”。

4. 整碎

整碎指外形的匀整程度。毛茶要求保持茶叶的自然形态，完整者为好，断碎者为差。精茶的整碎主要评比各款茶的拼配比例是否恰当，要求筛档匀称、不脱档（指各档次间过渡自然），面张茶平伏，下盘茶含量不超标，上、中、下三段茶互相衔接。

5. 净度

净度指茶叶中含夹杂物的程度。不含夹杂物的净度好，反之则净度差。茶叶夹杂物有茶类夹杂物和非茶类夹杂物之分。茶类夹杂物指茶梗、茶籽、茶末等；非茶类夹杂物指采、制、存、运中混入的杂物，如竹屑、杂草、泥沙、棕毛等。

茶叶是供人们饮用的食品，要求符合卫生规定，对非茶类夹杂物或严重影响品质的杂质，必须拣剔干净，禁止混入茶中。对于茶梗、籽等，应根据含量多少来评定品质优劣。

（二）从内质看茶叶品质

内质审评主要包括汤色、香气、滋味、叶底四个项目，将杯中冲泡出的茶汤倒入审评碗，待充分沥干茶汤后，先嗅杯中香气，后看碗中汤色（绿茶汤色易变，宜先看汤色后嗅香气），再尝滋味，最后察看叶底。

1. 汤色

汤色指茶叶冲泡后的溶液所呈现的色泽。汤色审评要快，因为溶于热水中的多酚类物质与空气接触后很易氧化变色，使绿茶汤色变黄变深、青茶汤色变红、红茶汤色变暗，尤以绿茶变化最快。故绿茶宜先看汤色，即使是其他茶类，在嗅香前也宜先快看一遍汤色，做到心中有数，并在嗅香时，把汤色结合起来看。尤其在严寒的冬季，要避免嗅了香气，茶汤已冷或变色。汤色审评主要从色度、亮度和清浊度三方面去评比。

（1）色度　指茶汤颜色。茶汤汤色除与茶树品种和鲜叶老嫩有关外，主要是制法不同，使各类茶具有不同颜色的汤色。评比时，主要从正常色、劣变色和陈变色三方面去看。

正常色：即一个地区的鲜叶在正常采制条件下制成的茶，冲泡后所呈现的汤色。如绿茶绿汤，绿中呈黄；红茶茶汤，红艳明亮；乌龙茶茶汤橙黄明亮；白茶浅黄明净；黄茶茶汤黄汤；黑茶橙黄浅明等。在正常的汤色中由于加工精细程度不同，虽属正常色，尚有优次之分，故在正常汤色中应进一步区分其浓淡和深浅。通常色深而亮，表明汤浓物质丰富，浅而明是汤淡物质不丰富。需注意的是汤色的深浅，只能是同类同地区的作比较。

劣变色：由于鲜叶采运、摊放或初制不当等造成变质，汤色不正。如鲜叶处理不当，制成绿茶轻则汤黄，重则变红；绿茶干燥炒焦，汤黄浊；红茶发酵过度，汤深暗等。

陈变色：陈化是茶叶特性之一，在通常条件下贮存，随时间延长，陈化程度加深。如果初制时各工序不能持续，杀青后不及时揉捻，揉捻后不及时干燥，会使新茶呈陈茶色。绿茶的新茶汤色绿而鲜明，陈茶则灰黄或昏暗。

（2）亮度　指亮暗程度。亮表明射入汤层的光线被吸收的少，反射出来的多，暗则相反，凡茶汤亮度好的品质也好。茶汤能一眼见底的为明亮，如绿茶看碗底反光强就明亮，红茶还可看汤面沿碗边金黄色的圈（称金圈）的颜色和厚度，光圈的颜色正常，鲜明而厚的亮度好；光圈颜色不正且暗而窄的，亮度差，品质也差。

（3）清浊度　指茶汤清澈或混浊程度。清指汤色纯净透明，无混杂，清澈见底。浊与混或浑含义相同，指汤不清，视线不易透过茶汤层，茶汤中有沉淀物或细小悬浮物。劣变或陈变产生的酸、馊、霉、陈的茶汤，混浊不清。杀青炒焦的叶片，干燥烘或炒焦的碎片，冲泡后进入汤中产生沉淀，都能使茶汤混而不清。但在浑汤中有两种情况要区别对待，其一是红茶汤的“冷后浑”或称“乳凝现象”，这是咖啡碱与多酚类物质氧化产物茶黄素及茶红素间形成的络合物，它溶于热水，而不溶于冷水，茶汤冷却后即可析出而产生“冷后浑”，这是红茶品质好的表现。还有一种现象是鲜叶细嫩多毫，如高级碧螺春、都匀毛尖等，茶汤中茸毛多，悬浮于汤中，这也是品质好的表现。

2. 香气

茶叶的香气受茶树品种、产地、季节、采制方法等因素影响，使得各类茶具有独特的香气风格，如红茶的甜香、绿茶的清香、青茶的花果香等。即便是同一类茶，也有地域性香气特点。审评香气除辨别香型外，主要比较香气的纯异、高低和长短。

（1）纯异 纯指某茶应有的香气，异指茶香中夹杂有其他气味。香气纯要区别三种情况，即茶类香、地域香和附加香。茶类香指某茶类应有的香气，如绿茶要清香，黄大茶要有锅巴香，黑茶和小种红茶要有松烟香，青茶要带花香或果香，白茶要有毫香，红茶要有甜香等。在茶类香中又要注意区别产地香和季节香。产地香即高山、低山、平地所产茶香气的区别，一般高山茶高于低山茶。季节香即不同季节香气的区别，我国红、绿茶一般是春茶香高于夏秋茶，秋茶香气又比夏茶好，大叶种红茶香气则是夏秋茶比春茶好。地域香即地方特有香气，如炒青绿茶的嫩香、兰花香、熟板栗香等。同时红茶有蜜香、橘糖香、果香和玫瑰花香等地域性香气。附加香是指外源添加的香气，如用香花茉莉花、珠兰花、白兰花、桂花等窨制的花茶，不仅具有茶叶香，而且还引入花香。

异味指茶香不纯或沾染了外来气味，轻的尚能嗅到茶香，重的则以异气为主。香气不纯如烟焦、酸馊、陈霉、日晒、水闷、青草气等，还有鱼腥气、木气、油气、药气等。但传统黑茶及烟小种均要求具有松烟香气。

（2）高低 香气高低可以从以下几方面来区别，即浓、鲜、清、纯、平、粗。所谓浓指香气高，入鼻充沛有活力，刺激性强。鲜犹如呼吸新鲜空气，有醒神爽快感。清则指清爽新鲜之感，其刺激性不强。纯指香气一般，无粗杂异味。平指香气平淡但无异杂气味。粗则感觉有老叶粗老气。

（3）长短 即香气的持久程度。从热嗅到冷嗅都能嗅到香气表明香气长，反之则短。香气以高而长、鲜爽馥郁的好，高而短次之，低而粗为差。凡有烟、焦、酸、馊、霉、陈及其他异气的为低劣。

3. 滋味

滋味是评茶人的口感反应。审评滋味先要区别是否纯正，纯正的滋味可区别其浓淡、强弱、鲜、爽、醇、和。不纯的可区别其苦、涩、粗、异。

（1）纯正 指品质正常的茶应有的滋味。浓淡：浓指浸出的内含物丰富，有黏厚的感觉；淡则相反，内含物少，淡薄无味。强弱：强指茶汤吮入口中感到刺激性或收敛性强，吐出茶汤后一定时间内味感增强；弱则相反，入口刺激性弱，吐出茶汤后口中味平淡。鲜爽：鲜似食新鲜水果感觉，爽指爽口。醇与和：醇表示茶味尚浓，回味也爽，但刺激性欠强；和表示茶味平淡正常。

（2）不纯正　指滋味不正或变质有异味。其中苦味是茶汤滋味的特点，对苦味不能一概而论，应加以区别：如茶汤入口先微苦后回甘，这是好茶；先微苦后不苦也不甜者次之；先微苦后也苦又次之；先苦后更苦者最差。后两种味觉反映属苦味。涩：似食生柿，有麻嘴、厚唇、紧舌之感。涩味轻重可从刺激的部位来区别，涩味轻的在舌面两侧有感觉，重一点的整个舌面有麻木感。一般茶汤的涩味，最重的也只在口腔和舌面有反应，先有涩感后不涩的属于茶汤味的特点，不属于味涩，吐出茶汤仍有涩味才属涩味。涩味一方面表示品质老杂，另一方面是季节茶的标志。粗：粗老茶汤味在舌面感觉粗糙。异：属不正常滋味，如酸、馊、霉、焦味等。

茶汤滋味与香气关系密切。评茶时凡能嗅到的各种香气，如花香、熟板栗香、青气、烟焦气味等，往往在评滋味时也能感受到。一般来说香气好，滋味也是好的。香气、滋味鉴别有困难时可以互相辅证。

4. 叶底

叶底即冲泡后剩下的茶渣。干茶冲泡时吸水膨胀，芽叶摊展，叶质老嫩、色泽、匀度及鲜叶加工合理与否，均可在叶底中暴露。看叶底主要依靠视觉和触觉，审评叶底的嫩度、色泽和匀度。

（1）嫩度　以芽及嫩叶含量比例和叶质老嫩来衡量。芽以含量多、粗而长的好，细而短的差，但应视品种和茶类要求不同而有所区别，如碧螺春细嫩多芽，其芽细而短、茸毛多。病芽和虻芽都不好。叶质老嫩可从软硬度和有无弹性来区别：手指揿压叶底柔软，放手后不松起的嫩度好；质硬有弹性，放手后松起表示粗老。叶脉隆起触手的老，不隆起平滑不触手的嫩。叶边缘锯齿状明显的老，反之为嫩。叶肉厚软的为嫩，软薄者次之，硬薄者为差。叶的大小与老嫩无关，因为大的叶片嫩度好也是常见的。

（2）色泽　主要看色度和亮度，其含义与干茶色泽相同。审评时掌握本茶类应有的色泽和当年新茶的正常色泽。如绿茶叶底以嫩绿、黄绿、翠绿明亮者为优；深绿较差；暗绿带青张或红梗红叶者次；青蓝叶底为紫色芽叶制成，在绿茶中认为品质差。红茶叶底以红艳、红亮为优；红暗、乌暗花杂者差。

（3）匀度　主要从老嫩、大小、厚薄、色泽和整碎去看。上述因子都较接近，一致匀称的为匀度好，反之则差。匀度与采制技术有关。匀度是评定叶底品质的辅助因子，匀度好不等于嫩度好，不匀也不等于鲜叶老。粗老鲜叶制工好，也能使叶底匀称一致。匀与不匀主要看芽叶组成和鲜叶加工合理与否。

审评叶底时还应注意看叶张舒展情况，是否掺杂等。因为干燥温度过高会使叶底缩紧，泡不开不散条的为差，叶底完全摊开也不好，好的叶底应具备亮、嫩、厚、稍卷等几个或全部因子。次的为暗、老、薄、摊等几个或全部因子，有焦片、焦叶的更次，变质叶、烂叶为劣变茶。

【第三节】·常见茶叶品质审评程序

一 绿茶审评操作过程

绿茶审评项目包括外形、汤色、香气、滋味和叶底。在现行的审评方法行业标准中（NY／T787—2004和SB／T10157—1993），基本的规定均为内质审评开汤按3克茶、150毫升沸水冲泡5分钟的方式进行操作，毛茶开汤有时也以4克茶、200毫升沸水冲泡5分钟的方式操作。总之需保持茶与水的比例为1：50。蒸青绿茶在开汤审评时有时会使用白瓷碗，每只茶样称取2份分别放入2只碗，加沸水冲泡后，一只碗在2～3分钟后用于嗅香气；另一只碗中茶叶捞出后，供看茶汤、尝滋味，并评叶底。

绿茶审评的操作流程如下：取样→评外形→称样→冲泡→沥茶汤→评汤色→闻香气→尝滋味→看叶底。

1. 普通初制绿茶

（1）外形审评　外形审评的内容包括嫩度、形态、色泽、整碎、净杂等。一般嫩度好的产品具有细嫩多毫、紧结重实、芽叶完整、色泽调和及油润的特点，而嫩度差的低次茶呈现粗松、轻飘、弯曲、扁条、老嫩不匀、色泽花杂、枯暗欠亮的特征。劣变茶的色泽更差，而陈茶一般都是枯暗的。

（2）内质审评　内质审评的重点虽然在叶底的嫩度和色泽，但其他项目的审评仍需要兼顾。质量好的初制绿茶汤色清澈明亮，而低档茶汤色欠明亮，酸馊劣变茶的汤色浑浊不清，陈茶的汤色发暗变深，杂质多的茶审评杯底会出现沉淀。初制绿茶香气以花香、嫩香、清香、栗香为优，淡薄、熟闷、低沉、粗老为差。有烟焦、霉气者为次品或劣变茶。滋味审评以浓、醇、鲜、甜为好，淡、苦、粗、涩为差。出现烟焦味、霉味或其他被沾染的异味，表明已是劣变或残次茶。审评叶底以原料嫩而芽多、厚而柔软、匀整、明亮的为好，以叶质粗老、硬、薄、花杂、老嫩不一、大小欠匀、色泽不调和为差。如出现红梗红叶、叶张硬碎、带焦斑、黑条、青张和闷黄叶，说明品质低下。叶底的色泽以淡绿微黄、鲜明一致为佳，其次是黄绿色。而深绿、暗绿表明品质欠佳。

2. 名优绿茶审评

名优绿茶审评要求面面俱到。虽然各审评因子在最后会有所侧重（这种侧重通过评分时各因子的换算系数比例大小来体现），但不能忽视任何因子。同时，审评对品质的要求也更加严格。

（1）外形审评　名优绿茶的形态多姿多彩。为追求新颖独特，一些普通茶叶中从未出现过的造型也为名优茶所拥有，如环形、创新的束花形等。有的名优绿茶扁平光滑，有的又满披茸毫；有的名优绿茶色泽翠绿，有的以黄绿作为特征。因此审评外形尤其要注意造型、色泽、匀度、整碎度以及应有的特色。

（2）内质审评　名优绿茶的茶汤颜色对温度十分敏感，因此汤色审评应尽可能地快。应注意的是部分嫩度极佳而又多茸毫的茶叶，如无锡毫茶，其茸毫极易在冲泡后随着茶汤沥入审评碗中，使茶汤的明亮度和清澈度受影响，这其实是品质好的表现，而非弊病。

审评名优绿茶，尤其要注意香气的类型和持久性。强调香气新鲜、香型高雅悦鼻、余香经久不散为好。

名优绿茶滋味强调鲜和醇的协调感，而不是越浓越好。国外认为能喝出香味的茶是好茶，这一观点有一定道理，表明香气成分在茶汤中的浓度大，易被评茶人员察觉。

名优绿茶审评叶底应注重芽叶的完整性、嫩度和匀齐度。这是由于名优绿茶的嫩匀整齐具有很强的观赏性，相对于大宗（普通）茶，叶底本身也能成为品质的直观体现。

【扩展阅读】 龙井茶品质特征与审评

1. 龙井茶的品质特点

春茶中的特级西湖龙井、浙江龙井外形扁平光滑，苗锋尖削，芽长于叶，色泽嫩绿，体表无茸毛；汤色嫩绿（黄）明亮；清香或嫩栗香，但有部分茶带高火香；滋味清爽或浓醇；叶底嫩绿，尚完整。其余各级龙井茶随着级别的下降，外形色泽由嫩绿→青绿→墨绿，茶身由小到大，茶条由光滑至粗糙；香味由嫩爽转向浓粗，四级茶开始有粗味；叶底由嫩芽转向对夹叶，色泽由嫩黄→青绿→黄褐。

夏秋龙井茶，色泽暗绿或深绿，茶身较大，体表无茸毛，汤色黄亮，有清香但较粗糙，滋味浓略涩，叶底黄亮，总体品质比同级春茶差得多。

现今市面上的龙井茶有全用多功能机炒制的，也有用机器和手工辅助相结合炒制的。机制龙井茶外形大多呈棍棒状的扁形，欠完整，色泽暗绿，在同等条件下总体品质比手工炒制的差。

表5-1 龙井茶外形的基本特征

因子	西湖龙井	浙江龙井
形态	扁平，叶包芽不分叉	较宽扁或紧直尚扁，茶身较长大
茸毛	体表无茸毛	部分芽尖带茸毛
色泽	较绿润	较黄绿或暗绿，带暗斑点

2. 龙井茶的审评内容

龙井茶的审评内容与其他名优绿茶类同，主要是干评外形，湿评汤色、香气、滋味、叶底，以及龙井茶产地的区分等。

（1）外形审评　取具有代表性的茶叶100克左右，放在茶样盘内评外形，主要评定形态、色泽、茸毛等因子。通过外形评定，可以判定其属于西湖龙井还是浙江龙井。因这两种茶外形十分接近，甚至其他茶区用龙井种鲜叶（如龙井43、龙井长叶）炒制的部分扁形茶，其外形与西湖龙井也难分伯仲，这就给判别龙井茶的产地带来很大的难度，这也是目前市售龙井茶标识混乱的原因。但有经验的审评者，根据龙井茶外形的基本特征（表5-1），对大多数茶叶的产地是能够加以区分的。

（2）茶汤色泽的审评　高档茶的汤色显嫩绿、嫩黄的占大多数，中低档茶和受潮茶汤色偏黄褐。从汤色不易判别龙井茶的产地，也不必硬加区分。

（3）香气和滋味的审评　产于西湖区梅家坞、狮峰一带的早春茶叶，如制茶工艺正常，不带老火和生青气味的特级西湖龙井和特级浙江龙井在香气和滋味上有一定的差别。西湖龙井嫩香中带清香，滋味较清鲜柔和；浙江龙井带嫩栗香，滋味较醇厚。若使用“多功能机”炒制西湖龙井和浙江龙井，由于改变了传统龙井茶的制作工艺，两者的香气无明显的区别。其他扁形茶大多呈嫩炒青茶的风味。但即使是西湖龙井，一旦炒成老火茶，呈炒黄豆香后，则不易从香气上分清其产地。在江南茶区，室温条件下贮存的龙井茶，过梅雨季后，汤色变黄，香气趋钝。

（4）叶底的审评　叶底审评主要是评色泽、嫩度、完整程度。有时把杯中的茶渣倒入长方形的搪瓷盘中，再加入冷水，看叶底的嫩匀程度，可作为定级的参考。

（5）龙井茶的级别评定　龙井茶的级别应对照标准茶样而定，若外形与标准样有差别（如有机茶），只能按嫩度与标准样相当的级别确定。目前大部分散装龙井茶制后就上市，部分不标级别，只有价格。若是小包装龙井，则必须标明产品名称和级别，这些茶应对照标准样评定。龙井茶的级别与色泽有一定的关系，高档春茶，色泽嫩绿为优，嫩黄色为中，暗褐色为下。夏秋季制的龙井茶，色泽青暗或灰褐，是低次品质的特征之一。机制龙井茶的色泽较暗绿。

二　乌龙茶审评技术方法

乌龙茶的审评方法与红茶、绿茶有所不同，习惯用钟形有盖茶瓯冲泡。其特点是：用茶多，用水少，泡时短，泡次多。审评时也分干评和湿评，通过干评和湿评，识别品种和评定等级优次。

1. 干评外形

干评以条索、色泽为主，结合嗅干香。条索看松紧、轻重、壮瘦、挺直、卷曲等。色泽以砂绿或蜜黄油润为好，以枯褐、灰褐无光为差。干香则嗅其有无杂味、高火味等。

2. 湿评内质

湿评以香气、滋味为主，结合汤色、叶底。冲泡前，先用开水将杯盏烫热。称取样茶5克，放入容量110毫升的审评杯内，然后冲泡。冲泡时，由于有泡沫泛起，冲满后应用杯盖将泡沫刮去，杯盖用开水洗净再盖上。第一次冲泡2分钟即可嗅香气，第二次冲泡3分钟后嗅香气，第三次以上则5分钟后嗅香气。每次嗅香时间最好控制在5秒钟内。每次嗅香后再倒出茶汤，看汤色、尝滋味。一般高级茶冲泡4次，中级茶冲泡3次，低级茶冲泡2次，以耐泡有余香者为好。

（1）嗅香气　主要嗅杯盖香气。在每泡次的规定时间后拿起杯盖，靠近鼻子，嗅杯中随水汽蒸发出来的香气。第一次嗅香气的高低，是否有异气；第二次辨别香气类型、粗细；第三次嗅香气的持久程度。以花香或果香细锐、高长的见优，粗钝低短的为次。仔细区分不同品种茶的独特香气，如黄旦具有似水蜜桃香、毛蟹具有似桂花香、武夷肉桂具有似桂皮香、凤凰单丛具有似花蜜香等。

（2）看汤色　以第一泡为主，以金黄、橙黄、橙红明亮为好，视品种和加工方法而异。汤色也受火候影响，一般而言火候轻的汤色浅，火候足的汤色深；高级茶火候轻汤色浅，低级茶火候足汤色深。但不同品种间不可参比，如武夷岩茶火候较足，汤色也显深些，但品质仍好。因此，汤色仅作参考。

（3）尝滋味　滋味有浓淡、醇苦、爽涩、厚薄之分，以第二次冲泡为主，兼顾前后。特别是初学者，第一泡滋味浓，不易辨别。茶汤入口刺激性强、稍苦回甘爽，为浓；茶汤入口苦，出口后也苦而且味感在舌心，为涩。评定时以浓厚、浓醇、鲜爽回甘者为优，粗淡、粗涩者为次。

（4）评叶底　叶底应放入装有清水的叶底盘中，看嫩度、厚薄、色泽和发酵程度。叶张完整、柔软、肥厚、色泽青绿稍带黄、红点明亮的为好，但品种不同叶色的黄亮程度有差异。叶底单薄、粗硬、色暗绿、红点暗红的为次。一般而言，做青好的叶底红边或红点呈朱砂红，猪肝红为次，暗红者为差。评定时要看品种特征，如典型铁观音的典型叶底出现“绸缎面”，叶质肥厚。

乌龙茶对品质要求着重香气和滋味，且重视耐泡次数。由于乌龙茶品质类别多，又重视品种特征，审评比较复杂，只有勤学多练、经常审评，才能提高鉴别能力，提高审评技术。

【扩展阅读】 铁观音审评

审评项目：以感官审评为主。审评时一般采用“八因子”法，分为干茶审评和开汤审评两个步骤进行。干茶审评主要评条索、色泽、整碎和净度四个因子，开汤主要评汤色、香气、滋味和叶底四个因子。

（1）条索　铁观音是包揉形乌龙茶中最具代表性的品种，其条索应卷曲、壮结、沉重，呈青蒂绿腹蜻蜓头状。

（2）色泽　色泽鲜润、砂绿显、红点明、叶表带白霜是传统工艺优质铁观音的重要特征之一。

（3）整碎　铁观音应当条索匀整，含碎茶不超过16%。

（4）净度　优质铁观音应当不含有任何夹杂物。

以上干评四因子在审评中占总分的20%。

（5）汤色　铁观音的汤色以金黄明亮或黄绿明澈为优。

（6）香气　香气在审评铁观音时占有最重要的比重，一般占总分数的35%。审评香气除了辨别香味之外，主要比较香气的纯异、高低、长短。香气纯异指香气与茶叶应有的品种香是否一致，是否有异味；香气的高低一般用馥郁高爽、浓郁、浓烈以及鲜、清、平、浮、粗等术语来区分；香气的长短是指香气的持久性，优质铁观音应香气浓郁持久，“七泡”有余香。

（7）滋味　纯正铁观音滋味又可分为浓烈、鲜浓、浓醇、醇厚、甜爽、平和、淡薄等。不纯正的滋味可分为苦涩、粗青、熟闷、老火、焦味、陈味、异味、日晒味等。滋味在铁观音审评时占30%的分数。

（8）叶底　审评时一般是夹几片充分冲泡后的茶叶置于清水中观察它的色泽、老嫩、质地、厚薄、形状、发酵程度等。叶底在审评时占15%的分数。

三 红茶审评

1. 工夫红茶审评

侧重外形美观匀称。因此，外形主要审评条索、整碎、色泽、净度等因子。条索比较长短秀钝、粗细、含毫量，紧结挺秀，有锋苗、白毫显露、身骨重实为优，反之则次。整碎比较匀齐及下盘茶含量，要求上、中、下三段茶拼配比例恰当、互相衔接、不脱档、平伏匀称、下盘茶（碎茶）含量适度。色泽主要比较润枯、匀杂，乌润、均匀为优，色泽枯灰、驳杂为次。净度主要比较梗筋、片朴末及非茶类夹杂物含量。高级茶要求净度好，中级以下茶根据级别高低，对梗筋片朴有不同程度的限量。非茶类夹杂物均不许含有。内质主要审评汤色、香气、滋味、叶底。汤色主要比较颜色深浅、明暗、清浊等。汤红色艳、碗沿有明亮金圈或有"冷后浑"（乳凝现象）是品质好的表现，红亮或红明次之，红暗或混浊者最差。香气主要比较纯异、高低、鲜纯、嫩老。滋味主要比较浓淡、强弱、鲜爽、粗涩。工夫红茶注重香气的类型、高低、新鲜与持久性。香气以高锐、新鲜持久为优，滋味以醇厚、鲜甜爽口为优。工夫红茶宜清饮，强调香高味醇。

工夫红茶由长短不一的条形茶按一定比例拼成。条索紧秀、匀齐、平伏、锋苗好、色泽乌润，内质香高味醇。各种工夫红茶都有独自的特征。如祁红色泽乌黑，光泽夺目，有独特的蜜糖似的芳香，国际上誉称"祁门香"。滇红为大叶种工夫红茶，条索肥硕重实，满披金黄色芽毫，有水果香味，香高味浓。

2. 小种红茶审评

正山小种感官审评鉴定分为外形和内质两大方面，外形有条索、色泽、净度三个因子，内质有香气、滋味、汤色、叶底四个因子。高档正山小种的条索要求粗壮紧实，色泽乌润均匀有光，净度好，不含梗片，干嗅有一股浓厚顺和的烟味（桂圆干香味）。越低档小种红茶其条越趋松大，色泽渐乌润至枯暗，梗片也渐多。

正山小种红茶内质审评以开汤审评为主。湿看称取茶样3克，用150毫升审评杯开水冲泡5分钟，观汤色、嗅香气、品滋味，看叶底（嫩度与发酵程度）。汤色呈深金黄色，有金圈为上品，汤色浅、暗、浊为次之。

接着嗅杯底香气，有纯正的茶香又有浓纯持久松烟香（桂圆干香气味）为好茶，烟味淡、薄、短、粗、杂为差茶。

滋味要求有一股纯、醇、顺、鲜松烟香，茶味醇厚，桂圆干香味回甘久长为好，淡、薄、粗、杂滋味为较差，叶底看叶张嫩度，柔软肥厚、整齐、发酵均匀呈古铜色为高档茶。有死红、花青、暗张、叶张粗老的品质较差。

嗅香气、尝滋味时要注意区别松油烟味和木柴烟味，松油烟香味纯醇软而不呛人，不割（扎）舌、不割（扎）喉，回味久长，木柴烟味刺激难受，入口有麻口感觉，咽下辛辣有割喉感觉。

审评小种红茶时还要注意正山小种与烟小种的区别。正山小种外形肥壮结实，条索较完整。烟小种是工夫红茶中的低档改制而成的，其外形紧结、苗条、有带毫芽条、切断茶条多，称取同一重量的茶叶，正山小种的体积大，烟小种就显得小很多；内质方面：正山小种的松烟香浓纯持久，滋味醇厚、顺，冷却后杯底尚有明显松烟香，滋味、烟味不减，这是因为初制时就有烟味吸入茶叶所致，烟小种仅在工夫红茶精制后干燥加烟，其烟淡而不持久，滋味稍淡，叶底红带暗张、叶底钝短，正山小种的叶底叶张肥厚柔软、大，色泽呈古铜色。二者稍注意观察即可分清真假。

【第四节】·感官品质记录与结果判定

一 品质记录

品质记录包括两方面的内容，即评语和评分。根据需要，评语和评分既可以单独使用，也可以结合运用。通常评茶人员使用品质记录表（又称审评表）记录审评各因子的术语表述和分数，表格的格式也视需要而确定。一张完整的品质记录表，除了具有各因子的术语和分数记录栏外，还应记录与该次审评相关的工作状况，以及与茶样有关的情况，如样品编号（名称）、批次、审评人员、审评时间、对照的标准、综合评定结果等（表5-2）。

表5-2　茶叶品质审评表

茶样名称	外形				内质			
	条索	整碎	色泽	净度	香气	滋味	汤色	叶底

对样评茶常常在茶叶贸易中运用。其依据是产品标准或协商样品。在对照茶叶产品标准审评时，既可以使用产品实物标准样，也可以对照文字标准中相关茶叶的感官品质要求进行审评比较。对样评茶包括定性审评和定量审评两类。

在进行定性审评时，可通过逐项比较审评后各因子的表述术语，获知目标样和对照样的差异状况；或与文字标准对照，并由此得出综合的评判结果。

某些情况下，也可以使用评分的方法进行对样评茶（即定量审评）。这类审评的要点在于，对照样可以先确定一个等级最低分和基准分（基准分通常设为零）。审评时首先给目标样各因子的审评结果分别打分，此时可不必使用详细的术语表述，而是根据与对照样比较后品质水平的相当或高低程度，参照等级分和基准分给出相应的分数。随后，将各因子的得分分别与相应的品质系数相乘，并将结果相加，最后得到的值即为目标样的总分。

二 审评结果的判定

1. 综合评定法

这一审评方法通常在大宗茶的审评中使用，即分别评价茶叶的外形和内质，再视茶类要求得出最终的结果。运用综合评定法的目的是：① 根据茶叶品质的优次，按照市场的行情确定其价格，同时通过审评发现茶叶品质存在的优缺点，并提出改进意见，指导生产。② 通过评判，确保生产出的茶叶具有稳定的质量水平。

使用综合评定法审评茶叶，要先分清茶类，要明确该类茶的品质要求和审评的侧重点。在审评时既要抓住重点，又要全面分析，才能得出正确的结论。

2. 七（五）档制法

七（五）档制法通常在大宗茶审评中使用。这一审评方法以实物标准样或文字标准为对照，对各个因子逐项进行对比，再根据茶样的高低程度分别打分或判别级差。其判别标准见表5-3。

表5-3 七（五）档制法审评法

与标准样对照	七档制（评分）	五档制（等级差）
高	+3	比标准样高半等
较高	+2	—
稍高	+1	比标准样高1/4等
相当	0	和标准样大体相符，高低幅度不超过1/4等
稍低	−1	比标准样低1/4等
较低	−2	—
低	−3	比标准样低半等

根据传统的评茶计价原则，要求外形、内质并重。标准样通常为最低界限样，每一级分设2个等，逢双等设立标准样。在外形和内质审评因子中，分别确定主要因子和次要因子。判别依据是：一项主要因子低，或二项主要因子稍低，或二项次要因子低，或一项主要因子稍低加一项次要因子低均判为不符合该等级标准，降为下一等级。

3. 名优茶评比记分法

名优茶评比记分一般采用百分制，即对各审评因子分别按百分制记分，将各因子的得分分别与相应的品质系数相乘，再将各个换算后的得分相加，就获得该只茶样的最后得分。

在审评中记分时，可以将各因子按品质的优、中、次分为3档，分别以94，84，74为中准分。在此基础上分别根据品质增减，幅度不超过5分。也可以采用百分倒扣的方式，即将每项因子中最好的定为100分，其余依次按品质差异分别减分。

【第五节】·茶叶品质检验

近年来国内外试验研究中，应用物理和化学手段检验茶叶外形和内质较为成熟，具有一定使用价值的几种方法介绍如下。

一 干茶容重与比容

1. 容重

单位容积的重量称为容重。干茶的容重与茶叶品质关系密切。一般而论，高档茶容重大，表示原料较细嫩，做工良好，条索（或颗粒）紧结重实，大小长短匀整，测定的容重数值就大。而低档茶原料较粗老，条索（或颗粒）松泡、身骨轻，测定的容重数值就小。通过容重的测定能在一定程度上反映出茶叶的品质水平。

测定方法是将茶样往复均匀地倒入分样器中，然后将两只接茶槽中的茶叶分别倒入500毫升量筒中，茶叶倒入数量略超过500毫升刻度，将量筒牢固地安置在振荡器上往复振荡数分钟，取下量筒，加少量茶叶铺平到500毫升刻度，倒出茶叶，分别用1/1000感应天平称重，称得的重量为m_1和m_2，按下列公式来计算茶叶的容重。

容重通常是以1000毫升茶叶的质量（克）来表示。

$$容重（克/1000毫升）=\frac{G}{V}=\left(\frac{m_1+m_2}{2}\right)\times 2$$

式中，G为固体物质的质量，克；V为固体物质的容积，毫升 。

2. 比体积

单位重量物体所占有的容积称为比体积，等于容重的倒数。同一花色品种而不同级别的茶叶，当重量相同时，其容积是不同的，一般都是随着级别的下降而呈有规律的增加。测定方法是用分样器（或四分法等）在1/1000感应天平中称取茶样100克，倒入500毫升量筒内，将量筒牢固地安置在振荡器上往复振荡数分钟，取下量筒，读出量筒刻度数，即是容积的毫升数。按下列公式来计算茶叶的比体积。

茶叶比体积通常以100克茶叶的容积来表示。

$$比体积（毫升/100克）=\frac{V}{G}$$

二 红碎茶品质的化学鉴定

红碎茶的品质特征与茶多酚、茶黄素、茶红素含量的高低有着密切的关系。采用茶多酚的酒石酸铁比色法，用测定值光密度表示茶汤滋味的浓强度；采用醋酸乙酯抽取能溶于醋酸乙酯的茶黄素和部分茶红素，用测定值光密度表示茶汤滋味的鲜爽度和汤色的红艳程度。得分的高低在一定的程度反映品质的优劣。

1. 仪器和设备

分光光度计，审评杯，审评碗，天平，25毫升容量瓶，吸管（1毫升、5毫升、20毫升），滴瓶，500毫升烧杯，分液漏斗，酒石酸铁，pH7.5磷酸缓冲液，醋酸乙酯，95%乙醇。

2. 测定方法

以中国农业科学院茶叶研究所对红碎茶的测定为例，测定步骤是每个样茶准备三只审评杯，每杯内放入3.0克茶叶，加入沸水150毫升，加盖冲泡5分钟后倒出，将三碗茶汤倒入一只500毫升烧杯内，混匀茶汤，用脱脂棉过滤，作供试液。

（1）准备25毫升容量瓶2只，各用吸管吸取茶汤0.3毫升放在25毫升容量瓶中，另用吸管加入蒸馏水4.5毫升、酒石酸铁溶液5毫升，然后用pH7.5磷酸缓冲液定容至25毫升刻度，摇匀，用540纳米波长，1厘米的比色杯，以蒸馏水作空白对照，测定比色液的光密度值（E_1）。

$$\text{滋味浓强度得分}=\frac{E_1\times100}{1-\text{样品水分}\%}$$

（2）准备分液漏斗2只，各吸取供试液20毫升，加入醋酸乙酯20毫升，振摇5分钟分层，弃去水层，保留醋酸乙酯层。吸取醋酸乙酯试液2毫升，至25毫升容量瓶中，用95%乙醇定容至25毫升，用380纳米波长，1厘米的比色杯，以95%乙醇作空白对照，测定比色液的光密度值（E_2）。

$$\text{汤色及滋味鲜爽度得分}=\frac{E_2\times100}{1-\text{样品水分}\%}$$

红碎茶品质总分=滋味浓强度得分+汤色及滋味鲜爽度得分

三 绿茶滋味化学鉴定

绿茶的滋味受多种成分的影响，其中茶多酚和氨基酸对滋味的影响较大。根据中国农业科学院茶叶研究所程启坤等人的研究，通过测定绿茶茶汤中茶多酚和氨基酸的含量，计算绿茶滋味的鲜度、浓度和醇度，以得分的高低在一定的程度反映品质的优劣。

1. 仪器和设备

分光光度计，审评杯，审评碗，天平，25毫升容量瓶，吸管（1毫升、5毫升），滴瓶，500毫升烧杯，pH7.5磷酸缓冲液，pH8.0磷酸缓冲液，2%茚三酮，酒石酸铁，95%乙醇。

2. 测定方法

以中国农业科学院茶叶研究所对绿茶测定为例，测定步骤是每个样茶准备三只审评杯，每杯内放入3.0克茶叶，加入沸水150毫升，加盖冲泡5分钟后倒出，将三碗茶汤倒入一只500毫升烧杯内，混匀茶汤，用脱脂棉过滤，作供试液。

（1）准备25毫升容量瓶2只，各用吸管吸取茶汤0.5毫升放在25毫升容量瓶中，另用吸管加入蒸馏水0.5毫升、pH8.0磷酸缓冲液0.5毫升，2%茚三酮溶液0.5毫升，在沸水浴中加热15分钟，冷却后用蒸馏水定容至25毫升刻度，摇匀，用570纳米波长，0.5厘米的比色杯，测定比色液的光密度值（E_1）。

$$\text{滋味鲜度得分}=\text{光密度值}E_1\times 100$$

（2）准备25毫升容量瓶2只，各用吸管吸取茶汤0.5毫升放在25毫升容量瓶中，另用吸管加入蒸馏水4.5毫升、酒石酸铁5毫升，加pH7.5磷酸缓冲液定容至25毫升刻度，摇匀，用540纳米波长，1厘米的比色杯，测定比色液的光密度值（E_2）。

$$\text{滋味浓度得分}=E_2\times 100$$

$$\text{滋味醇度得分}=\frac{E_1}{E_{\square}}\times 30$$

$$\text{滋味总分}=\text{鲜度}+\text{浓度}+\text{醇度}$$

【扩展阅读】 宋代斗茶活动

所谓斗茶，又名茗战、点试、点茶，实际上就是点茶比赛，此法源于唐，盛于宋，终于元明。斗茶是以竞赛的形式品评茶叶品质及冲点、品饮技术高低的一种风俗，具有技巧性强、趣味性浓的特点。宋代斗茶对于用料、器具、烹试方法及优劣评定都有严格的要求，其中“点汤”与“击拂”的好坏是评价斗茶技巧高低优劣的主要指标。

宋人在斗茶过程中评判点茶效果，一是看茶面汤花的色泽和均匀程度，二是看盏的内沿与茶汤相接处有没有水的痕迹。汤花面上要求色泽鲜白，民间把这种汤色叫做“冷粥面”，意思是汤花像白米粥冷却后稍有凝结时的形状。汤花要均匀，叫做“粥面粟纹”，就是像粟米粒一样细碎均匀。汤花保持的时间较长，能紧贴盏沿而不散退的，叫做“咬盏”。散退较快的，或随点随散的，叫做“云脚涣乱”。汤花散退后，盏的内沿就会出现水的痕迹，宋人称为“水脚”。汤花散退早，先出现水痕的斗茶者，便是输家。《大观茶论》里如此描述汤色：“点茶之色，以纯白为上真，青白为次，灰白次之，黄白又次。”《茶录》中写道“汤上盏可四分则止，视其面色鲜白，著盏无水痕为绝佳。建安斗茶，以水痕先者为负，耐久者为胜，故较胜负之说，曰相去一水两水”。

宋代斗茶之风不仅盛行于制茶界，更是延伸到了皇室贵族、文人骚客以及平民百姓的日常生活之中。宋代皇帝赵佶一生嗜茶，所著的《大观茶论》中点茶一篇对斗茶中点茶的步骤、评判标准以及点茶前的备水备器都进行了详细的论述。宋臣蔡京在《延福宫曲宴记》中记载：“宣和二年十二月癸巳，召宰执亲王军曲宴于延福宫……上命近侍取茶具，亲手注汤击拂，少顷白乳浮盏面，如流星淡月，顾诸臣曰，此自布茶，饮毕皆顿首谢。”宋代的达官贵人及文人如苏轼、欧阳修、蔡襄、陆游等也热衷于斗茶，与斗茶相关的茶诗茶画以及茶文传世颇多，这些诗词画作进一步提升了斗茶的文化内涵以及影响力。其中较为出名的茶诗有范仲淹的《和章岷从事斗茶歌》、蔡襄的《茶录》、黄儒的《品茶要录》等。刘松年的《斗茶图卷》和元代画家赵孟頫的《斗茶图》则生动地再现了当时民间的斗茶之风，在街头巷尾人们担着茶具就地斗茶。

宋代茶人斗茶所使用的器具，以黑釉瓷为最佳，这与斗茶以茶汤鲜白为佳有很大关系。宋人祝穆所著《方典胜览》写道“茶色白入黑盏，其痕易显”。黑釉瓷中最为出名的莫过于建窑的“兔毫盏”。斗茶对茶盏的形状也有一定要求，《大观茶论》中提到，盏底一定要稍深，面积稍宽，深则茶宜立、宽则运用茶筅自如。茶盏大小也要与茶量相配合。盏高茶少会掩蔽茶色，茶多盏小无法把茶泡透。

宋代点茶用茶亦用饼茶。“茶之品，莫贵于龙凤，谓之团茶，凡八饼重一斤。庆历中，蔡君谟（襄）为福建路转运使，始造小片龙茶以进，其品精绝，谓之小团，凡二十饼重一斤，其价值金二两。然金可有而茶不可得……中书、枢密院各赐—饼，四人分之。官人往往镂金花于其上，盖其珍贵如此。”（欧阳修《旧田录》）。宋代的龙团有大小之分，大龙团由丁谓创立，他曾任福建漕运使，督造贡茶。小龙团则由蔡襄所创，也在福建督造贡茶，在大龙团基础上改进成小龙团。大龙团八只一斤，小龙团二十只一斤，因制饼模具中有龙凤图纹而得名。与唐朝的饼茶一样，宋代的龙凤团茶，也需炙烤加工后使用。

第六章

茶的品饮艺术

【第一节】·泡茶用水选择

唐代苏廙的《十六汤品》中提到："水为茶之母，器为茶之父"、"汤者，茶之司命"。可见，从古至今，茶人对泡茶用水的水源选择、煮水的火候等都有严格的要求。在古代茶书中，有很多是专门论述泡茶用水的，如《煎茶水记》《十六汤品》《煮泉小品》《大明水记》等。明代许次纾在《茶疏》中说："精茗蕴香，借水而发，无水不可与论茶也。"明人张大复在《梅花草堂笔谈》中提出："茶性必发于水。八分之茶，遇十分之水，茶亦十分矣；八分之水，试十分之茶，茶只八分耳。"因此，泡茶用水的选择，对于冲泡一壶好茶来说，是一个至关重要的因素。

一 水源的选择

泡茶用水的选择，首先要考虑水源。陆羽的《茶经·五之煮》中指出："其水，用山水上，江水次，井水下"，用山水、江水和井水做比较，山水最宜，这与我们现代的品茶用水最宜山水的说法相同，但是现在的江水已受到污染，排位次于井水。另外，陆羽对于选择什么样的山泉水，也提出了他的想法："其山水，拣乳泉、石池慢流者上；其瀑涌湍漱，勿食之，久食令人有颈疾"，山泉要选择在石块上缓缓流淌的，而不要选择瀑布急流处的泉水，不利于健康。而江水的取用，要选择离人们居住点较远的取水点；井水则相反，宜取有很多人打水的井水。

哪里的泉水比较适合泡茶，泡出的茶味道最好，从古至今，各个朝代和茶人都有自己的排位。如唐代张又新在《煎茶水记》中将泡茶用水分为七等："扬子江南零水第一；无锡惠山寺石泉水第二；苏州虎丘寺石泉水第三；丹阳县观音寺水第四；扬州大明寺水第五；吴松江水第六；淮水最下，第七。"这是张又新根据自己亲自取水泡茶之后，对水的比较，这个排序只是个人的标准，受到地域的限制，因此，不能以"天下第一"或"天下第二"来定论。

现在，我们泡茶用水的选择多样，有纯净水、矿泉水、自来水等。因自来水是取自河流、湖泊等水源，通过自来水处理厂净化、消毒的水，所以自来水中常含有一定量的氯离子，通常的做法是，将自来水接至容器中过夜，待氯气散去第二天再用。不然，水中大量的氯离子，会对茶叶的滋味产生一定的影响。

二 煮水

《茶经》中将“煮茶”和“饮茶”分别列为两章，可见煮水的重要性。在唐代煮茶时，需听声看水，“其沸如鱼目，微有声，为一沸。缘边如涌泉连珠，为二沸。腾波鼓浪，为三沸。”陆羽认为三沸水“已老”，“不可用”。对煮水的火候的控制是唐代煮茶的难点，因此，陆羽又在《茶经·六之饮》中指出“茶有九难”，其中“二难”就是“水”与“火”，这两者是最难控制的。

煮水的器物也是有讲究的。唐代用的煮水用具有风炉和釜，材质有白瓷和金银等金属。用金银材质的茶器煮水，称为“富贵汤”（《十六汤品》），普通老百姓家里一般用铜铁或石制茶釜。

在唐代，茶叶的冲泡方式是煮茶，因此，煮水即煮茶。到了宋代，以点茶为主，因此，煮水又称为“候汤”，候汤的茶器是“汤瓶”。宋代蔡襄的《茶录》在“候汤”一节中，第一句便是“候汤最难”，过熟或未熟都不可。

现今我们煮水更加方便、快速，一般使用不锈钢材质的电茶壶，电茶壶一般分“自动挡”和“手动挡”两个挡位。挡开到“自动挡”时，水烧沸后，电茶壶可自动断电；挡开到“手动挡”时，壶内的水将持续加热，直到水烧到安全水位。

三 水质对茶汤的影响

泡茶用水必须符合国家有关饮用水的卫生标准。自来水由于经过长途的运输，容易受水管的污染出现铁锈，长期用不锈钢的电茶壶煮自来水，壶内会积累很多铁锈。因此，通常旧式的铁质自来水管道流出的自来水，最好也要经过净化处理，可去除多余的铁锈和污染物质，以免影响茶味。

我国很多地区的自来水取自地下水，钙、镁等金属离子含量高，也就是所谓的硬度较大。水中若含有碳酸氢钙、碳酸氢镁等物质，经煮沸后，会生成不溶性的沉淀即白色的水垢，这时硬水变成了软水，因此这种水称为暂时性硬水；另一种是含钙、镁、硫酸盐和氯化物，煮沸后仍溶于水，为永久硬水，不可用于泡茶。因为不同的矿物质离子，对茶的汤色和滋味有很大的影响。铝、钙、锰均会使滋味发苦；钙、铅会使味涩；铅会使味酸；镁、铅会使味淡。

水中所含矿物质与茶叶中的呈色物质（如茶多酚、茶黄素等）会产生氧化反应，进而形成不同的物质，因此，水质的硬软清浊对茶汤的色泽明亮度、滋味鲜爽度有着极密切的影响。

泡茶用水的pH对茶汤色泽有很大影响，据检测，茶水的pH在5.5～6.3。有试验证明：当pH>7时，绿茶茶汤呈橙红色，pH>9时茶汤呈暗红色，pH>11时茶汤呈暗褐色。茶汤偏碱性时，茶汤的颜色会偏暗、偏深。

【第二节】·茶的冲泡艺术

从唐代的煮茶到宋代的点茶，从明清的散茶冲泡到现今的百花齐放，中国茶的冲泡艺术总是在不断地变化和发展，泡茶的茶器和品饮的方式也发生了巨大的变化。中国茶叶种类丰富，不同的发酵程度、采摘嫩度，以及不同的茶叶外形等因素，会影响泡茶器具的选用、冲泡方法、水温和浸泡时间。

一 茶具的选择

唐代陆羽的《茶经·四之器》中列举了二十四种茶器，是说在煮茶过程中需要24种用具。宋代蔡襄的《茶录·论茶器》中列举了九种茶器：茶焙、茶笼、砧椎、茶钤、茶碾、茶罗、茶盏、茶匙、汤瓶。明代茶叶冲泡方式以散茶冲泡为主，茶壶应运而生并成为主要的泡茶用具。茶壶以江苏宜兴所产的紫砂壶为主。清代是中国六大茶类发展起来的时期，饮茶方式多样，延续着明代的散茶冲泡方式，茶具选择除紫砂壶外，景德镇的青花壶和粉彩盖碗也是备受欢迎的茶具。

1. 茶具的材质

随着时代的发展，茶具可选的材质也更加丰富，白瓷、紫砂、玻璃、金属、竹木等。不同材质的茶具，由于物理特性的不同，适合冲泡的茶叶也不同，用不同的茶具冲泡同一种茶，茶汤的色泽和滋味也会有所不同。

江苏宜兴的紫砂是古今茶人的最爱，这是因为紫砂的双气孔结构，以及口盖的严密性，冲泡茶叶能发挥其特有的滋味和香气。另外，紫砂材质的茶具，经过日积月累的冲泡和把玩，会越发地有光泽，这是其他材质茶具所不及的。紫砂材质的茶具一般用于冲泡发酵程度高的茶叶，如乌龙茶、红茶等，不适合冲泡原料细嫩的名优绿茶。

白瓷茶具，如景德镇的青花瓷、福建德化的玉瓷茶具，白净的胎质能最直观地反映茶汤本身的面目。白瓷的盖碗在茶叶冲泡中应用比较广泛，但是白瓷由于烧制时收缩率高，口盖与紫砂壶相比，严密性较差。白瓷壶比较适合冲泡红茶及中低档的绿茶。

玻璃材质的茶具由于通透可视的特性，广受现代女性的喜爱，冲泡花茶更是一道桌上美丽的风景。玻璃材质的茶具胎薄，保温性较差，因此，不适合冲泡乌龙茶、红茶等，可用于细嫩绿茶、花茶的冲泡。玻璃材质的公道杯或品茗杯，可搭配紫砂或白瓷材质的茶具使用。

2. 茶具的造型

茶具的器型也更加丰富，除了传统的茶壶、盖碗，还有各式新开发的茶道杯、电茶壶等，使我们的茶叶冲泡的形式更加多样，更加方便。

茶壶还是现在泡茶的主选茶具，使用方便。茶壶的大小可选的范围大，最小的一人壶，容量只有80毫升左右，一般泡乌龙茶的小品壶，三四人品饮之用，容量在150毫升左右，大型的提梁壶容量最大的有1升。壶把的造型有侧把、横把、提梁、飞天等。

另外，应用较广的主茶具是盖碗，盖碗由盖、碗、托三部分组成，象征了天地人的和谐统一。盖碗的盖可留香、保温；碗敞口，方便品饮；托中间凹下去，可固定茶碗，还可以起到隔热的作用。

3. 茶道配件

茶道配件是除茶壶、品茗杯等主茶具之外的配件，如茶道组、赏茶荷、茶托、茶巾、过滤网、水盂、茶刀等。一个完整的茶席，茶道配件也是不可缺少的。

茶道组包括茶筒、茶则、茶漏、茶匙、茶夹、茶针六部分。茶筒：即茶匙筒，茶道、茶艺的必用道具；茶则：又称茶勺，取干茶之用，适合取用颗粒形茶叶；茶漏：壶口过小时，放置干茶之用，防止茶叶外漏；茶匙：也用于拨取茶叶，适合松散或扁形茶叶；茶夹：夹洗杯子，也可夹取叶片，欣赏叶底；茶针：疏通壶嘴，清理茶渣之用。

二 茶叶冲泡的水温

在茶水比例与冲泡时间相同时，水温不同，茶汤中的各种物质含量也不同。有实验证明：投茶量相同、冲泡5分钟时，100℃的沸水中茶叶浸出物的含量设为100%的前提下，在80℃水温条件下，茶汤中浸出物含量约为80%，60℃水温时浸出物含量有45%左右。

名优绿茶冲泡时，由于采摘嫩度要求高，芽叶细嫩，茶叶中的茶多酚含量高，如果要保持茶汤绿而明亮，应采用较低的水温，因此常用80～85℃的水温冲泡。

黄茶可根据原料老嫩不同，采用85～90℃水温冲泡。

由于乌龙茶的鲜叶原料成熟度较高，与绿茶相比，内含物更难溶出，因此通常采用沸水冲泡，文山包种或冻顶乌龙由于采摘相对细嫩，发酵程度轻或焙火轻的乌龙茶，冲泡水温可稍低，可在90℃左右。采用现代茶叶加工技术，也可生产低温就可冲泡的“冷泡茶”。冷泡茶浸泡需时较长，也可冷藏后饮用。

三 冲泡的时间

在茶水比例与冲泡水温相同的情况下，冲泡时间影响到各种可溶性物质溶出量，导致茶汤的口味不同。研究表明，在茶水比为1：50，水温为100℃的条件下，冲泡时间为3分钟的，游离氨基酸溶出量为77.66%，而茶多酚类化合物溶出量为70.07%；冲泡5分钟的，两者溶出量分别为88.32%和83.46%。因此，3分钟泡出的茶，味较醇和鲜爽，而5分钟泡出的茶较浓爽。

不同的茶叶可由冲泡者根据品饮者口味的浓淡喜好，选择不同的冲泡时间。

四 各类茶的冲泡方法

1. 名优绿茶的冲泡方法

名优绿茶的冲泡中，茶具的选配以玻璃杯、瓷杯、瓷碗或盖碗为好，材质可选玻璃、白瓷、青瓷等。名优绿茶由于采摘细嫩，为了保持其更好的自然色香味品质特征，冲泡时应尽量选择低温冲泡和茶杯不加盖，以免茶芽被高温烫伤，并产生闷熟味与茶汤黄变。

名优绿茶的冲泡基本流程：备具→备水→布具→赏茶→润杯（净具）→置茶→浸润泡→冲泡→奉茶→收具→品饮→续水。

名优绿茶的茶与水之比为1：50，每杯用茶叶2～3克，冲水为100～150毫升。

浸润泡：以回转手法向玻璃杯内注少量开水（水量以浸没茶叶为度），目的是使茶叶充分浸润，促使可溶物质析出。浸润泡时间20～60秒，可视茶叶的紧结程度而定。

续水：当客人茶杯中只余1/3左右茶汤时，就该续水了。续水前应将水壶中未用尽的温水倒掉，重新注入开水。温度高一些的水能使续水后茶汤的温度仍保持在80℃左右，同时保证第二泡的浓度。

名优绿茶的冲泡除了用玻璃杯外，也可以用容量较大的盖碗冲泡。用大盖碗冲泡绿茶的基本程序与玻璃杯相同，在冲泡过程中不加盖，奉茶时再将盖放上，留一条小缝，以免绿茶茶汤闷黄。这个冲泡方法还可以用于茉莉花茶或工夫红茶的冲泡。

2. 乌龙茶的壶泡法

乌龙茶采用小壶或小盖碗冲泡法，盖碗或小品紫砂壶容量在110～150毫升，再配置相应配套茶道具等。

乌龙茶的冲泡，应注意所泡乌龙茶的发酵程度，轻发酵的乌龙茶可选青花、青瓷等瓷茶具；发酵稍重的乌龙茶可选用紫砂壶来冲泡。

乌龙茶壶泡法的基本流程：备具→备水→布具→赏茶→温壶及品茗杯→置茶→洗茶→冲泡→温杯（淋壶）→分茶→奉茶→品饮。

投茶量：一般较松的半球形乌龙茶用茶量为茶壶容量的1/2左右。投茶量还应根据乌龙茶的紧结程度、发酵程度、饮茶人数的多少等因素灵活掌握，如球形及紧结的半球形乌龙茶（如铁观音、冻顶乌龙等）用量为1/3壶，较疏松的条形乌龙茶（如武夷岩茶、凤凰单丛等）用量为2/3壶。

冲泡的次数：由于乌龙茶的采摘较成熟，茶叶内含物质丰富，与绿茶相比，冲泡次数较多，多的可达八九泡，因此应注意各泡茶的冲泡时间。冲泡时，为了使几泡茶汤做到相对一致，应注意冲泡时间的控制。乌龙茶在经过浸润泡（即通常说的润洗茶）后，第二泡需时比第一泡延长15秒左右，第三泡需时比第二泡延长25秒，具体根据茶叶情况的不同可调整。乌龙茶冲泡时，切忌某一泡的冲泡时间过长，这样会导致茶叶滋味过浓或苦涩，进而影响冲泡次数。

品茗时，可采用“三龙护鼎”的手势握杯，即用大拇指和食指握住杯身，中指托住杯底，无名指和小指自然弯曲。

3. 乌龙茶的盖碗泡法

乌龙茶的盖碗泡法在我国广东、福建一带使用普遍，适合冲泡铁观音等发酵轻、香气高、焙火轻的乌龙茶。

盖碗冲泡乌龙茶的程序与壶泡法相似，只少了“淋壶”的步骤。手持盖碗的手势与持壶不同，盖碗需单手持，大拇指和中指扣住盖碗的两侧，食指按住盖碗的钮，盖稍微倾斜，留一条小缝用于出水。

【第三节】·茶艺礼仪与茶席布置

一 茶叶品评中的礼仪

1. 鞠躬礼

身体站立姿势，女士一般双手交叉放于小腹前，男士双手自然下垂放在大腿两侧，以腰部为折点弯腰，上半身保持正直，前倾的度数一般在15度以上，服务人员的要求是45度，表示对客人光临的欢迎和感谢，时间以2～3秒为宜。整个过程不宜太快，应匀速进行，给人以稳重感。如果有戴帽子的需脱帽行礼。

2. 伸掌礼

此礼是使用频率较高的一个礼仪动作，表示“请”和指引方向等。包括以下几种方式。

（1）横摆式　表“请”时常用的姿势。四指并拢，拇指内收，手掌略向内凹，手肘微微弯曲，手腕要低于手肘。手由腹部向一旁摆出，要以手肘为轴，当手到达腰部与身体正面成45度时停止。另一只手可放在背后，也可以自然下垂。做动作时手的路线要有弧度，手腕含蓄用力，动作轻缓，同时要侧身点头微笑，说：“请用。”

（2）前摆式　当一手如左手因拿着东西不便行礼时可采用前摆式，与横摆式的手掌姿势一样，由体侧从下向上抬起，以肩关节为轴，手臂稍曲，到腰的高度再由身前向左边摆去，摆到距身体15厘米处，但不超过躯干。也可双手前摆。

（3）双臂横摆式　当宾客比较多的时候，表示“请”的动作。两臂由体侧向前上方抬起，向两侧摆出。指示方向的手可以伸直一些，高一些。

（4）直臂式　给宾客指示方向时，不可以用手指，而要用手掌，手指并拢，屈肘由身体前方抬起至所指方向，不要超过肩的高度，肘关节基本伸直。

3. 奉茶礼

奉茶的一般程序是摆茶、托盘、行礼、敬茶、收盘等，奉茶时一定要用双手将茶端给对方以示尊重，并用伸掌表示“请”。有杯柄的茶杯在奉茶时要将杯柄放置在客人的右手面。所敬茶点要考虑取食方便，一般放在客人右前方，茶杯则在茶点右方。奉茶的顺序是长者优先，或者按照中、左、右的顺序进行。

4. 叩手礼

对于喝茶的客人，在奉茶之时，应以礼还礼，要双手接过或点头表示谢谢。还有一种叩手礼，将拇指、中指、食指稍微靠拢，在桌子上轻叩数下，以表感谢之意。此礼法相传是乾隆微服巡游江南时，自己扮作仆人，给手下之人倒茶。皇帝给臣下倒茶，如此大礼臣下要行跪礼叩头才是，但此时正是微服私访，不可以暴露皇帝身份。于是有人灵机一动，以手指在桌上轻叩，“手”与“首”同音，三指并拢意寓“三跪”，手指轻叩桌面意寓“九叩”，合起来就是给皇帝行三跪九叩的大礼，以表感恩之意。

5. 寓意礼

寓意礼，表示美好寓意的礼仪。在茶艺表演中，常见的有以下几种。

凤凰三点头：一手提壶，一手按住壶盖，壶嘴靠近容器口时开始冲水并手腕向上提拉水壶，再向下回到容器口附近，此时水流如“酿泉泄出于两峰之间”这样反复高冲低斟三次，寓意向来宾鞠躬三次，表示欢迎。此动作过程要保证水流流畅优美，三点头过后容器中水量刚好是所需水量，需要多加练习。

双手向内回旋：在进行一些回旋动作，如注水、温杯的时候，手的旋转方向应该向内，即左手顺时针，右手逆时针。这个动作寓意欢迎对方，有“来、来、来”的意思，如果反方向，则有赶客人走，表“去、去、去”之意。

茶壶的摆放：壶嘴正对他人，表示请人快点离开，因此壶嘴要朝着其他方向，切忌对着客人。

字的方向：如果茶盘、茶巾等物品上面有字，那么字的方向要朝向客人，表示对客人的尊重。

浅茶满酒：倒茶时不可以像倒酒一般，将杯子倒满，应该到七分满即可，正所谓“七分茶三分情”，“茶满欺客”，茶斟得太满品饮时容易烫手，甚至还会洒落到品饮者衣物上，给来客带来不便。

二 茶席布置的要素

1. 茶叶

中国有六大茶类，不同茶类有不同的形状、色泽和香气特征，极具观赏价值。茶，因产地、形状、特性不同而有不同的品类和名称，通过泡饮可实现其价值。所以在茶艺表演或接待客人时，表演者要把茶叶作为主角展示给观众欣赏，故首先把干茶放在茶台的最正面、最前面，或者由泡茶人员亲自走下表演台展示给宾客欣赏。在投茶之前，要清洗茶具，以此表示茶具是洁净的。茶在泡的过程中，也尽量用动作、姿态、茶具等展示茶品的动静之美，如绿茶在冲泡过程中用玻璃杯展示其开展过程的动态美，使其韵味之美历历在目，给欣赏者以丰富的想象空间。

2. 茶具组合

茶具组合首先应该是比较实用，即茶艺表演过程中都能够很好地发挥作用，而不是仅仅摆出来展示一下。茶具组合可分为两种类型，一种是在茶艺表演过程中必不可少的个件，如煮水壶、茶叶、茶叶罐、茶则、品茗杯等。另外一种是功能齐全的茶艺组件，茶艺组件基本上包括了所有辅助用具，如茶荷、茶碟、茶针、茶夹、茶斗、茶滤、茶盘、茶巾和茶几等，可以根据茶艺表演需要进行选配。实用性还表现在茶器具的功能协调性上。如在表演时所用的茶壶太小，而品茗杯太多的话，茶汤就不够分配。又如在泡条索粗松的凤凰单丛或者武夷岩茶时，所用紫砂壶口太小或者盖碗太小的话，就不能泡出茶的最佳品质。

茶具组合还应该有一定的艺术性，即应该比较赏心悦目，它包括了茶具本身所具有的艺术特性，如茶具的质地、大小、形状、色彩、照应等，以及茶具的摆设艺术。茶具摆设的艺术效果，包含茶具摆布的位置、方向和大小排列等；茶具排列方式还应注意节奏、反复、形态等，以及茶具与环境、服饰的呼应与和谐等。

泡茶器具组成依据茶艺类型、时代特征、民俗差异、茶类特性等应有不同的配置。茶具与附属器具的艺术处理主要体现在视觉效果和艺术氛围的表达上。如泡茶时放置三个玻璃杯在泡茶台上，会显得很单调、死板，如果配上竹制的茶托来衬托，再用茶盘来盛装，配上柔和的桌布，在视觉层次上就会显得丰富，不同材质器具的变化也带来了对比效果和节奏协调感。此外，颜色也需要相应的对比和调和，整体上协调一致，层次上应富有变换。如用青花瓷具来泡茶，旁边用嫩绿细竹作背景，能让人感觉神清气爽，如沐春风。

茶具形式和排列上，需要考虑对称和协调原则。例如，前后高矮适度的原则：能让欣赏者看得清晰；左右平衡的原则：壶为主、具在中、配套用具分设两侧；均匀摆布的原则：不同茶具之间距离要均匀，不松不紧，整体上有平衡感觉，符合传统的审美观念。在艺术处理上要充分体现茶器具的质感、造型、色调、空间的选择与布置，增加观赏价值，丰富表演的形式，进一步突出茶艺表演的主题和风格。

3. 泡茶台与桌布设置

人们在茶艺实践过程中总结了许多泡茶台的形式，根据不同的性质有不同形式的泡茶台，比如有伸缩自如、活动方便的，有质地雅致、造型优美的，有便于废水倾注和盛放的等。无论是什么形式，茶艺表演的泡茶台总体要求是：要有高低相配套的凳子；要与表演者的身材比例相协调；其长宽、大小、形状要与茶艺表现主题一致；与茶器具的多少、排列形式等相一致。如果没有相应美观的泡茶台，也可以用其他高度差不多的桌子代替，为了美观，再铺上茶艺表演所需要的桌布即可。

桌布是茶桌整体或者局部物件摆放下的铺垫物，也是布艺和其他物质的统称。坚硬的茶台铺上一层柔软的桌布，可避免茶桌上器具在摆放过程中发生不必要的碰撞，还可凭借其自身的特征和性质，辅助器具一起完成茶席设置，共同表达茶艺表演的主题。

桌布的质地、色彩、大小、花纹等都应该与茶艺表演的主题相协调，还要综合考虑其对茶具、茶叶、茶汤美的映衬，与环境和服饰相互照应。根据运用对称、非均齐、烘托、反差和渲染等手法的不同要求而加以选择。如可以铺在桌面上，或者随意性地摊放在地上，或者搭在一角，或者垂在表演台边缘给人以流水蜿蜒之意境等。

桌布的质地类型有棉布、麻布、化纤、蜡染、印花、毛织、绸缎、手工编织等。可采用不同质地来表现不同的地域和文化特征。桌布形状一般可以分为几何形状和非几何形状，如正方形、长方形、三角形、圆形、椭圆形等。不同形状的桌布，不但能表现出不同的图案和层次感，还能给人以广阔的想象空间。巧妙的桌布构思设计可丰富表演主题。例如，茶艺中要表现出茶的历史发展的主题，可以用比较暗色沉重的色调，丝质的桌布，长长地从桌面上铺到地面上，再用书法写上“茶路”两个字，这样的风格就能把主题表现得淋漓尽致。茶艺表演桌布经常运用的色彩是单色和碎花。色彩的变化会影响人们的精神、情绪和情感表达。铺桌布的方法也丰富多样，如平铺、对角铺、三角铺、垂下铺、立体铺等。采用不同的铺桌布的方法，可进一步强化桌布在质地、形状、色彩等方面的组合效果，也可使桌布体现主题的语言更丰富充实。

4. 茶挂

茶挂是指所有适合品茗场合或者能与茶事相结合的可以悬挂的饰品。茶挂离不开茶画。“茶画”这一称谓，是近年来随着茶文化的研究兴起而出现的。它的题材是与茶有关的一类书画作品的总称。茶挂一般是用笔墨勾勒出与茶有关的多种情景，或者根据咏茶诗词来创作美术。茶挂不一定全部是茶画，重要的是，在适当显著的位置上，结合茶席的氛围，在使用上注意“适时”“适地”“适宜”和“适称”四个要素，才能达到净适美雅的境界。在质量上，要有收藏价值，最好不要悬挂粗俗廉价的画作，以免影响品茗气氛，降低茶艺格调。

适时的茶挂，是指根据不同的季节月份，更换不同主题文化的茶挂。例如，年初新正，万物复苏，画作最好富有吉祥意味，如以平安为题的竹子，以五福为题的梅花，以开泰为题的羊等。春夏秋冬，不同的景色，梅兰竹菊，演绎出不同的文化特色，以此变换为主题，茶挂显得更具有生命活力。

书法与绘画作品用于茶挂也能表达出茶艺的旨意。可以选用有情趣、有哲理的名人诗句或语录等来相互衬托。茶挂能结合岁时的节令固然是好，不过这要有相当数量的作品才能应付。如果收藏不足，也可以避开岁时专题，趋向于没有时令限制的作品，例如四季山水和四季花卉合挂。单幅作品，如《品茗图》《文会图》《山居留客》等作为单幅茶挂也是比较适合的。书法和绘画的内容要求能与茶艺风格相协调，同时它们的艺术表现形式也要求能适合背景对主题的衬托渲染。作为茶艺表演者，最基本的是要能理解并且解说其字画的内容涵义。

书法与绘画的作用，在于它们着力表现国人的传统审美意识和茶艺等各类艺术。如“清爱梅花苦爱茶”的茶艺表演，所用茶叶为九曲红梅，背景有红梅、雪花、对联，表达了茶清高气质的风韵。除了绘画和书法外，茶挂也包括了相关的工艺品，尤其是一些古玩饰品，更能起到陪衬、烘托和深化茶艺表演主题的作用。因为相关的工艺品是历史发展中的一个符号，是生活经历的物象标志，可使欣赏者产生对过去事件的联想，唤起人们的情感与记忆，起到意想不到的艺术效果。相关工艺品的范围比较广，包括自然物类、生活用品类、艺术品类、宗教用品、传统劳动用具、历史文物等。当然这些工艺品，也需要摆放得当，才能有效地补充茶艺的画面和主题，否则就会破坏茶席的和谐氛围。

【第四节】·常见茶艺表演欣赏

一 名优绿茶杯泡法茶艺流程

以下选用“龙井茶”“径山茶”“碧螺春”3种茶为例，分别以下、中、上投法，可同时将3杯茶泡好奉茶，其冲泡法如下。

（1）配具　将泡茶用具按顺序依次排列在泡茶台上。

（2）备具　将3只杯摆放在茶盘横中心前部位置；双手将茶叶罐捧出置于中茶盘左前方，将茶巾放于茶盘右后方，茶荷及茶匙取出放于中茶盘左后方。

（3）净具　经消毒后的茶具常带有一些消毒的异味，故用开水润杯以消除异味；另一方面，干燥的玻璃杯经过湿润后，冲泡时可防止水汽在杯壁凝雾，以保持杯的晶莹剔透，以便观赏。

（4）用水处理　许多名优绿茶不能用温度过高的开水冲泡。要把开水倒入瓷壶适当降温。

（5）赏茶　用茶匙拨出适量茶叶于茶荷中，给客人欣赏，并介绍茶叶相关信息，同时说明分别用何种投茶法。

（6）下投法置茶　将龙井茶2克置第一只茶杯中。

（7）下投法浸润泡　以回转手法向玻璃杯内注入少量开水，浸润泡时间为60秒。

（8）冲水入杯（中投法）在第二只杯中冲入容量约1/2的水。

（9）置茶（中投法）将径山茶2克均匀拨入杯中水面上，这时可闻到散发出来的茶香。

（10）下投法试香　左手托住茶杯杯底，右手轻握杯身基部，运用右手手腕逆时针旋转茶杯，左手轻搭杯底作相应运动，称作摇香。此时杯中茶叶吸水，开始散发出香气。摇毕将茶杯奉给来宾，敬请品评茶之初香。随后收回茶杯。

（11）下投及中投法冲泡　双手取茶巾，斜放在左手手指部位；右手执水壶，左手以茶巾部位托在壶底，双手用“凤凰三点头”手法，高冲低斟将开水冲入茶杯，应使茶叶上下翻动。不用茶巾时，左手半握拳搭在桌沿，右手执水壶单手用“凤凰三点头”手法冲泡。这一手法除有一定内涵外，还可利用水的冲力来均匀茶汤浓度的功效。冲泡水量控制在茶杯总容量的七分满即可。

（12）上投法冲水入杯　在第三只杯内用回转低斟高冲法冲水入杯约七分满。

（13）上投法置茶　将碧螺春2克均匀拨入杯中水面，可见茶叶迅速下沉，并散发出香气。

（14）敬茶　用伸掌礼向客人敬茶。不要拿杯沿。

（15）品茶　茶杯中茶叶舒展后，客人可先闻香，再看汤色，然后啜饮。

（16）收具　敬茶结束，将泡茶用具收好，向客人行礼。

二　盖碗冲泡法茶艺程式

盖碗泡乌龙茶在广东潮州一带比较流行，特别是泡清香型“凤凰水仙”及“凤凰单丛”风味特佳。这种泡法也适用于其他高香、轻发酵、轻焙火的乌龙茶。

（1）备具　在泡茶台下放一只水盂，式样不限，备用。泡茶台上居中摆放大茶盘，大茶盘内左侧放双层瓷茶盘，盖碗在右，4只小杯在左呈新月状环列（杯口向下）在瓷茶盘上；大茶盘内右侧前排并列摆放茶样罐与茶匙筒，茶匙筒后放茶荷；大茶盘内右侧后排放碗形茶船及茶巾。小茶盘竖放在大茶盘右侧桌面，内入煮水器。摆放完毕后覆盖上泡茶巾后备用。

（2）备水　尽可能选用清洁的天然山泉水。

（3）布具　分宾主落座后，泡茶者揭去泡茶巾折叠后放在泡茶台右侧桌面。先提保温瓶向紫砂大壶中倒少许开水，荡涤后将弃水倒进水盂。重新注入热水，将酒精炉点燃，紫砂大壶搁放在炉上。双手捧取茶样罐与茶匙筒，移至大茶盘左侧前方桌面；茶荷移至大茶盘内右上角，盖碗端放到茶船前方；将双层茶盘中的4只品茗杯排放成两两方阵。

（4）赏茶　左手横握茶样罐，右手开盖放大茶盘中，右手取茶匙将适量茶叶从茶样罐拨入茶荷，接着用茶匙将茶荷中的茶叶拨散，便于观赏外形。将茶匙插入茶匙筒，盖好茶样罐并复位。双手托捧茶荷，送至来宾面前，敬请欣赏干茶外形及色泽等。

（5）温盖碗　右手大拇指与中指捏住盖碗沿、食指轻抵盖钮提起盖碗（不连托），放碗形茶船中；用三指依次将4只品茗小杯一一翻正。左手揭开盖碗盖子放在盖碗托碟上，右手提开水壶回转手腕向盖碗内注热水，至八分满（翻口沿下）后开水壶复位；左手加盖后，右手用上述方法端盖碗，左手取茶巾轻托盖碗底，回转手腕温盖碗。温毕，茶巾复位，左手搁在桌沿；右手提盖碗至双层茶船上方，将热水从盖碗盖子与碗沿间隙中流出，并巡回倒入4只品茗杯，待水沥尽后将盖碗放回碗形茶船，左手将盖揭开放盖置上。

（6）置茶　双手捧茶荷先平摇几下，令茶叶分层后左手托住茶荷；右手取茶匙将面上的粗大茶叶拨到一边，先舀取细碎茶叶放进盖碗，再取粗大茶叶置其上方（目的是冲泡后细碎茶渣不易倒出）。一般用盖碗冲泡的多为条形乌龙茶（如凤凰水仙、凤凰单丛等），其用茶量为盖碗容量的2/3左右。当然应视乌龙茶的紧结程度、整碎程度及品饮口味而灵活掌握。

（7）温润泡　右手提开水壶回转手腕向盖碗内注开水，应使水流顺着碗沿打圈冲入至满；左手提碗盖由外向内刮去浮沫即迅速加盖；右手三指提盖碗将温润泡的热水倒进茶船，顺势将盖碗浸入茶船。

（8）冲泡　左手提盖碗盖子放盖置上，右手提开水壶回转手腕向盖碗内注水，同样水流应顺着碗沿打圈冲入，至八分满后开水壶复位，左手加盖；静置1分钟左右。

（9）温杯　趁冲泡静置时间进行温杯。4只品茗杯中原盛有热水，可依前右一前左一后左一后右顺序清洗。手法是：右手大拇指搭杯沿处、中指扣杯底圈足侧拿起前右小杯，将其轻放在前左小杯热水内，食指推动前右杯外壁，大拇指与中指辅助，三指协同将此杯在前左小杯热水中清洗一周，然后提杯沥尽残水复位。接着一一温杯，最后的右后杯不再滚洗，直接转动手腕，让热水回转至全部杯壁，再将热水倒掉即可。

（10）分茶　右手三指提拿盖碗先到茶巾上按一下，吸尽盖碗外壁残水；不必除盖子，用“关公巡城”手法将茶汤分入4只品茗杯；观察各杯茶汤颜色，用“韩信点兵”手法用最后几滴茶汤来调节浓度。分茶毕，将盖碗置回盖碗托上。一般的轻发酵乌龙茶在茶汤沥尽后，宜揭开盖碗盖子，令叶底冷却，易于保持其所固有的香气与汤色。

（11）奉茶　如果来客围坐较近，不必使用奉茶盘。直接用双手捧取品茗杯，先到茶巾上轻按一下，吸尽杯底残水后将茶杯放在杯托上，双手端杯托将茶奉给来宾，并点头微笑行伸掌礼，示意“请用茶”。

（12）品饮　接茶时可用伸掌礼对答或轻欠身微笑。右手以“三龙护鼎”手法握杯，举杯近鼻端用力嗅闻茶香。接着将杯移远欣赏汤色，最后举杯分3口缓缓喝下，茶汤在口腔内应停留一阵，用舌尖两侧及舌面舌根充分领略滋味。喝毕握杯再闻杯底香，用双手掌心将茶杯捂热，令香气进一步散发出来；或者单手虎口握杯来回转动闻香。

（13）第二、三泡　双手捧碗形茶船将其中已冷却的开水倒入双层茶盘，复位后右手提开水壶向碗形茶船内注入适量的开水。右手提拿盖碗放入茶船，左手揭盖，右手注开水，这一道需要冲泡1分15秒左右。依次收回品茗杯，仍呈两两方阵放在双层茶盘中，注开水重新温杯。接着同前分茶、奉茶、品饮。第三泡冲泡需要1分40秒，方法如第二泡。如果茶叶耐泡，还可继续冲泡四、五道。

（14）收具　冲泡完毕，将所用茶器具收放原位，对茶壶、茶杯等使用过的器具一一清洗。覆盖上泡茶巾以备下次冲泡。

三 潮汕工夫茶壶杯泡法茶艺程式

（1）备具　在泡茶台底下放置一只水盂备用，式样不限。大茶盘居中放泡茶台上：茶盘内前排并列摆放茶样罐、茶匙筒；茶盘中排左侧放瓷茶盘，内反扣4只品茗杯；中排靠右侧放茶船，内放茶壶；茶盘后排左边放纸茶荷，杯托放中间，右边放茶巾。小茶盘放在大茶盘右侧桌面，内置煮水器、火柴等。如果泡茶台较小，可在座位右侧放小茶几或特制炉架，搁放煮水器等。摆放完毕，覆盖泡茶巾备用。

（2）备水　尽可能选用清洁的天然软水。有条件的茶艺馆应安装过滤设施，家庭自用可自汲泉水。

（3）布具　揭开泡茶巾折叠后放在小茶盘后方桌面；先提保温瓶向提梁大紫砂壶中倒少许热水，荡涤后将水倒进水盂，重新注热水入壶中；将大紫砂壶放在点燃的酒精炉上。双手将茶样罐、茶匙筒移放至大茶盘左前方桌面上；将杯托放到小茶盘煮水器后方右侧；茶巾仍放在大茶盘内右下角。

（4）温具　依次将4只品茗杯翻正；右手提开水壶用回转手法向茶壶（连盖）上冲淋少许热水，至水流遍及壶身后，开水壶复位；左手提茶壶盖放茶盘中，右手提开水壶沿壶口回转冲入热水至五分满，水壶复位，左手盖好壶盖，双手捧壶涤荡。烫壶后右手持茶壶柄提壶将热水依次循环倒入4只品茗杯。

（5）取茶　双手捧取茶样罐，开启后移放到茶盘右侧；左手取纸茶荷，右手横拿茶样罐转动手腕倒茶；左手轻抖令茶叶粗细分层。一般情况下的投茶量：疏松条形乌龙茶用量为茶壶体积的2/3左右；球形及紧结的半球形乌龙茶用量为茶壶体积的1/3左右。碎茶较多时则减少置茶量，来宾多为清淡饮者，也宜酌情减量。目测茶量至足够，右手放下茶样罐。

（6）赏茶　双手将茶荷平放到前方桌面，请来宾欣赏干茶。泡茶者利用这一间隙双手将茶样罐盖好，移回到茶匙筒旁边。

（7）置茶　待来宾赏茶完毕，以左手取纸茶荷托住（令其开口向内）；右手取茶匙将粗大的茶叶拨到壶流一侧，将细碎的茶叶拨到壶把一侧。这样可避免冲泡后茶叶将出水孔堵塞，造成茶壶出水不畅。

（8）淋壶　右手提开水壶向茶壶注热水，逆时针回转运动手腕，水流从壶身外围开始浇淋，向中心绕圈最后淋至盖钮处，直至茶壶外壁受热均匀而足够（判断标准是茶壶嘴开始向外冒水），开水壶复位。一般乌龙茶头一道需泡1分钟左右。

在等待冲泡的间隙，将4只品茗杯依次轮回荡洗，洗毕将杯中的热水倒在茶盘内，重新摆放整齐。

（9）游山玩水　右手握茶壶令壶底与茶盘边沿轻触，逆时针移动一圈，作用是刮去茶壶底部残水，晃动茶壶有利于茶汤均匀。转毕提壶至茶巾上按一下，再次吸干壶底的残水。

（10）关公巡城　右手提壶逆时针方向不断转动，令茶汤均匀分入4只品茗杯中。

（11）韩信点兵　茶壶中的茶汤基本分完后，为保证茶汤浓度一致，需要观察各只茶杯中的茶汤：凡汤色稍淡者，则抖动手腕将茶壶中余下的茶汤精华多点数滴，汤色较深者少点几滴。一般的轻发酵乌龙茶在茶汤筛尽后，宜揭开茶壶盖，令叶底冷却易于保持其固有的香气与汤色。

（12）奉茶　如果来客围坐较近，不必使用奉茶盘。直接用双手捧取品茗杯，先到茶巾上轻按一下，吸尽杯底残水后将茶杯放在杯托上，双手端杯托将茶奉给来宾，并点头微笑行伸掌礼，示意“请用茶”。

（13）品饮　接茶时可用伸掌礼对答或轻轻欠身微笑。右手以“三龙护鼎”手法握杯，女士须用左手托杯底，举杯近鼻端用力嗅闻茶香。其余品饮方法同上节。

（14）泡二、三道茶　冲泡前先将茶船及茶盘中的残水倒入水盂。如同冲泡其他茶类一样，第二、三道乌龙茶冲泡的重点在于保持足够的茶汤浓度。采用延长冲泡时间的方法，二道应冲泡75秒左右；三道应冲泡100秒左右。如果茶叶耐泡，还可继续冲泡四、五道茶。

（15）净具　冲泡完毕，将所用茶器具收放原位，对茶壶、茶杯等使用过的器具一一清洗。覆盖上泡茶巾以备下次冲泡。

【扩展阅读】　紫砂壶艺术与选用

江苏省宜兴市，古称阳羡，是我国著名的陶都，位于太湖之滨，是紫砂壶的主要产地。

关于紫砂壶的起源，传说紫砂壶的创始人是“龚春”或“供春”。吴梅鼎的《阳羡瓷壶赋·序》中记载：“余从祖拳石公读书南山，携一童子名供春，见土人以泥为缸，即澄其泥以为壶，极古秀可爱，所谓供春壶也。”供春壶，当时人称赞“栗色暗暗，如古今铁，敦庞周正。”

1. 紫砂泥的特性

紫砂泥是含有高岭土、石英、云母等的矿物，并有硅、铁、钙、镁、锰、钾等化学成分。各种化学成分种类和含量不同会使紫砂泥呈现不同的颜色，因此又称为“五色土”。紫砂泥是单矿原成泥，外观一般呈紫红色、紫色，有微细银点闪烁，并隐现浅绿色的斑点。原矿的紫砂泥包括紫泥、红泥、本山绿泥和团泥等。紫泥烧制后呈紫色、紫棕色、深紫色；本山绿泥（浅绿色）烧制后呈米黄色；红泥（石黄，呈黄色或红色）烧制后呈暗红色、朱红色；团泥（团山泥，紫泥与星点绿泥混合）烧制后呈古铜色。紫砂泥中可以通过加入各类化学成分（如钴、锰等），烧制一些蓝色、黑色等呈色器皿。

紫砂泥具有以下优点：紫砂泥可塑性好，耐捶压、拍打、镶接、雕琢等，可任意制作成大小各异的不同造型；紫砂泥黏合性好，不粘工具、不粘手，加工方便；紫砂泥干燥时收缩率相对较小，烧制后变形小，成品率较高；紫砂壶加工中，不需加配其他黏性原料，能单独成陶；双重气孔结构，具有良好的透气性。因此用紫砂壶沏茶，既不夺茶之香味，又无熟汤气，香不涣散，滋味醇厚；紫砂壶外形平整光滑富有光泽，不需施釉，既不渗漏又有良好的透气性。紫砂壶的冷热急变性能好，寒天腊月，急注沸水，不会爆裂。传热缓慢，茶不易凉，也不炙手。

2. 紫砂壶的造型

紫砂壶造型虽有上千种，根据造型特点，紫砂壶还可分光货、花货、筋囊货、博古造型、微型壶、现代壶等几种。

光货是指以不同的几何形体作为艺术造型的紫砂壶，分为方器和圆器。圆器要求“圆、稳、匀、正”，代表造型有掇球壶、仿鼓壶、汉扁壶等；方器要求轮廓线条分明，口盖规矩划一，代表造型有四方桥顶壶、传炉壶、僧帽壶等。光货由于没有任何修饰，因此从壶身上比较容易看出制作者的工艺水平高低。

花货，形如其名，形制多样，主要取材自然界中瓜果花木、虫鱼鸟兽等形象。如梅花壶、竹形壶、松壶、柿子壶、莲子壶、葵花壶等。供春树瘿壶应是我国最早的一把“花货”了。

筋囊货是将自然界中的瓜棱、花瓣、云水纹等形体分成若干等分，把流畅的筋纹精确地设计成壶的造型。如菱花壶、合菊壶、半菊壶、风卷葵壶等都属于筋囊货。筋囊货的造型要求：筋纹表达从盖顶端放射到盖口，再延伸过渡至壶体，直到壶底，连贯一气，瓣面大小如一，并且口盖既要吻合又要面面可换。

紫砂壶虽然具有收藏价值，但是实用仍然是紫砂壶的主要功能。因此在功能选择方面，应需考虑适用性。具体鉴赏标准包括以下方面。

（1）壶盖 口盖严实与否，通转不滞，盖口之间缝隙小。判定壶盖严实与否的方法：用手摁住盖上气孔，倾壶时壶嘴里便流不出水。

（2）壶嘴 出水流畅，倒茶时，茶水不畅，余沥不尽；从壶嘴流出的茶水"圆柱"光滑不散落，即所谓"七寸注水不泛花"。

（3）壶把：端拿省力、舒适与否；壶要做到"三平"：壶把、壶嘴、壶身的高点在一个水平上。如果嘴低于壶口，则往壶中倒水，壶水未满嘴先流；反之，嘴未出水口先出。

3. 紫砂壶的保养

（1）新壶初养 新壶购买后需要先进行开壶，不能买上用来泡茶，这是因为新的紫砂壶中还含有泥沙等杂质，泥味重，马上用来泡茶会影响茶味。开壶的方法有很多，可以用冷水浸泡多天，可以用剩茶水浸泡，或者放在热水中煮沸后放入冷水中，重复几次，没有泥味等杂质异味后方可用来泡茶。

（2）茶汤养壶 用紫砂壶泡茶时，可以用洗茶的茶水或多余的茶水淋壶，让壶吸收茶汤；壶体表面温度较高，用湿毛巾或专用茶巾擦抹壶体，反复多次；也可用手摩挲把玩。

（3）去杂复元 壶长期不用，或未及时将茶渣倒出，会发生霉变或异味。清除霉变茶渣，注满开水，稍晃数下倾出，旋即没入凉水之中，可除异味。

（4）去渣涤残 茶壶每次使用后，将茶渣倒干净，用冷水冲洗后，再用热水里外都冲洗一遍，以保持清洁。由于紫砂壶的气密性好，残留在壶内的残茶容易发生霉变，因此必须清洗干净。洗干净的紫砂壶应开盖晾干后，方可收起，切忌水汽未散尽就放到盒内，夏季或梅雨季节极易发霉。

（5）摩挲把玩 要养出一把好壶，必须经常用手摩挲，让壶体发光。在把玩的同时，切忌油污，并且忌用油剂涂抹，使之产生"和尚光"。买的新壶如果发亮，极有可能采用了作伪方法，如上油、打蜡、抛光、染色等。养壶是一个漫长的过程，不是一两个星期就有变化，应有足够的耐心和好茶来泡养，才能养出一把心仪的好壶。

第七章

国内外茶俗文化欣赏

【第一节】·饮茶习俗与社会生活

饮茶习俗是指人们日常生活中饮茶的习惯和风俗。中国人饮茶习俗形成于中唐。陆羽《茶经·六之饮》载:“滂时浸俗,盛于国朝两都并荆俞间,以为比屋之饮。”《茶经》认为当时的饮茶之风扩散到民间,以东都洛阳和西都长安及湖北、山东一带最为盛行,把茶当做家常饮料,形成“比屋之饮”。据唐代封演《封氏闻见记》载,禅宗促进了北方饮茶的形成。唐代开元以后,中国的“茶道”大行,饮茶之风弥漫朝野,“穷日竟夜”,“遂成风俗”,且“流于塞外”。《旧唐书·李钰传》:“茶为食物,无异米盐,于人所资,远近同俗,既祛竭乏,难舍斯须,田闾之间,嗜好尤甚。”说明随着饮茶习惯的发展,茶叶与人民生活有着密切的关系,渗透在人民生活之中,“人家每日不可缺者,柴米油盐酱醋茶”(吴自牧《梦粱录》)。因而不论贫穷与富有,不论上层社会和庶民百姓,人们在居家、旅游、交际、经商,乃至红白喜事,大事小情等各种场合,莫不以茶应酬。

饮茶本来是不同地区、不同民族的人民在解渴的生理需要上产生的一种行为方式,原先并没有多大的差异性。但随着历史、文化的不断发展和积淀,民族自身的特点与习俗的形成,饮茶便演变成为一种有社会文化内涵并具有差异性的风俗习惯,其中也包含了更多的礼仪与风俗内容,以下分别加以阐述。

一 客来敬茶

客来敬茶和以茶会友是最普遍、最流行的风俗习惯,也是中华民族待客的真诚礼仪。在我国饮茶历史上,不论富贵之家或贫穷之户,不问上层社会和平民百姓,不拘社交活动或闲散家居,莫不以茶为应酬品。北宋地理学家朱彧在《萍州可谈》中说“今世俗,客至则啜茶,……此俗遍天下。”有朋友来做客,主人先奉上一杯清茶。以示主人对客人的敬意和欢迎,待客以清茶一杯,看似淡泊,实含深情。南宋诗人杜耒的《寒夜》云:“寒夜客来茶当酒,竹炉汤沸火初红。”描述主人待客诚恳热情正像火炉一样热烈。茶是待客、敬客、留客的高雅礼节的媒介,敬茶这一行为成为雅俗之人共同的风俗,唐颜真卿的《五言月夜吸茶联句》诗云:“泛花邀坐客,代饮引清言。”北宋文学家黄庭坚《阮郎归·煎茶》词记载了烹茶留客的雅致真情:

“烹茶留客驻金鞍，月斜窗外山。”宋代翁广元《题临江茶阁》中的“一杯春露暂留客，两腋清风几欲仙”都说明了我国人民自古以来，就有以茶会友、以茶留客、用茶待客的礼俗。

当今社会，客来敬茶更成为人们日常社交和家庭生活中普遍的往来礼仪，并形成了最基本的礼仪。例如，在敬茶礼仪中有“浅茶满酒”的讲究，一般倒茶或冲茶至茶具的2/3到3/4，如冲满茶杯，不但烫嘴，还寓有逐客之意。

以带柄的茶杯冲泡茶叶时，杯耳和茶匙的握柄要朝着客人的右边，此外要替每位客人准备甜品或点心，将其放在杯子旁或小碟上，方便客人自行取用。

喝茶的环境应该静谧、幽雅、洁净、舒适，让人有随遇而安的感觉。选茶也要因人而异，如北方人喜欢饮香味茶，江浙人喜欢饮清芬的绿茶，闽粤人则喜欢浓郁的乌龙茶、普洱茶等。茶具可以用精美独特的，也可以用简单质朴的。

当然，喝茶的客人也要以礼还礼，双手接过，点头致谢。品茶时，讲究小口品饮，一苦二甘三回味，其妙趣在于意会而不可言传。另外，可适当称赞主人茶好。壶中茶叶可反复浸泡3～4次，客人杯中茶饮尽，主人可为其续茶，客人散去后，方可收茶。

如在华北、东北，老年人来访，宜沏上一杯浓醇芬芳的优质茉莉花茶，并选用加盖瓷杯；如来客是南方的年轻妇女，宜冲一杯清新淡雅的绿茶，如龙井、毛尖、碧螺春等，并选用透明玻璃茶杯，不加杯盖；如来访者嗜好喝浓茶，不妨适当加大茶量，并拼以少量茶末，可做到茶汤味浓，经久耐泡，饮之过瘾；如来客喜啜乌龙茶，则用小壶小杯，选用安溪铁观音或武夷岩茶招待；如家中只有低级粗茶或茶末，那最好用茶壶泡茶，只闻茶香，只品茶味，不见茶形。以上就是所谓“细茶粗吃，粗茶细吃”的道理。

敬茶要礼貌，一定要洗净茶具，切忌用手抓茶，茶汤上不能漂浮一层泡沫或茶末，更忌粗枝大叶横于杯中，茶杯无论有无柄，端茶一定要在下面加托盘，敬茶时温文尔雅、笑容可掬、和蔼可亲，双手托盘，至客人面前，躬腰低声说“请用茶”，客人即应起立说声“谢谢”，并用双手接过茶托。

做客饮茶，也要慢啜细饮，边谈边饮，并连声赞誉茶叶鲜美和主人手艺，不能手舞足蹈，狂喝暴饮。主人陪伴客人饮茶时，在客人已喝去半杯时即添加开水，使茶汤浓度、温度前后大略一致。饮茶中，也可适当佐以茶食、糖果等，达到调节口味的功效。

总之，客来敬茶是家庭礼仪中待客的一种日常礼节，也是社会交往的一项内容，不仅是对客人、朋友的尊重，也能体现自己的修养。

二 茶与婚俗

茶与婚俗的关系，简单来说，就是在缔婚中应用、吸收茶叶或茶文化作为礼仪的一部分。其实，茶文化应用到婚礼之中，是与我国饮茶的约定俗成和以茶待客的礼仪相联系的。

旧时，男娶女嫁时，男方要用一定的彩礼把女子“交换”过来。由于婚姻事关男女的一生幸福，所以，对大多数男女的父母来说，彩礼虽具有一定的经济价值，但更重视的还是那些消灾祈福的吉祥之物。茶在我国各族的彩礼中，有着特殊的意义。这一点，明代藏书家郎瑛在《七修类稿》中，有这样一段说明：“种茶下子，不可移植，移植则不复生也，故女子受聘，谓之吃茶。又聘以茶为礼者，见其从一之义。”我国古代种茶，如陆羽《茶经》所说“凡艺而不实，植而罕茂”，由于当时受科学技术水平的限制，一般认为茶树不宜移栽，故大多采用茶籽直播种茶。明代许次纾在《茶流考本》中说：“茶不移本，植必生子。”古人结婚以茶为礼，取其“不移志”之意。古人认为，茶树只能以种子萌芽成株，而不能移植，故历代都将“茶”视为“至性不移”的象征。因“茶性最洁”，可示爱情“冰清玉洁”；“茶不移本”，可示爱情“坚贞不移”；茶树多籽，可象征子孙“绵延繁盛”；茶树又四季常青，以茶行聘寓意爱情“永世常青”。故世代流传民间男女订婚要以茶为礼，茶礼成为了男女之间确立婚姻关系的重要形式。

据宋胡纳《见闻录》载：“通常订婚，以茶为礼。故称乾宅致送坤宅之聘金曰‘茶金’，亦称‘茶礼’，又曰‘代茶’。女家受聘曰‘受茶’。”吴自牧《梦粱录·嫁娶》也谈到了宋代婚嫁中的用茶：“道日方行送聘之礼，且论聘礼，富家当备三金送之，……加以花茶、果物、团圆饼、羊酒等物，又送官会银铤，谓之‘下财礼’。”吴自牧记载说，即使是贫穷人家，聘礼中茶饼也是少不了的，甚至连女家的回礼也多使用“茶饼果物”“鹅酒茶饼”。

明代香山（今广东中山市）人黄佐在《泰泉乡礼》，书中记载：“近日纳采、纳徵者，止用细茶一盒，纳钗物其中，尤为简便，可以通行。”又云：“凡三等人户之下聘，用酒一埕、鹅二只、各布二匹、茶一盒。”反映了明代岭南一带茶礼的流行。

姚廷遴《历年记》记载：“康熙朝选妃，遣大学士明珠、索额图下江南物色，民间有女者惶惧，遂仓猝结亲，甚至不论贫富，不计礼仪，不择门当户对，不管男女大小，大约茶二斤，礼银四两为最，更有不费分文者”。可见人们为逃避被选入宫，婚礼大为简省，而唯有茶礼却不曾废。

从各地方志的记载来看，茶已深入婚礼全过程。光绪《顺天府志》记婚礼：“合婚得吉，相视留物为贽，行‘小茶’、‘大茶’礼。”光绪《通州志》记载：“将娶聘行礼，用衣饰及羊酒、果饼等物，俗名‘下茶’，”又称：“娶之次日，女家送果品等物，曰‘点茶’。”同时，明清小说和戏曲中关于茶礼的描述，很能反映茶礼习俗在当时风行的情形。

旧时江浙及南方地区茶礼风俗也比较有特点，以下略举几例。

旧时在江浙一带，将整个婚姻礼仪总称为“三茶六礼”。其中“三茶”，即为订婚时“下茶”，结婚时“定茶”，同房时“合茶”。也有将“提亲、相亲、入洞房”的三次沏茶合称“三茶”的。举行婚礼时，还要行“三道茶”的仪式。第一道为“百果”；第二道为“莲子或枣子”；第三道才是“茶叶”，都取其“至性不移”之意。吃三道茶时，接第一道茶要双手捧之，并深深作揖。尔后将茶杯向嘴唇轻轻一触，即由家人收去。第二道依旧如此。至第三道茶时，方可接杯作揖后饮之。

浙西地区，媒人于男女双方之间说和俗称“食茶”。媒人说媒后，倘女方应允则泡茶、煮蛋相待。

在浙江德清等地婚姻中的茶俗，则更为丰富多彩，列举如下。

受茶：男女双方对上八字后，经双方长辈同意联姻，由男方向女方赠聘礼、聘金，如女方接受，则谓之“受茶”。

订亲茶：男女双方确定婚姻关系后即举行定亲仪式。这时双方须互赠茶壶十二把并用红纸包花茶一包，分送各自亲戚，谓之“定亲茶”。

亲家婆茶：女子出嫁后第二天，父母看望女儿时，要随身携带一两茶叶（最好是“雨前”茶），并半斤烘豆、二两橙子皮拌野兰麻，称之谓“亲家婆茶”。

合枕茶：新人入洞房前，夫妇要共饮“合枕茶”。这时，由新郎捧茶，用双手递一杯清茶，先给新娘喝一口，再自己喝一口，意味着完成了人生大礼。婚礼过后的第二天，新郎新娘需捧着盛满香茶的茶盘，向长辈们“献茶”行拜见礼。长辈们喝了茶，即摸出红包放于茶盘上作为“见面礼”。

闹茶：在我国云南地区举行婚礼时，有“闹茶”的习俗。“闹茶”于新婚三天内，每天晚上，由新郎新娘在客堂的中间，向亲朋好友们敬茶。茶内必须加放红糖，取其“甜蜜”之意。闹茶时，可由宾客出题，要新郎新娘以绕口令、猜谜语、咏诗歌等形式回答考题。若新郎新娘不从，宾客们则不饮茶，而若文不对题，众皆哄堂大笑。闹茶取“越闹越热”之意。

开门茶：江苏地区旧俗，大户人家联姻，新郎至新娘家迎亲，进女家的一重门，要作揖一次，一直至堂屋见岳丈岳母时止。然后再饮茶三次后，才能暂至岳母房中歇息，耐心地等待新娘上花轿，谓之“开门茶”。

谢媒茶：男女举行婚礼后，新婚夫妇或双方家长要用茶来谢媒，因在诸多谢礼中，茶叶是必不可少之物，故称“谢媒茶”。

喝新娘茶：我国南方地区历来有喝“新娘茶”的习俗。新娘成婚后的第二天清晨，洗漱、穿戴后，由媒人搀引至客厅，拜见已正襟危坐的公公、婆婆，并向公婆敬茶。公婆饮毕，要给新娘红包（礼钱），接着由婆婆引领新娘去向族中亲属及远道而来的亲戚敬茶，再在婆婆引领下挨门挨户拜叩邻里，并敬茶。敬茶毕，新娘向受茶者打招呼后，即用双手端茶盘承接茶盏，这时众亲友或邻里乡亲饮完茶，要在放回杯子的同时，在新娘托盘中放置“红包”，而新娘则略一蹲身，以示道谢。在喝新娘茶时，无论向谁敬茶，都不能有意回避，否则被认为“不通情理”。

三 汉族的茶饮习俗

汉民族的饮茶方式，大致有品茶、喝茶和吃茶之分，只是古人饮茶重在“品”，近代饮茶多为“喝”。大抵说来，重在意境，以鉴别茶叶香气、滋味和欣赏茶汤、茶姿为目的，自娱自乐者，谓之“品”。凡品茶者，得细品缓啜，“三口方知真味，三番才能动心”。但汉族饮茶，虽方法有别，却大都推崇清饮，认为清茶最能保持茶的“纯粹”，体会茶的“本色”，其基本方法就是直接用开水冲泡或熬煮茶叶，无需在茶汤中加入食糖、牛奶、薄荷、柠檬等其他饮料和食品。主要茶品有绿茶、花茶、乌龙茶、白茶等，最有代表性的饮用方式要数啜乌龙、品龙井、吃早茶和喝大碗茶了。

1. 潮汕工夫茶

潮汕工夫茶是指潮汕一带（包括广东省汕头市、潮州市、揭阳市等地。覆盖现今潮州、汕头、揭阳三市区及潮安、饶平、澄海、南澳、潮阳、惠来、普宁、揭西、揭东等九县、市、区，还远及丰顺、大埔、蕉岭等）的饮茶风尚，所谓工夫茶，是指泡茶方式比较讲究，泡茶品茶需要一定的工夫。工夫茶是潮汕一带家家户户的必备品，而且几乎家家都备有工夫茶具，自家闲暇之时举家品茶，或有客到时以工夫茶招待。

潮汕一带品饮工夫茶具有数百年的历史了，近代茶人翁辉东（1886—1963）所著《潮州茶经》，较为全面地反映潮汕工夫茶的概貌。据该书描述，工夫茶有“四宝”：“宜兴紫砂壶，景德镇若琛杯，枫溪砂铫，潮阳红泥炉”，讲究些的茶店还需备有“潮阳颜家锡罐”“潮安陈氏羽扇”等。饮用的“茶品”，不仅有本地所产单丛茶、客家炒茶，也有安溪铁观音和武夷岩茶等。潮州工夫茶有它的鲜明个性，无论走进哪家哪户，茶盘茶具一摆，不用问，便是工夫茶，如翁辉东所说“潮人所用茶具大体相同，不过以家资有无，精粗有别而已”。有了“大体相同，精粗有别”，就有“雅俗共赏”的基础。《潮州茶经》序言中说得明白：“无论嘉会盛宴，闲处独居，商店工场，下至街边路侧，豆棚瓜下，每于百忙当中，抑或闲情逸致，无不借此泥炉砂铫，擎杯提壶，长斟短酌，以度此快乐人生。”潮州工夫茶以“精细”的工夫“收工夫茶之功”，就是鲜明个性中的“特质”。

《潮州茶经》对传统工夫茶艺的择茶、选水、备具及冲泡法有如下概述。

（1）茶之木质（有名区、品种、制法之别）“潮人所嗜，在产区则为武夷、安溪，在品种则为奇种、铁观音”。

（2）取水　“山水为上，江水为中，井水其下”，“潮人嗜饮之家……诣某山某坑取水，不避劳顿。”（出自陆羽《茶经》）

（3）活火　“潮人多用绞积炭”（坚硬木烧的炭），“更有（用）橄榄核炭者”。

（4）茶具　茶壶（俗名冲罐），盖瓯（代替冲罐），茶杯（宜小宜浅，径不及寸），茶洗（一正二副），茶盘，茶垫，水瓶（备烹茶），水钵（贮水），龙缸（容多量水），红泥火炉，砂铫，羽扇，铜著，茶罐，竹箸，茶桌，茶担（用于登山游水烹茗），茶罐锡盒（共18器）。

现代工夫茶的泡法与饮法还是比较讲究工夫的，一般是先用净水洗涤茶具，并点燃炉中木炭。加水入壶，放在炉上烧沸。待水开后，即以沸水淋烫茶壶、茶杯。再用沸腾热水冲入茶壶泡茶，直至沸水溢出壶口时，方用手持壶盖刮去壶口水面浮沫，再置茶壶于盘中。接着用沸水淋湿整把茶壶，以保壶内茶水温度。与此同时，取出茶杯，分别以中指抵杯脚，拇指按杯沿，将杯放于茶盘中用沸水烫杯，或将杯子放入一只盛沸水的大杯中转动烫热。随即将小杯紧靠，一字形平放在茶盘上，将茶壶茶汤倾入茶杯，但倾茶时，必须巡回分次注入，使各只茶杯中的茶汤浓淡均一。按传统工夫茶的泡法，这一过程称洒茶，“洒则各杯轮匀，又必余沥全尽，两三洒后，覆转冲罐，俾滴尽之”。“洒茶既毕，趁热，人各一杯饮之”。啜饮者趁热以拇指和食指按杯沿，中指托杯脚，举杯将茶送入鼻端，闻其香，只觉清香扑鼻；接着茶汤入口，含在口中回旋，品其味，顿觉舌有余甘。“一啜而尽，三嗅杯底”寻韵，闻香。

2. 广式早茶

吃早茶多见于我国大中城市，尤其是广州，人们最喜坐茶楼，吃早茶，所以羊城的茶楼特别多。早在清代同治、光绪年间，广州的“二厘馆”（即每客茶价二厘钱）茶楼就已普遍存在。上“二厘馆”的茶客大多为劳动大众，他们在早晨上工之前，在“二厘馆”里泡上一壶茶，要上两件点心，作为早餐。即便是工余之暇，广州人也愿意上“二厘馆”泡一壶茶，谈天聚会，使精神得到调剂。除“二厘馆”外，广州还有许多历史悠久的大茶楼，如“陶陶居”“如意楼”“莲香楼”“惠如楼”“一乐也”等，多有坐楼三四层，座位上千个。这种饮茶风尚，至今未衰。如今，即便是酒家、饭店，也常加设早点茶座。广东茶楼与江南茶馆不一样，那里既有名茶，又有美点，一日早、中、晚三市，尤以早茶为最盛，因此名谓“吃早茶”。

吃早茶，是汉族名茶加美点的一种清饮艺术。用早茶时，顾客可以根据自己的爱好，品味传统香茗；同时，根据自己的口味，点上几款精美的小点。如此一口清茶，一口点心，使得品茶更加津津有味。现今，人们把吃早茶已不再单纯地看作是一种用早餐的方式，更重要地是把它看作是一种充实生活和社交的享受。如在假日，随同全家老小，登上茶楼，围坐在四方小茶桌旁，边饮茶、边品点，畅谈国事、家事，亦觉其乐无穷。亲朋之间，上得茶楼，面对知己，茶点之余款款交谈，备觉亲切。所以，许多人即便是洽谈业务、协调工作、交换意见，甚至青年男女谈情说爱，也愿意用吃早茶的方式去进行。这就是汉族吃早茶的风尚不但不见衰落，反而更加普及的缘由所在。

3. 喝大碗茶

喝大碗茶的风尚，在车船码头、大道两旁、车间工地、田间劳作等处，屡见不鲜。这种习俗，在我国北方最为流行。

煎茶大碗喝，可谓是汉族的一种古茶风。因此，自古以来，卖大碗茶亦列为中国的三百六十行之一。大碗茶多用大壶冲泡，或大桶装茶，大碗畅饮，热气腾腾，提神解渴，好生自然。这种清茶一碗，随便饮喝，无须做作的喝茶方式，虽然比较粗犷，甚至颇有些“野味”，但它听凭自然，无需楼、堂、馆、所，摆设简便，只需一张简单的桌子、几条农家式的凳子和若干只粗瓷碗即可。所以，它多以茶摊、茶亭的方式出现，主要供过路行人解渴小憩之用。由于这种喝大碗清茶的方式，贴近民众生活，人们需要它，因此，即使在生活不断改善和提高的今天，大碗茶仍然受到人们的欢迎与称道。

总之，清饮，乃是汉族饮茶的主要方式。凡有客自远方来，或者在一些重大的场合，尽管招待规格有高低之分，但清茶一杯，总是不会省的。至于自饮自乐，或者在饭前、饭后，或者在工余之暇，或者在紧张用脑和生理需要时，汉族人都习惯用清茶一杯聊以自慰。

【第二节】·我国各民族饮茶习俗

“宁可一日无食，不可一日无茶”，“一日无茶则滞，三日无茶则病”。从兄弟民族普遍流传的这些俗语中，可见茶叶在他们日常生活中所居地位之重要。在长期的饮茶过程中，各兄弟民族又自然地形成了各自不同的饮用方式。这些丰富多彩的饮茶习俗，犹如朵朵奇葩异卉，开放在我国茶文化的百花园中。

一 藏族的酥油茶

藏族主要分布在我国西藏，在云南、四川、青海、甘肃等省的部分地区也有居住。这里地势高，空气稀薄，气候高寒干旱，他们以放牧或种旱地作物为生，当地蔬菜瓜果很少，藏族人以牛羊肉、糌粑（用青稞粉做成的团子）为主食。“以其腥肉之食，非茶不消，青稞之热，非茶不解。”因此，藏族人都十分珍视茶叶，嗜好喝茶，而且饮量很大。他们最爱喝的是酥油茶。酥油茶的制法是先把茶叶放入壶中或锅中，约60克茶叶加2升水，煮沸半小时，滤出茶汁，倒入打茶筒内，再加入酥油和盐，有的还加胡桃、芝麻、花生、瓜子、松子、糖和鸡蛋等。然后趁热用木槌有节奏地上下舂打，当茶和酥油及其他作料混合均匀后，成为黄乳色的浆液，有股浓浓的酥油味，倒进茶壶，煨在火旁，随喝随倒。款待客人喝酥油茶有一定礼节。主人先把装有糌粑的竹盒放在桌子中间，每人面前放好茶碗。然后主人按序倒酥油茶。客人边喝酥油茶，边用指尖拈起糌粑，丢入口中。按藏族礼节，茶不可急于一饮而尽。第一碗应留下些许，表示还想再喝，也表示对主人不凡手艺的赞许。喝了两三碗后，如不想再喝，就将茶渣泼地，以示喝够了，主人也就不再倒茶了。

由于酥油茶是一种以茶为主料，并加有多种食料经混合而成的液体饮料，所以滋味多样，喝起来咸里透香，甘中有甜，它既可暖身御寒，又能补充营养。在西藏草原或高原地带，人烟稀少，家中少有客人进门。偶尔，有客来访，可招待的东西很少，因此，敬酥油茶便成了西藏人款待宾客的珍贵礼仪。

二 白族的三道茶

白族散居在我国西南地区，但主要分布在云南省大理白族自治州。白族人家，不论在逢年过节，生辰寿诞，男婚女嫁等喜庆日子里，还是在亲朋好友登门造访之际，主人都会以三道茶款待宾客。

三道茶，白语称“绍道兆”，是白族待客的一种风尚，大凡宾客上门，主人一边与客人促膝谈心，一边吩咐家人架火烧水。待水沸开，就由家中或族中最有威望的长辈亲自司茶，先将一只较为粗糙的小砂罐置于文火上烘烤。待罐烤热后，随即取一撮茶叶放入罐内，并不停地转动罐子，使茶叶受热均匀。但等罐中茶叶“啪啪”作响，色泽由绿转黄，且发出焦香时，随手向罐中注入已经烧沸的开水。少顷，主人就将罐中翻腾的茶水倾注到一种叫牛眼睛盅的小茶杯中。但杯中茶汤容量不多，白族认为“酒满敬人，茶满欺人”，所以，茶汤仅半杯而已，一口即干。由于此茶是经烘烤、煮沸而成的浓汁，因此，看上去色如琥珀，闻起来焦香扑鼻，喝进去滋味苦涩。冲好头道茶后，主人就用双手举茶敬献给客人，客人双手接茶后，通常一饮而尽。此茶虽香，却也够苦，因此谓之“苦茶”。白族称这第一道茶为“清苦之茶”，它寓意做人的道理：“要立业，就要先吃苦。”

喝完第一道茶后，主人会在小砂锅中重新烤茶置水（也有用留在砂罐内的第一道茶重新加水煮沸的）。与此同时，将盛器牛眼睛盅换成小碗或普通杯子，内中放上红糖和核桃肉，冲茶至八分满时，敬于客人。此茶甜中带香，别有一番风味。如果说第一道茶是苦的，那么，苦尽甜来，第二道茶就叫甜茶了，白族人称它为糖茶或甜茶。它寓意“人生在世，做什么事，只有吃得了苦，才会有甜香来”。

第三道茶更有意思，主人先将一满匙蜂蜜及3～5粒花椒放入杯（碗）中，再冲上沸腾的茶水，容量多以半杯（碗）为度。客人接过茶杯时，一边晃动茶杯，使茶汤和作料均匀混合；一边“呼呼”作响，趁热饮下。此茶喝起来回味无穷，可谓甜、苦、麻、辣，各味俱全。因此，白族称其为“回味茶”。有的主人更是别出心裁，取来一张用牛奶熬制而成的乳扇，将它置于文火上烘烤，当乳扇受热起泡呈黄色时，随即用手揉碎将它加入第三道茶中。这种茶喝起来，既能领略茶香茶味，还能尝到白族传统食品的风味，更是回味无穷。它寓意人们，要常常“回味”，牢牢记住“先苦后甜”的哲理。大凡主人款待三道茶时，一般每道茶相隔3～5分钟进行。另外，还得在桌上放些瓜子、松子、糖果之类，以增加品茶情趣。

三　土家族的擂茶

擂茶，又称三生汤。此名的由来，说法有二：一是因为擂茶是用生叶（指茶树上新鲜的幼嫩芽叶）、生姜和生米等三种生原料加水经烹煮而成的，故而得名。二是传说三国时，张飞曾带兵进攻武陵壶头山（今湖南省常德县境内），路过乌头村时，正值炎夏酷暑，军士个个精疲力竭；加之当时这一带正好瘟疫蔓延，使得张飞部下数百将士病倒，竟连张飞本人也未能幸免。正在危难之际，村上一位老草医因有感于张飞部属的纪律严明，对百姓秋毫无犯，为此，特献祖传除瘟秘方擂茶，亲研擂茶，分予将士。结果，茶到病除。为此，张飞感激不已，称老汉为“神医下凡”，说：“这是三生有幸！”从此以后，人们也就称擂茶为三生汤了。

制作擂茶时，一般先将生叶、生姜、生米按各人口味，用一定比例倒入山楂木制成的擂钵中，用力来回研捣，直至三种原料混合研成糊状时，再起钵入锅，加水煮沸，便成了擂茶。因为茶叶能提神祛邪，清火明目；生姜能理脾解表，去湿发汗；生米能健脾润肺，和胃止火。所以，擂茶有清热解毒，通经理肺的功效。说擂茶是一种治病的良药，是有一定科学道理的。喝擂茶有诸多的好处，对高寒多湿的山区人民更是如此，因此喝擂茶自然成了当地的一种习俗。于是世代相传，甚至连在当地居住的一些其他民族也都养成了喝擂茶的习惯。一般人们中午干活回家，在吃饭之前，总以先喝上几碗擂茶为快。有的老年人甚至一日三顿，一顿几碗，只要一天不喝擂茶，就会感到全身乏力，精神不爽，视喝擂茶像吃饭一样重要，称“一日三餐茶饭，总是不能少的”。良宵吉日，擂茶自然是不可缺少的佳品，土家族人民把它当做是招待亲友的一道“点心”。不过，由于每个人嗜好不同，有在擂茶中加入白糖或盐的，甚至还有加入花生米、芝麻、爆米花之类的，所以，呷茶入口，甜、苦、辣、涩、咸都有，可谓五味俱全。倘若一碗落肚，真能舒身提神，才算领略了擂茶“既是饮料能解渴，又是良药可治病”的道理。如今，随着人们生活水平的提高，擂茶的制作和选料更为讲究，在许多场合，喝擂茶还配上许多美味可口的小吃，既有“以茶代酒”之意，又有“以茶作点”之美，如此喝擂茶，更有乐趣在其间。擂茶的制作亦有所改进，通常将炸得金黄色的芝麻，炒得油亮的花生，拌进茉莉花茶，再加上雪亮的白砂糖，拌匀擂碎，然后冲入沸水调制成擂茶，它像豆浆，似乳汁，喝起来清凉可口，滋味甘醇，又有防病健身、延年抗衰之效。

四 蒙古族的咸奶茶

蒙古族同胞喝的咸奶茶，用的多为青砖茶和黑砖茶，并用铁锅烹煮，这一点与藏族打酥油茶和维族煮奶茶时用茶壶的方法不同。但是，烹煮时，都要加入牛奶，习惯于“煮茶”，这一点又是相同的。这是由于高原气压低，水的沸点在100℃以内，加上砖茶不同于散茶，质地紧实，用开水冲泡，很难将茶汁浸出来。

煮咸奶茶时，应先把砖茶打碎，并将洗净的铁锅置于火上，盛水2～3千克。至水沸腾时，放上捣碎的砖茶约25克。再沸腾3～5分钟后，掺入奶子，用量为水的1/5左右。少顷，按需加入适量盐。等整锅奶茶开始沸腾时，就算把咸奶茶煮好了。

煮咸奶茶看起来比较简单，其实滋味的好坏，营养成分的多少，与煮茶时用的锅、放的茶、加的水、掺的奶、烧的时间以及先后次序都有关系。如茶叶放迟了，或者将加入茶与奶的次序颠倒了，茶味就出不来。而烧煮时间过长，又会使咸奶茶的香味逸尽。蒙古族同胞认为，只有器、茶、奶、盐、温五者相互协调，才能煮出咸甜相宜、美味可口的咸奶茶来。为此，蒙古族妇女都练就了一手烹煮咸奶茶的功夫，可谓个个都是煮茶能手。大凡姑娘从懂事开始，做母亲的就会悉心地向女儿传授煮茶技艺。姑娘出嫁时，婆家迎亲后，一旦举行完婚礼，新娘就得当着亲朋好友的面，显露一下煮茶的本领，并将亲手煮好的咸奶茶，敬献给各位宾客品尝，以示身手不凡，家教有方，不然就会有缺少教养之嫌。

蒙古族人酷爱喝茶。其他地区的人都说“一日三顿饭”是不可少的，但蒙古族往往是“一日三次茶”，却只习惯于“一日一顿饭”。每日清晨起来，主妇们先煮上一锅咸奶茶，供全家整天饮用。蒙古族喜欢喝热茶，早上一边喝茶，一边吃炒米。早茶后，将其余的咸奶茶放在微火上暖着，以便随需随取。通常一家人只在晚上放牧回家后才正式用一次餐，但早、中、晚三次喝咸奶茶一般是不能少的。如果晚餐吃的牛羊肉，那么，睡觉前全家还会喝一次茶。至于中、老年男子，喝茶的次数就更多。

蒙古族人民如此重饮（茶）轻吃（食），却又身强力壮，这固然与当地牧区气候、劳动条件有关，还由于咸奶茶营养丰富，成分完全，加之蒙古族喝茶时常吃些炒米、油炸果之类充饥的缘故。

五 纳西族的盐巴茶与“龙虎斗”

纳西族主要生活在云南省的高山峡谷地区，海拔多在两千米以上。由于海拔高，气候干燥，主食杂粮，缺少蔬菜，茶叶早已成为他们必不可少的生活资料。当地居民普遍反映，一天不喝茶就头昏脑胀，四肢无力，严重的甚至起不了床，害“茶病”。冲盐巴茶是纳西族较为普遍的饮茶方法。居住在这里的傈僳族、汉族、普米族、苗族、怒族等民族也常饮盐巴茶。其制法是先将特制的、容量为200～400毫升的小瓦罐洗净后放在火塘上烤烫，抓一把青毛茶（约5克）或掰一块饼茶放入罐内烤香，再将火塘旁茶壶里的开水冲入瓦罐，罐内茶水即沸腾起来，冲出泡沫。有的地方将第一道茶汁倒掉，因为不太干净。第二次再向瓦罐中冲入开水至满，待沸腾停止后，将一块盐巴放在罐内茶水中，再用筷子搅拌三五圈，将茶汁倒入茶盅，一般只倒至茶盅的一半，再加入开水冲淡，就可饮用。边饮边煨，一直到瓦罐中的茶味消失为止。这种茶汤色橙黄，既有强烈的茶味，又有咸味，喝起来特别解除疲劳。一般每烤一次可以冲饮三四道。由于地处高寒地带，蔬菜缺少，故常以喝茶代替蔬菜。现在，这里的民族有的已发展到全家每人一个茶罐，“包谷（玉米）粑粑盐巴茶，老婆孩子一火塘”。茶叶已成为他们的生活必需品，每日必饮三次茶，清早起来喝一次，就着吃包谷粑粑或在火塘里煨熟的麦面粑粑，吃饱喝足后，再去劳动。中午和晚上劳动回来后又喝一次茶。

“龙虎斗”的纳西语称“阿吉勒烤”，其饮用方法非常有趣，也是他们用以治疗感冒的药用茶。将茶放在小陶罐中烘烤，待茶焦黄后，冲入开水，像熬中药一样，熬得浓浓的。同时，将半杯白酒倒入茶盅，再将熬好的茶汁冲进酒里（注意不能将酒倒入茶里），这时茶盅发出悦耳的响声，响声过后，就可以饮用了。有些人还加上一个辣椒。据当地人说，喝一杯龙虎斗，周身出汗，睡一觉后就感到头不昏，浑身有力，感冒也好了。

六 回族的刮碗子茶

宁夏回族民间茶俗甚多，有待客敬茶、三餐泡茶、馈赠送茶、聘礼包茶、斋月散茶、节日宴茶、喜庆品茶等茶俗，而且还从选茶、赠茶、用茶、点茶、配茶、煎茶、冲茶、递茶、加水、品饮、宴请等诸方面，形成了一套独特的茶事礼俗。宁夏回族民间有谚语云：“不管有钱没钱，先刮三响盖碗。”每个回族家庭至少有两套盖碗，有的多达十几套。他们喜用盖碗子饮茶，不用缸子和杯子。

回族老人每天清早礼完“榜布达”（晨礼），有喝早茶的习惯。他们围在火炉旁，烤上几片馍馍，总是要“刮”一碗子的。这碗子又称“盅子”，底小口大。茶碗、茶盖、茶托（长方形叫盅船、茶船）配套，俗称“三炮台”（好似战地碉堡）。有的茶盖上绘有蓝色的花纹或红色的小花朵，还有的绘有绿色或黑色阿拉伯文“清真”字样，既精巧美观，又方便耐用。喝茶先备一壶滚烫的开水，把茶、糖等原料放入盅内，用开水冲泡5～10分钟再喝。用盖碗盅子喝茶有很多好处，民谚云：“一防灰（清洁），二防冷（保温），三防茶叶卡喉咙（安全）。”

择茶、泡茶、配茶种类甚多，都依经济条件、茶宴大小、宾客身份、生活需要而定。一般常见的有红糖清茶、冰糖窝窝茶、三香茶（糖、枣、茶）、红四品（红茶、红枣、红糖、枸杞）、白四品（白毛尖茶、白糖、芝麻、白葡萄），还有开胃化食的五味茶，即绿茶（苦）、山楂（酸）、芝麻（香）、白糖（甜）、姜（辣），健脾强肾、提神明目的五珍茶（龙眼、枸杞、葡萄干、杏脯、祁门红茶），生津养胃、健身美容的元宝茶（珠茶、红枣、枸杞、桂圆肉、葡萄干），提气补虚、强身健骨的八宝盖碗茶（茉莉花茶、冰糖、红枣、芝麻、桂圆肉、枸杞、葡萄干、核桃仁）等。一般回族家庭除山区喝罐罐茶以外，川区回民多喝“三香茶”和“白四品”，所选茶叶有茉莉花茶、毛尖茶、陕青茶、红茶、砖茶、珠茶等。家庭条件好的喝龙井、乌龙、碧螺春等茶。

“客人远至，盖碗先上”，家里来了客人，宁夏回族多用盖碗茶来招待。他们先将盖碗擦洗干净，盛上茶叶和作料，揭开茶盖半遮掩，将沸腾的开水注入盅碗内，冲出一圈一圈浪花，恰似牡丹开花。泡约五分钟，双手递给客人。客人饮茶边喝边“刮”，不得用嘴吹或吸出声响，否则会被视为不懂茶礼、没有教养之人。喝茶时要留茶汁，不得一次喝干，要边喝边添。左手擎着托盘，右手大拇指和食指抓住盖顶，第四指卡住盖口，“刮”一下，喝一下，茶露汤色，常喝常有，清香爽口，连绵不断。这一套茶事活动，就贯穿了“轻、稳、静、洁”的饮茶礼节。“轻”指冲、刮、喝要轻，不得出声；“稳”指沏茶要稳要准，落点准确，一次沏妥当，似蜻蜓点水，不浅不溢，不漫不流；“静”指环境幽雅，窗明几净，无干扰，无噪声；“洁”指茶碗、茶水清洁卫生，一尘不染。

宁夏回族喝茶全在于“刮”，不会“刮”就等于不会喝茶。喝茶要用碗盖一下一下地“刮”动，使茶叶和作料加速溶解，使汤汁尽快变温，喝时又不会烫嘴。使用茶盖不仅可以防尘防灰、保温，而且还可起到搅拌茶叶的作用。民谚说：“一刮甜，二刮香，三刮茶露变清汤。”意思是说，“刮”第一遍时只能喝到最先溶化的糖的甜味，“刮”第二遍时，茶叶与作料经过泡制，香味完全散发出来了，这时的味道最佳。“刮”第三遍时只剩下茶叶淡淡的汤色，能起到解渴的作用。回族先民用茶消食，以茶代药，以茶代酒，继承了中华民族古老的茶文化传统。回族婚礼中的提亲裹包，以茶包为主，订婚时亲邻喝“定亲茶”，结婚时喝“喜宴茶”，婚后与老人喝“阖家茶”。“回族老人寿数长，早起礼拜喝茶汤”、“不抽烟，不喝酒，盖碗子不离手”，这些都是回族养生保健的宝贵经验，从中不难发现饮茶在回族健康生活中的重要性。

【第三节】·国外主要茶俗文化

一 韩国茶俗文化

韩国的饮茶文化也有悠久的历史。公元7世纪时，饮茶之风已经流行于民间，因而韩国的茶文化也就成为韩国传统文化的一部分。在我国的宋元时期，全面学习中国茶文化的韩国茶文化，以韩国“茶礼”为中心，普遍流行当时的“点茶”。在我国元代中期后，中华茶文化进一步为韩国理解并接受，而众多“茶房”、“茶店”、茶食、茶席也更为时兴、普及。20世纪80年代，韩国经济高速发展，茶文化开始复兴，茶礼重新出现，并把每年的5月25日定为茶日，年年举行茶文化盛典。

（一）韩国茶艺中的礼仪

韩国人十分重视礼仪道德的培养，尊敬长辈是韩国民族恪守的传统礼仪。韩国茶艺以敬和礼为基础，茶艺礼节是茶艺活动中必须遵守的规则。本节主要以生活中的行茶法中的室内茶礼为例介绍韩国茶艺礼节，并介绍主人与客人在行茶过程中应注意的礼节。

1. 韩国茶艺基本顺序

（1）迎客　接待客人时应到门口迎接客人，恭迎客人至房内，主人先入室后从年长者开始迎客至房内。进入茶室时，主人先轻开门进入茶室后，站在东侧请客人进入茶室。客人从茶室内西侧走向北侧至适当位置后，面向东侧。最后主人与客人面对面正式行礼。

（2）备具　茶具摆放应便于泡茶，一般用两个茶床，尽可能只摆放需要的茶具，避免摆放不需要的茶具。

（3）烫壶　将开水倒入茶壶中，之后将茶壶的水均匀倒入茶杯以起到温杯效果。再将茶杯中的水倒入退水器。上述操作之后，再将开水倒入熟盂中冷却到泡茶适宜温度，茶叶放入茶壶，准备泡茶之用。

（4）投茶　打开茶壶盖放好后，左手将茶筒拿到胸前，右手打开盖子放在茶床角落，右手拿起茶则取一定量的茶叶投入茶壶。投茶后先将茶则放到原位，茶筒盖子盖好放回原位，之后将茶壶盖子盖好。

（5）倒茶　倒茶时用右手拿茶壶，左手扶起袖口或者轻轻压住茶壶盖子。按人数摆好茶盏，倒茶时按从右到左的顺序，每个杯子倒1/3，反复3次倒完。茶汤量为茶杯的六成满为最适宜，最多不能超过七成。

（6）敬茶　倒好茶汤后，从主人的右边年长者开始敬茶，敬茶时右手拿茶托，放在客人前的茶床上。敬完茶后主人将自己的杯子放到身前后，对客人说："请用茶。"此时客人回："谢谢。"之后与客人一起喝茶。喝茶时右手拿起茶杯的中间部分，左手托起茶杯边观赏茶汤颜色边喝茶。喝茶时不能发出声音，要品茶叶的色香味。主人喝完一口茶后，将开水倒在熟盂中，准备第二泡茶的水。客人喝完茶后，将客人的茶杯收回，收回应注意茶杯的顺序不能颠倒。

（7）茶果　茶果是指喝茶时同时食用的水果或者糕点。茶果一般在喝完第一泡茶后等第二泡茶的间隙拿出，所以主人提前准备后放在旁边或者待机拿出。

（8）续茶　客人在食用茶果的间隙，将熟盂中的开水倒入茶罐中，准备第二泡茶。敬茶过程与第一泡茶相同。根据客人的意向可续两三次。喝完茶后客人起身离开时，主人应送到门外，出房间的顺序与进房间时的顺序相反，年幼者先出，年长者后出。客人离开后才能清洗擦干茶具，并放回原位保管。

2. 主人应遵守的礼节

（1）向客人说明准备好的茶类，询问客人的意见。

（2）双手向客人敬茶。

（3）敬茶时茶杯的手把朝向客人的右手边。

（4）泡茶喝茶时不能背向客人。

3. 客人应遵守的礼仪

入茶室时应脱掉外衣，挂在室外的衣挂上。如果没有衣挂，则在进入所指示的场所之后，折叠好放在自己身体后面。

（1）入茶室时不要戴戒指、手表、项链等金属饰物，这样才符合朴素的茶会气氛。

（2）不可穿着过于华丽的服饰，或是过于夸张地露出衬里的衣服，这些都不适合茶室气氛。

（3）入茶室事先清洗口腔与洗手，整理好自己的鞋物，以便于离开时方便穿着，事先清洁指甲，注意举止端庄，换上白色袜筒再进入茶室。

（4）进入后主动向先到的来宾行礼。

（5）离开茶室时彼此行礼致谢，整理好自己的座位，确认没有遗留果皮纸屑。

（6）不可践踏坐垫，使用完毕后应放在原来位置上。

4. 茶礼中的行礼法

礼仪教育是韩国用儒家传统思想教化民众的重要方式。韩国的茶离不开行礼，行礼的对象除了人之外还包括神、佛等，根据年龄、性别、职位、地区以及服装等的不同，其行礼的方法也有所不同。茶礼中的行礼法大约可分为草礼、平礼、真礼、拜礼四种。草礼一般是年长者向年幼者答礼时使用；平礼是年龄或官职差不多的人之间使用；真礼是年幼者向年长者或者在仪式中使用；拜礼在婚、葬、祭等仪式中使用。

（1）男子行礼　草礼时两膝跪坐，右脚放在左脚上，两手轻放在身前，并左手放在右手上，低头并身体向前倾斜15度左右。平礼与草礼相比不同点是身体向前倾斜30度左右。真礼时双手手掌完会接触地面，低头并身体向前倾斜45度左右。拜礼与真礼相似，不同点是身体尽量接近地面，更为恭敬。

（2）女子行礼　女子行礼方法有所不同。穿韩服行草礼时将右膝立起而跪坐，两手轻放在身体两侧，低头并身体倾斜15度左右；平礼与草礼相比不同之处在于低头并身体倾斜30度左右；真礼是低头并身体倾斜约45度左右；拜礼时两脚并齐跪坐，右手放在左手上，身体和头尽量接近地面，更为恭敬。穿便服行草礼时双膝跪坐，右脚放在左脚上，双手轻握，轻轻低头身体向前倾斜15度左右，平礼与草礼相似，不同之处在于向前倾斜30度左右；真礼与平礼相似，只是身体向前倾斜45度左右；拜礼时则身体尽量靠近地面，以示恭敬。

（二）韩国茶礼赏析

韩国茶艺可分为雪松行茶法、成年茶礼仪式、佛堂献茶仪式等韩国行茶法。除此之外，韩国茶礼还包括了幼儿茶礼、中小学生实用茶礼、书生茶礼等。

1. 雪松行茶法

雪松行茶法是由韩国茶道协会所创立，是主人邀请一些爱茶之士，在茶室或者其他场所品茶的一种茶礼。雪松行茶法与佛堂茶礼等仪式茶礼相比较为轻松，又比实用茶礼严肃。

（1）雪松茶礼的七项法则

① 尊重茶道精神：雪松行茶法以尊重茶道精神为基础，并将茶道精神融入到茶礼的各个环节。例如，开始泡茶时最先用茶巾轻压茶壶盖，这一过程是将陆羽《茶经》中和或者中庸的茶道铭记在心之意。之后用茶巾将茶壶擦四次，这一过程是将草衣禅师的《东茶颂》中的神与体、健与灵为一体即相合的茶道精神铭记在心之意。

② 温故知新，尊重传统：雪松行茶法是整理陆羽《茶经》、草衣禅师的《茶神传》、百丈怀海的《百丈清规》和《禅院清规》以及《朱子家礼》《梵音集茶礼》《佛教衣食集》等茶道精神的基础上所创立的。

③ 尊重礼节：雪松行茶法非常尊重礼节，可以说是从礼节开始以礼节结束。因此学习雪松行茶法一般从礼拜开始。因此，该行茶法是培养行茶者尊敬他人的品德和奉献精神的一种茶礼。

④ 尊重科学：在泡茶时，尊重茶道精神、尊重礼节，但如果不尊重现代科学，也很难发挥茶的功效。因此雪松行茶法对投茶量、水温、泡茶时间、茶叶储藏方法等提出了明确的要求。

⑤ 尊重法度：雪松行茶法除了以上应遵守的事项之外，还提倡便利、自然、遵守秩序。

⑥ 保持清洁。保持清洁是与茶道精神相关的重要礼法，最基本的是先保持自身的清洁以及场所、茶具等的清洁。

⑦ 尊重和谐之美：韩国茶礼重视人与物，甚至与环境间的和谐之美，强调茶礼应将茶人的身心与茶具融为一体。

（2）雪松茶礼步骤　雪松茶礼法具体的步骤如下。

① 待客人坐好之后，用水瓢盛开水至熟盂，水盂的开水倒入茶罐。

② 茶罐里的水倒入各茶杯后，转动两次茶杯后将水倒入退水器中。

③ 泡茶者将开水再次倒入熟盂后，放凉至适宜的温度。

④ 泡茶者右手拿着茶巾，左手拿起茶杯一个个擦拭干净，并放好。

⑤ 待熟盂中的水冷却至一定温度时，泡茶者打开茶罐盖子放在盖托上，取适量茶叶放入茶罐中。

⑥ 之后将熟盂中的水倒入茶罐泡1～3分钟。

⑦ 待泡好茶之后将茶水倒入茶杯，交给奉茶者。奉茶者从泡茶者处接过茶杯以及事先准备好的茶食放在茶盘上，走向客人致礼后再敬茶。

⑧ 客人向奉茶者答礼后，品尝茶水与茶食。

⑨ 待客人品尝好茶水与茶食后，奉茶者收回茶杯并向客人行礼后回到原位。

2. 成年茶礼仪式

在古时候韩国的成年礼仪是在女子15岁、男子20岁时，家长给他们穿上成年服装，给男子带冠、给女子带上发簪，宣告其已成为成年。成年礼的意义不在于外表形式的改变，而是社会予以承认又予以管理和约束，更为重要的是通过成年礼仪培养起受礼者的社会责任心。现在的韩国成年礼是在19周岁生日或者成年日（5月的第三个星期一）进行。

韩国成年茶礼仪式的顺序如下。

（1）受礼者穿上传统礼服，面向大门站好。

（2）宾客进入屋内后，受礼者跪拜宾客两次，宾客则答拜一次。

（3）礼拜结束后，侍者给受礼者梳发，并给受礼者插上发簪。

（4）宾客念祝词后，受礼者向客人礼拜四次。

（5）主泡者泡好茶后，侍者将茶杯奉给宾客，宾客赐茶给受礼者。

（6）受礼者喝茶后拜礼四次。

（7）受礼者向宾客宣誓尽成年的义务与责任，并拜礼两次。

（8）宾客对受礼者答拜。

3. 佛堂献茶仪式

韩国茶道协会每年在崇烈寺等地进行佛堂献茶、果、香仪式，特别是每年新茶上市时都会举行向佛堂献贡新茶仪式，其程序如下。

（1）泡茶者首先向佛献香，之后向佛祖跪拜三次；再献上花，并跪拜三次。

（2）摆放茶桌，不能正对着佛像，献茶仪式中宜使用高脚茶杯。

（3）将茶桌布叠好，并放在茶桌正右边。

（4）将开水倒入熟盂中，再用熟盂中的水清洗茶罐以及茶杯，将废水倒入退水器中。

（5）再将开水倒入熟盂中，等开水冷凉至泡茶适宜温度，在等待的时间用茶巾擦干茶杯。

（6）茶罐中置入新茶后，将熟盂中的水倒入茶罐中，泡出茶水。

（7）将茶水倒入高脚茶杯之后放在茶盘上，奉茶者双手举高茶盘至眼睛位置，走向佛殿后，交给住持。

（8）住持接过茶杯敬茶至佛坛，合掌拜礼三次。

（9）仪式结束后，泡茶者与奉茶者将佛坛上的茶水与茶食分发给观礼者品尝。

4. 高丽五行茶礼

高丽五行茶礼气势庄严，规模更宏大，展现的是向神农氏神位献茶的仪式。韩国则把中国上古时代的部落首领炎帝神农氏称作茶圣。认为神农是发现茶、利用茶的先行者，高丽五行茶礼是韩国为纪念神农氏而编排出来的一种献茶仪式，是高丽茶礼中的功德祭。

高丽五行茶礼中的五行是东方的一种哲学，五行包括五行茶道（献茶、送茶、饮茶、吃茶、饮福）、五方（东、南、西、北、中）、五色（青、白、紫、黑、黄）、五味（甘、酸、苦、辛、咸）、五行（土、木、火、金、水）、五常（信、仁、义、礼、智）、五色茶（黄茶、绿茶、红茶、白茶、黑茶）。

五行茶礼设置祭坛、五色幕、屏风、祠堂、茶圣炎帝神农氏神位和茶具。献茶仪式顺序如下。

（1）四方旗官举着印有图案的彩旗进场，两名武士剑术表演，两名执事身着蓝色和紫色官服入场，由多名女性两人一组地分别献烛、献香、献花瓶、献茶食。

（2）30名嘉宾手持鲜花，以两行纵队沿着白色地毯，向茶圣神位献花。

（3）多名女性端着大茶碗，前往献茶，有多人分成两组盘坐在会场两侧作冲泡茶的表演，并用青、赤、白、黑、黄五种颜色的茶碗向神位献茶。

（4）最后女性祭主宣读祭文。

高丽五行茶礼是国家级进茶仪式，表现了高丽茶法、宇宙真理和五行哲理，是一种茶道礼，是高丽时代茶文化的再现。茶礼全过程充满了诗情画意和独特的民族风情。

二 日本茶俗文化

（一）日本饮茶习俗

在日常生活中，日本人喝茶，是以绿茶为主。可是到了夏天，普通民众更喜欢一种叫大麦茶的冷饮茶。大麦茶、玄米茶就是将大麦和谷粒（稻子）带壳炒焦，适当加入一些绿茶或其他茶叶，然后用水煮5分钟左右，颜色近似啤酒色为最佳。可以热饮，但冷饮更美味适口。年轻人即使在寒冬腊月也偏爱冰镇大麦茶。

现代的日本待客式茶俗是以抹茶道和煎茶道为主，这两种饮茶方式成为日本的主要礼俗方式。抹茶道是将茶末放置在茶碗里通过茶筅的辅助来完成点茶并饮用。煎茶道是通过茶壶来泡茶，泡好的茶倒入茶碗饮用。这两种饮茶方式以煎茶道更贴近日常生活，抹茶道饮茶方式在现代的日常生活中几乎看不到，只有在重大活动时才作为接待来宾表演之用。日本的茶生产者也主要为这两种饮茶方式来生产加工茶叶。

（二）日本茶道礼节

日本茶道程式源于唐宋点茶文化，并发扬唐宋时“茶宴”、“斗茶”的文化精神，形成了具有浓郁特色的民族文化。日本茶道强调通过品茶陶冶情操和完善人格，强调宾主间高尚精神、典雅仪式和融洽关系。按照茶道传统，宾客应邀入茶室时，由主人跪坐门前表示欢迎，从推门、跪坐、鞠躬，以至寒暄都有规定的礼仪程式。

1. 茶室中需遵守的基本礼节

茶道的每一个动作都有严格的规定。如端起茶碗时，手持茶碗的部位，手臂弯曲多少度，移动时端起的高度、移动线路等等都有明确的规定。每一件茶道具都有正面和背面，不得乱放。茶人对待它们像对待人一样，轻拿轻放，不得有粗暴的态度或举动。进茶室时要先进右脚，出茶室时要先出左脚。在茶室内行走，越过每一块草席（榻榻米）的边框时，也要迈对左右脚。点茶时，茶道具都有规定的位置，客人也分主客、次客、末客，各有各的固定位置。

在茶室里，人们要处处表现出谦恭的态度。例如，喝茶时，要将茶碗的正面转过去，用背面对嘴喝。这一方面是表示对茶碗的尊重，另一方面是客人都能欣赏到茶碗正面的花纹形状，是对周围人的一种礼让。主人要不断地询问客人，自己点的茶、做的饭有没有不合口味的。为了衬托客人们的容貌，主人一定要穿素雅的和服。而客人为不至于在主人精心布置的茶室中喧宾夺主，也不宜穿大红大绿。这样，在茶室里参加茶事，人们都习惯于穿素雅的服装，而且不宜戴手表、首饰等，更不准喷洒香水，以免香水的气味冲乱了茶室的花香。

此外茶室布置也需避免以下几点，如有了鲜花，就不再用以花为题的绘画，如果用了圆形的茶壶，水罐就必须有角，在把花瓶或香炉放进壁龛里时，要注意不要把它放在正中，以防止它两边空间相等。

2. 茶道中的鞠躬礼仪

来宾入室后，宾主均要行鞠躬礼，有站式和跪式两种，且根据鞠躬的弯腰程度可分为真、行、草三种。“真礼”用于主客之间，“行礼”用于客人之间，“草礼”用于说话前后。

（1）站式鞠躬 “真礼”以站姿为预备，然后将相搭的两手渐渐分开，贴着两大腿下滑，手指尖触至膝盖上沿为止，同时上半身由腰部起倾斜，头、背与腿呈近90度的弓形（切忌只低头不弯腰，或只弯腰不低头），略作停顿，表示对对方真诚的敬意，然后，慢慢直起上身，表示对对方连绵不断的敬意，同时手沿腿上提，恢复原来的站姿。鞠躬要与呼吸相配合，弯腰下倾时吐气，身直起时吸气，使人体背中线的督脉和脑中线的任脉进行小周天的循环。行礼时的速度要尽量与别人保持一致，以免尴尬。“行礼”要领与“真礼”类似，仅双手至大腿中部即可，头、背与腿约呈120度的弓形。“草礼”只需将身体向前稍作倾斜，两手搭在大腿根部即可，头、背与腿约呈150度的弓形，余同“真礼”。若主人是站立式，而客人是坐在椅（凳）上的，则客人用坐式答礼。“真礼”以坐姿为准备，行礼时，将两手沿大腿前移至膝盖，腰部顺势前倾，低头，但头、颈与背部呈平弧形，稍作停顿，慢慢将上身直起，恢复坐姿。“行礼”时将两手沿大腿移至中部，余同“真礼”。“草礼”只将两手搭在大腿根，略欠身即可。

（2）跪式鞠躬 “真礼”以跪坐姿预备，背、颈部保持平直，上半身向前倾斜，同时双手从膝上渐渐滑下，全手掌着地，两手指尖斜相对，身体倾至胸部与膝间只剩一个拳头的空档（切忌只低头不弯腰或只弯腰不低头），身体呈45度前倾，稍作停顿，慢慢直起上身。同样行礼时动作要与呼吸相配，弯腰时吐气，直身时吸气，速度与他人保持一致。“行礼”方法与“真礼”相似，但两手仅前半掌着地（第二手指关节以上着地即可），身体约呈55度前倾；行“草礼”时仅两手手指着地，身体约呈65度前倾。

（三）日本茶事赏析

在日本进行茶道活动也称为茶事，举办茶事要具备以下几个条件：一是人与人的交流，真诚交流是决定茶事是否成功的重要因素；二是茶事十分讲究合理搭配，通过茶道用具的合理搭配，使自己和客人置身于和谐的茶室空间中；三是茶道具体的礼法，主人待客娴熟的动作往往使茶事达到高潮，每一份茶包含着主人的心意。

1. 日本茶事的种类

茶道根据不同的季节举行应时茶事。如新春时节举行的茶事称为“初釜”；立春之日举行的茶事称为“节人釜”等。茶事也可以赋予不同的主题，如以赏月为主要目的的茶事称为“月见”；以赏红叶为主要目的的茶事称为“红叶狩”；下雪天为赏雪举行的茶事称为“雪见”等。

此外，在茶事的分类中还有一种“茶事七式”的说法，是根据一天中茶事举行的时间点的不同，分别命名为正午、夜咄、朝、晓、饭后、迹见、不时。正午茶事开始于中午十一二点，大约需4个小时，为最正式的茶事，全年都可以举行；夜咄是在冬季的傍晚五六点开始举行；朝茶事为夏季的早晨6点左右举行；晓茶事一般为二月的凌晨4点左右举行；饭后茶事也称点心茶事，是指与吃饭时间错开的茶事；迹见茶事是指在朝、正午茶事之后，如客人要求拜见茶道具从而再次举行的茶事；不时茶事是指临时进行的茶事。

除了上述的茶事之外，也有口切茶事、一客一亭茶事、残火茶事等其他茶事。但所有的茶事中正午茶事为最基本形式。

2. 茶事准备过程

茶道的中心思想是在短时间内以名器名物、茶水为媒介，酝酿出浓厚的艺术气息，从而完成人与人之间心的交流。为了使茶事的气氛融洽，在决定进行茶事后，首先要精心挑选客人。茶事的客人分别称为正客、次客、三客、四客以及末客，其中正客责任最重，他代表所有客人的意向。茶事之前主人挑选正客之后，以正客为中心选择其他客人。定好客人名单后，主人要向客人发出邀请函，上面应注明茶事的原因、时间、地点以及客人名单，以便让客人事先对茶事有大致的了解。客人在收到邀请后，次客等到正客家里致谢，之后正客代表全体客人前往主人家向主人表示感谢，称为前礼。

每一次茶事都有主题，应根据主题事先选定好适当的茶道具。举行茶事的前几天主人应将茶室、茶庭打扫得一尘不染。在壁龛上放一瓶花，茶道用花一般选用时令花木，花的数量一般为一朵或两朵，配以一些枝叶。距茶事开始前30分钟主人或助手将门前和茶庭的地面洒上水，等候客人的到来。

客人到来后，主人请客人参观茶庭，返回茶室准备泡茶事宜完毕后，敲响铜锣，5位客人以下敲5下，5人以上敲7下，客人听到铜锣声，立即在茶庭的踏石上蹲下，静听锣声平息。之后从正客开始依次到石水盆处，用盆中的水清身净心，主人打开茶室的小出入口，客人依次膝行入茶室，拜看壁龛上的花、茶瓶和其他茶道具，由末客拉上入口的门发出轻微响声。

主人听到关门响声后，提起装满水的提桶到石水盆处，在石水盆中加满水，将水勺拿回厨房。之后主人将茶室的拉窗及挂在窗上的帘子全部揭开，室内一下子亮起来。接下来就开始进行正式的茶道礼法。

3. 日本茶道炭礼法

炭礼法是指烧沏茶水的地炉或者茶炉准备炭的程序，分别设有初炭礼法和后炭礼法。茶事需要4个小时，为了保持火势，茶事期间需要添两次炭，第一次称为“初炭礼法”，第二次则称为“后炭礼法”。炭礼法包括准备烧炭工具、打扫地炉、调整火候、除炭灰、添炭、拈香等。为了使烧水的火候恰到好处，炭的摆置方法以及位置都有严格的规定。

首先，主人将釜环挂在茶釜的两耳上，从怀中取出茶釜纸垫放在左边，提起茶釜放在茶釜纸垫上，将釜耳取下放在茶釜的左侧，然后用羽帚开始清扫地炉。客人们看到主人开始清扫地炉，便依次至炉边拜看炉中情景。

接着主人用灰匙往地炉里撒上温灰，温灰要撒在放炭位置边上，一是为了保持茶室的整洁，二是为了使火力集中于中央，加上火势。撒完温灰后再用羽帚清扫一遍炉沿、釜架。之后主人开始往地炉中添炭，添炭时主人左手夹箸，右手将炭放入地炉，将火箸递到右手，依次用火箸添加各种炭。主人将炭加入地炉后，客人从末客开始依次回到自己的座位。

主人用羽帚再进行一次打扫，然后打开香盒，用火箸将香盒中的香夹入地炉中。使用风炉时用的是白檀、沉香等香木，装在用木头、贝壳等制成的香盒中，而使用地炉时用的是用数种香料炼成的炼香，装在陶制的香盒中。主人放完香，客人请求拜看一下香盒，主人将香盒放在左掌中，用右手向内转两次之后，摆在相邻的榻榻米上。然后用和釜环将茶釜放回地炉上，收拾好道具，将灰器撤走之后，客人取来香盒细细拜看。主人回座后，客人欣赏完香盒送回，由正客向主人询问有关香盒及香的情况，主人回答完毕后，拿起香盒走出茶室，在茶室门外行跪拜礼，然后关上拉门退出，添炭技法表演就此结束。

4. 点茶技法

点茶技法是主人制茶、客人品茶的一整套的程序章法，包括浓茶技法和薄茶技法。如上所述，日本茶道的点茶技法来源于中国宋代的点茶，与宋代的点茶相比，更注重的是点茶时的一举一动。日本茶道的点茶技法对位置、动作、顺序、姿势、移动路线都作了严格的规定，其规则十分烦琐。此外，日本点茶技法的种类也非常多，流派及茶人学习阶段的不同，其点茶技法也不同。初学者一般从学习薄茶技法开始，一般点一次薄茶大致需要20分钟，点薄茶的水温为80℃左右，茶粉量为1.75克左右。点浓茶需要30分钟左右，水温也与点薄茶一样，而茶粉量略多，为3.75克。浓茶技法与薄茶技法相比细节上略有不同，但大致相同，因此主要介绍点薄茶的过程。

（1）将放有薄茶盒、茶勺、茶刷、茶碗、绢巾、茶巾的托盆放在茶道口处，在门外跪坐下来，行一礼，并说：“请允许我为您点茶。”用双手端起托盆，站起来，右脚先迈过门坎，走进茶室。在火炉前坐下，将托盆放在风炉正面。

（2）拿污水罐进入茶室，在风炉前方坐下，将放在正面的托盆移到靠客人的右边，污水罐移到左膝边上，端正坐姿。

（3）左手拿起绢开始折叠，叠时速度要不紧不慢。叠好后再用左手拿起薄茶盒，用叠好的绢巾擦拭，然后将茶盒放回托盆。

（4）重叠绢巾，叠好后用右手拿起茶勺，用绢巾擦拭，然后将茶勺再放于托盆上。用右手拿起茶刷，放在薄茶盒的右侧，将茶巾放在托盆的右下方。

（5）用绢巾将茶釜的盖子盖上，用左手提起茶釜，在茶碗中倒入热水后放加风炉，将绢巾搭在托盆的左侧边。

（6）用右手拿起茶刷，将茶刷放入茶碗内，以热水浸过，然后放回原处。用右手拿起茶碗，然后再用左手将茶碗中的水倒入污水罐。用右手拿起茶巾，擦拭茶碗。将放在茶巾的茶碗放回托盆原处，然后再将茶巾放回托盆原处。

（7）用右手拿起茶勺，对客人说："请用点心。"用左手拿起薄茶盒，打开盖子，将盖子放在托盆的右下侧。用茶勺将茶盒中的茶粉舀入茶碗中，用茶勺在茶碗口上轻磕几下，将沾在茶勺上的茶粉磕掉，给薄茶盒盖上盖子，放回托盘，并将茶勺放回原处。

（8）用右手拿起茶巾，用左手提起茶釜盖子，在茶碗中倒入热水。左手扶碗，右手用茶刷点茶，快速均匀地上下搅动，直到泛起一层细泡沫为止，泡沫越多越厚越细越好，点好后用茶刷在茶碗里划一圈，茶刷从茶碗正中间离开茶面，茶面中间稍稍隆起，将茶刷放回原处。

（9）右手拿起茶碗，放在左手，用右手向内转两圈，放在相邻右侧的榻榻米上，茶碗的正面朝向客人。客人自己来取茶，等候客人喝完茶之后将空碗送回。右手将客人送回的空碗拿起，将正面转向自己，放回托盆的原处。在茶碗里倒入热水，用右手拿起，交给左手，将茶碗的水倒入污水罐。

（10）客人说："请收起茶具吧。"这时行礼说："请让我收起茶具。"在茶碗里倒入热水，用右手拿起茶刷，用茶碗中的热水清洗，清洗碗后将茶碗中的脏水倒入污水罐。将茶巾放入茶碗当中，放回托盆，再拿起茶刷放入茶碗中。

（11）用右手拿起茶勺，用左手将污水罐往后挪，再用右手拿起绢巾，叠好后用绢巾擦拭茶勺，之后将茶勺搁在茶碗上，将茶盒放回最初的地方。在污水罐上方抖掉绢巾上附着的脏东西，将茶釜的盖子打开一条缝。再次叠绢巾，叠好后别在腰间。端起托盆，放回正面，将污水罐端到茶道口处，再端起托盆，回到茶道口。

（12）在茶道口最后行一礼，结束点茶技法的表演。

5. 茶事结束之后的一些礼节

茶礼结束后，从正客开始依次互致道别之礼，客人致礼完毕后，再拜看一遍壁龛和炉，然后从茶室小出入口退出，由最后一位客人关上门。在客人拜看壁龛时，主人退出茶室，听到关门声后再次入室，打开茶室小出入口的门。主客最后再互行一礼，主人目送客人。

茶事结束后的第二天，主客要再次到主人家向主人致谢，这称为"后礼"。现在"前礼"和"后礼"也可以通过电话来完成。

三 英国茶俗文化

虽然只经历了400多年的发展，英国人的生活已经与“茶”不可分割。20世纪初，丘吉尔担任英国自由党商务大臣时，曾经把准许人们在工作期间享有饮茶的权利作为社会改革的内容之一，这个传统一直延续至今，各个行业每天上下午都有法定的饮茶时间。英国至今仍然坚守着这份独特的文化，很多人按部就班地从早到晚一茶不落，以至于很多外国人无法接受英国人的癖好，到了英国，你会发现经常办事找不到人，都算好时间喝茶去了，一顿茶少说也要20分钟，在今天竞争这么激烈的世界，确实令人吃惊。“茶”伴随英国走过了4个世纪，对于这个欧洲岛国而言，茶已经是一种深入骨髓的东西，是他们的生活、思想、甚至全部生命不可分割的一部分，它会改变，但绝不会消亡。

英语中专门有Teatime一词，指的就是占据英国人1/3生命的饮茶时间。英式红茶更是以名目繁多、内容丰富闻名于世，其主要内容包括以下方面。

1. 英式早茶

英国人在晨起时要饮“早茶”，又称“开眼茶”，即Breakfast Tea；有时在早茶之前还会有“床头茶”，即清晨一睁眼靠在床头就能享受的茶，称Early Morning Tea。而早茶以红茶为主，是英国招牌茶的重要内容之一，它集浓郁和清新于一体，色泽和口感都相当出色。正统的早茶要精选印度阿萨姆、锡兰（现斯里兰卡）、肯尼亚等地红茶调制而成（比例为40%锡兰茶、30%肯尼亚茶、30%印度阿萨姆茶），因此早茶的口感来自锡兰、浓度来自阿萨姆、色泽来自肯尼亚，最适合早上起床后饮用，英国人早晨若没有喝上一杯浓香的加了牛奶的早茶会感到怅然若失。

另外在英国还有一个传统，就是在清晨给家中的客人送上一杯香浓的早茶。这是唤醒客人的最好办法，而且主人可以顺便询问客人的就寝情况以示关心。在不少英国家庭中，特别是对于家庭中的成年人，这种早茶习惯被视为一种享受，但是随着工业社会生活节奏的加快，喜好早茶的英国人大多只能在非工作日和周末的早晨才能享受早茶的温馨，或者有些丈夫为了讨好自己的妻子或者制造一些久违的浪漫气氛，在早晨妻子初醒时奉上一份浓郁的早茶和精致的点心，以博得太太的笑容，这种方式更倾向于“床头茶”。

2. 英式上午茶

英式上午茶是英国饮茶习惯之一，又称“公休茶”（Tea Break），大约持续20分钟。在上午11点，无论是空暇在家享受生活的贵族还是忙碌奔波的上班一族，都要在这一时间休息一会儿，喝一杯茶，他们称之为“eleven's”，即早上十一点时的便餐，所以上午茶可以看成是英国人工作间隙的一种很好的调剂方式。但是上午茶由于客观条件的约束，不可能很繁琐，所以成为英式茶中最简单的部分。

3. 英式下午茶

英文名称Afternoon Tea，这其实才是真正意义上的英国茶文化载体，因为历史上不曾种过一片茶叶的英国用从中国的舶来品创造了自己优美独特的饮用方式和内容，赋予饮茶以新的文化内涵。英国茶正是凭借其内涵丰富、形式优雅的“英式下午茶”享誉世界，而“英式下午茶”更是成为英国人典雅生活的象征。下午茶的专用茶常是大吉岭茶、伯爵茶、中国珠茶或者锡兰茶等传统口味的纯味茶，若是选择奶茶，要求先倒入牛奶再放茶水。

英式下午茶的缘起与贝德福公爵夫人有关。18世纪初，一般人吃晚饭的时间越来越晚，大概要到晚上7点到8点，午餐过后很多人就不再进食，而午餐分量一向不多，一个漫长的下午和傍晚过后很多人都受不了。当时贵族纷纷醉心于细致的生活享受，贝德福公爵夫人社交广泛，有很多朋友来其别墅聚会，但是到了下午5点左右，很多客人都会感到饥饿，公爵夫人于是兴起一个念头，她让婢女在下午5点时将所有茶具移到起居室并且准备好一些面包加奶油，这样就可以满足自己和客人们的需求，更好地打发下午的惬意时光。这一尝试令公爵夫人觉得茶和点心的搭配完美无比，非常舒心可口，于是她开始广泛邀请朋友来到她的起居室参加下午的茶会，这就开启了英国上流社会一种崭新的社交方式。当时的女士们一定要在合适的公共场合一起享受下午茶，也就是利用这个机会约朋友聊聊家常、聊聊时尚和社会新闻，很多上流女性根本上是想利用这种形式体现她们的品位，好让路过的人看到她们悠闲地喝着茶，以优美的姿势细细品味一小口比指甲还小的面包或是甜饼干。

而随着饮茶方式的改良和茶点内容的丰富，下午茶被接受和享用的范围日益扩大，而在下午茶的推广过程中起到至关重要作用的是维多利亚女王，其统治时期（1837—1901年）是大英帝国最鼎盛时期。那时文化艺术极大发展和繁荣，人们追求的是精致的生活格调，女王也不例外，她同样认为下午茶是一种很好的缓解压力和体味人生的形式。有了统治者的推崇下午茶才真正能够普及开，而人们现在提及的传统的英式下午茶的专有名词就是“正统英式维多利亚下午茶”，可见这位女王在英国茶文化推广过程中的地位。

正式的英式下午茶是最讲究，也是内容最丰富的，首先要选择最好的房间作为下午茶聚会的处所，所选取的必须是最高档的茶具和茶叶，就是点心也要求精致，一般是用一个三层的点心瓷盘装满点心（必须是纯英式的）：最下层是用熏鲑鱼、火腿和小黄瓜搭配制作的美味的三明治和手工饼干；第二层是传统英式圆形松饼（Scone）搭配以果酱和奶油；第一层放的是最令人胃口大开的时令水果塔和美味小蛋糕。食用时也必须按照从下而上的顺序取用，英式圆形松饼的食用方法是先涂果酱，再涂上奶油，吃完一口再涂下一口，而涂抹松饼常用玫瑰果酱，其质地较稀，加在玫瑰茶中也相当可口。除了有对茶和点心这两位主角的严格要求外，传统下午茶还少不了悠扬的古典音乐作为背景，当然，另外一个必需的要素就是参加者的好心情。如此美妙的生活就是一种艺术，简朴而不寒酸，华丽而不奢靡，代表一种格调，一种纯粹的生活的浪漫。正是因为英国人如此重视下午茶，才使得400年来这种优雅的生活方式不断延续发展，创造出英国人恬静、高贵、精致的生活。正是下午茶构成英国饮茶内容中最核心的部分，承载着茶文化，因此，也有人说，领悟英式茶文化，就是要掌握一套完整的下午茶生活方式。

第八章

中华茶文化的核心——茶道

中国茶文化历史悠久，渗透在中华文化的方方面面。无论是皇宫贵族、文人墨客、官员将士、普通老百姓，还是放下世缘、专心修道悟道的僧侣，无不对茶有着普遍的爱好。茶文化深刻地影响着中国社会的生产、制度、风俗、艺术、学术、思想情操、经济和贸易等。几乎是包罗万象的茶文化，其背后蕴含的茶道理念是其灵魂与核心。茶圣陆羽《茶经》“一之源”就开宗明义地指出“茶之为用，味至寒，为饮最宜。精行俭德之人，若热渴凝闷，脑疼目涩，四肢烦，百节不舒，聊四五啜，与醍醐、甘露抗衡也”。这指出了一个行为精当、品德俭约、高尚的人喝茶时的精神享受是美妙绝伦，可与醍醐、甘露抗衡媲美；指示茶人应该追求个人内在的德行，才可提升自己喝茶的品位；意味着要真正拥有幸福，不在于物质方面的享受，而是个人德行的提升。正如孔子赞叹学生颜回的美德：“一箪食，一瓢饮，居陋巷，人不堪其忧，回也不改其乐，贤哉回也。”“精行俭德”作为陆羽《茶经》中的茶道道德观的核心，贯穿于《茶经》全文，也是陆羽一生的行为准则。受其影响，唐末刘贞亮和日本的明惠上人先后提出了“茶十德”和“饮茶十德”，茶道也成为了茶文化的灵魂与核心。

【第一节】·茶道的基本含义

“道可道，非常道”，这意味着“道”的神韵非言语所能表达。“茶道”同样有很深的内涵，很难从文字上给其一个确凿的定义，但从茶文化点点滴滴的现象中可以折射出茶道的内容。茶道包括两方面的内容：一是备茶品饮之道，即备茶的技艺、规范和品饮方法；二是思想内涵，即通过饮茶陶冶情操、修身养性，把思想升华到富有哲理的境界。也可以说是在一定社会条件下把当时所倡导的道德和行为规范寓于饮茶的活动之中。这两个基本点，在《茶经》中都明显得到体现。关于茶道，中外学者对其有不同角度的理解与描述。

一 日本人对茶道的解释

日本是深受中国文化影响的一个民族，茶道也不例外。唐宋时期通过来华学习的僧侣和使者，将中国的茶及茶文化带到了日本。千百年来茶也一直受日本人的青睐并逐渐形成了他们自己的饮茶风格。有关茶道的论述，比较有代表性的有谷川激三、久松真一、熊仓功夫、仓泽行洋等几位学者。谷川激三先生在《茶道的美学》一书中，将茶道定义为：以身体动作作为媒介而演出的艺术。它包含了艺术因素、社交因素、礼仪因素和修行因素等四个因素。日本学者久松真一则认为：茶道文化是以吃茶为契机的综合文化体系，它具有综合性、统一性、包容性。其中有艺术、道德、哲学、宗教以及文化的各个方面，其内核是禅。熊仓功夫先生指出：茶道是一种室内艺能。艺能是人本文化独有的一个艺术群，它通过人体的修炼达到陶冶情操完善人格的目的。人本茶汤文化研究会仓泽行洋则主张：茶道是以深远的哲理为思想背景，综合生活文化，是东方文化之精华。他还认为，道是通向彻悟人生之路，茶道是茶至心之路，又是心至茶之路。

二 我国学者对茶道的解释

受老子“道可道，非常道。名可名，非常名”的思想影响，“茶道”一词从使用以来，历代茶人都没有下过一个准确的定义。直到近年来才有一些学者尝试着从某个角度来给其一个定义。

吴觉农先生认为：茶道是把茶视为珍贵、高尚的饮料，饮茶是一种精神上的享受，是一种艺术，或是一种修身养性的手段。庄晚芳先生认为：茶道是通过饮茶的方式，对人民进行礼法教育、道德修养的一种仪式。庄晚芳先生还归纳出中国茶道的基本精神为：“廉、美、和、敬”。他解释说：“廉俭育德、美真康乐、和诚处世、敬爱为人。”陈香白先生认为：中国茶道包含茶艺、茶德、茶礼、茶理、茶情、茶学说、茶道引导七种义理，中国茶道精神的核心是和。中国茶道就是通过饮茶，引导个体在美的享受过程中走向完成品格修养以实现全人类和谐安乐之道。陈香白先生的茶道理论可简称为“七艺一心”。周作人先生则说得比较随意，他对茶道的理解为：“茶道的意思，用平凡的话来说，可以称作为忙里偷闲，苦中作乐，在不完美现实中享受一点美与和谐，在刹那间体会永久。”台湾学者刘汉介先生提出：“所谓茶道是指品茗的方法与意境。”

佛教也认为：“道由心悟”，如果一定要给茶道下一个定义，把茶道作为一个固定的、僵化的概念，反倒失去了茶道的神秘感，同时也限制了茶人的想象力，淡化了通过用心灵去悟道时产生的玄妙感觉。

【第二节】·中华茶文化与儒、道、佛的关系

儒、道、佛是中国的传统文化，称为三教。教是指教育，不是宗教。中国之所以能实现大一统的长治久安局面，究其原因是就是中国人懂得教育。中国有五千年的教育智慧、五千年的教育经验、教育方法和教育成果。中国老祖宗世世代代如何教导我们，教导的主要内容是什么？主要是通过儒释道三教，教伦理、教道德、教因果。在中国历史上，儒释道三家从源头上来说都是教育，都包含了伦理、道德、因果、哲学、科学的内容。清朝雍正皇帝阐释儒释道三教是“理同出于一源，道并行而不悖”。儒释道三教教化了中华民族几千年，教育的目的是使人转恶为善、转迷为悟、转凡成圣，教育的效果是人心向善、社会安定。茶文化的核心茶道，其内容也包含伦理、道德、因果、哲学、科学的教育，与儒佛道有共同的思想基础，因而茶文化自然而然融入了儒、道、佛，与儒、道、佛的境界相互渗透，儒家之礼、道家之闲、佛家之养在茶文化活动的氛围中体现得淋漓尽致。

一 茶文化与儒家思想

（一）儒家思想的主要内容

儒家思想是中华文化的根源，自汉武帝实施“罢黜百家，独尊儒术”以来，儒家思想就成为了中华民族的治国方针。宋朝朱熹从儒家著作中选出《大学》、《中庸》、《论语》、《孟子》，而编成《四书集注》，一直被帝王定为科举考试的内容，直至清朝末期。因而儒家思想成为中国文化的主轴，是中国文化的正统。儒家思想究

竟包含哪些基本内容呢?《汉书·艺文志》中曾有几句话概括说：儒家思想“游文于六经之中，留意于仁义之际，祖述尧舜，宪章文武，宗师仲尼，以重其言，于道最为高”。这里包含的四个关键内容：六经、仁义、尧舜文武、仲尼，最终宗师定位于仲尼。

孔孟为儒家的典型代表人物，尤其孔子是儒家的创始人。孔子之前，数千年的中华文化，因为有孔子而得以流传；孔子之后，数千年的文化，也因为有孔子而得以开启。古人曾说：“先孔子而圣者非孔子无以明，后孔子而生者非孔子无以法。”人们赞叹“天不生仲尼，万古如长夜”；又赞孔子“德侔天地，道冠古今，删述六经，垂宪万世”。因而大成至圣先师孔子的思想代表了中国传统文化的主流。

孔子思想归纳为仁、礼、中庸。“仁”之一字，体现了中国老祖宗的造字智慧。它的意思是两个人，即自己和别人，也就是心中同时有自己和别人。“己所不欲，勿施于人”；“己欲立而立人，己欲达而达人”即是“仁”提醒我们待人接物的基本原则。“仁”指德性原则，是人的本性；“礼”指伦理规范，是仁在生活中的具体落实。礼是孔子终身学习、奉行、传授的内容，以礼治国是孔子的一贯主张。礼的根本是仁、是爱，落实在生活中是五伦八德。五伦是父子有亲、君臣有义、夫妇有别、长幼有序、朋友有信。八德是孝、悌、忠、信、礼、义、廉、耻。五伦八德以“父子有亲”为原点，也就是以孝、以爱为原点。仁者爱人，孝为仁之根本。“爱人”首先从爱父母做起，渐次扩充至对家族、对国家乃至对全人类、对天地万物的真诚爱心。内怀其仁，外依其礼，做人处事，执中而用，力求其正，既不可不够，也不可过分，称为中庸之道。

（二）儒家思想贯穿茶文化

唐末刘贞亮概括了饮茶十德，即：“以茶散郁气，以茶祛睡气，以茶养生气，以茶除病气，以茶利礼仁，以茶表敬意，以茶尝滋味，以茶养身体，以茶可行道，以茶可雅志”。其中的六德主要叙述的是饮茶对身体健康方面的作用，属于茶的物质功能。而茶文化的核心与灵魂则是茶道。中国人“以茶利礼仁”“以茶表敬意”“以茶可行道”“以茶可雅志”，这四德都是通过饮茶贯彻儒家的仁、礼、中庸等道德观念。

仁是礼的根本，礼是仁在生活中的具体应用，中庸之道是对礼的恰当把握。儒家之礼，在古人生活中，占有十分重要的位置，《礼记·曲礼》中就有这样一段话：

“道德仁义，非礼不成；教训正俗，非礼不备；分争辨讼，非礼不决；君臣上下，父子兄弟，非礼不定；宦学事师，非礼不亲，班朝治军，莅官行法，非礼威严不行；祷祠祭祀，供给鬼神，非礼不诚不庄。”说明礼仪作为一种行为规范，是多层次的道德规范体系中最基础的道德规范，属于道德体系中社会公德的内容。如文明举止、谦恭礼让、礼貌待人、与人为善、诚实守信、孝敬父母、尊师敬长、爱护公共卫生、遵守公共秩序、维护社会公益、尊重与爱护他人的劳动等，这些既是礼仪规范的要求，又是中华民族的传统美德。礼仪不仅显示出人的道德情操和知识教养，也能帮助人们修身养性，完善自我。

1. 各种茶礼折射儒家的仁爱思想

中国自古被誉为“礼仪之邦”，“茶礼”之举向来作为正伦序、明典章的重要手段。中国的茶礼反映在生活的方方面面。

（1）赐茶 《茶经》中记载，早在三国时期，“孙皓每飨宴坐席，无不率以七升为限，虽不尽入口，皆浇灌取尽。曜饮酒不过二升，皓初礼异，密赐茶荈以代酒”。唐代赐茶之风尤盛，如“唐德宗每赐同昌公主馔，其茶有绿华、紫英之号”，“元和时，馆阁汤饮待学士者，煎麒麟草（茶的别名）”，唐大中三年，宣宗赐给120多岁的东都僧茶50斤。《宋史》载：“旧赐大臣茶有龙凤饰，明德太后曰：‘此岂人臣可得？’命有司别制入香京挺以赐之。”

贡茶是臣子对皇上的礼节，而赐茶是皇上对臣子的恩宠，贡茶与赐茶的起源均体现了君仁臣忠的儒家思想。

（2）赠茶 随着饮茶习俗的普及，茶渐成友谊的载体，亲朋好友之间以茶相赠，礼轻仁义重。因其纯洁高雅，文人更看重。故唐宋诗人喜以谢茶、赠茶为题吟诗，不乏脍炙人口的佳句。如“蜀茶寄到但惊新，渭水煎来始觉珍”（白居易《萧员外寄新蜀茶》）、“愧君千里分滋味，寄与春风酒渴人”（李群玉《答友人寄新茗》）、“故人有意真怜我，灵荈封题寄荜门”（王令《谢张和仲惠宝云茶》）、“因甘野夫食，聊寄清玉家”（黄庭坚《寄新茶与南禅师》）。一些廉洁的官吏，百万巨金相赠婉拒不受，赠茶却肯笑纳。如“寿州刺史张镒，以饷钱百万遗陆宣公贽。公不受，止受茶一串，曰‘敢不承公之赐。’”文人赠茶，平民百姓亦染此风。杭州某些地方喝“七家茶”，即在每年立夏日煎煮新茶，配上茶点，馈赠亲邻，左三家，右三家，加上主家，七家共饮佳茗。江南某些地区有茶亭赠茶习俗，一些乐善好施之士，于闹市通衢、码头道口，建茶亭、茶棚，或设茶摊，煎茶饮行人，分文不取。

（3）敬茶　谚曰："待客茶为先"，"茶好客常来"，"来客无烟茶，算个啥人家"。联曰："客至心肠热，人走茶不凉"，"山好好，水好好，开门一笑无烦恼；来匆匆，去匆匆，饮茶几杯各西东"，"不费一文钱，过客莫嫌茶水淡；且停双履脚，劝君休说路途长"，"客人来了先问好，净手烫杯把茶泡。泡茶之礼有门道，水满七成最为妙。凤凰点头三鞠躬，动作连贯手灵巧。双手捧茶敬客人，微笑致意有礼貌。"

这些谚语和联语所表达的都是敬茶的礼仪。中国人待客不外乎烟、酒、茶。烟有损健康，并非人人皆好；酒有烟之弊，且性烈价昂，醉酒误事更有违待客初衷；相比之下，还是茶较为大众化，无论男女老幼，无论士农工商，无论东西南北，适用于各种社交场合，茶是老资格的"公关饮料"。敬茶之礼，昭示着人情之美、教养之功、礼遇之恩。

（4）茶会　茶宴、茶话、茶会形式类似，是以茶联谊，表示友情。茶宴重在宴请，配有细果点心，或素淡菜肴，一饮二吃。《晋中兴书》载："陆纳为吴兴太守时，卫将军谢安常欲诣纳。纳兄子俶，怪纳无所备，不敢问之，乃私蓄十数人馔。安既至，所设唯茶果而已。俶遂陈盛馔，珍馐必具。及安去，纳杖俶四十，云：'汝既不能光益叔父，奈何秽吾素业。'"

这段文字不仅反映了陆纳以茶交友，还表现了他对茶的深刻理解，称为"素业"，即以此倡廉，对抗奢靡的世风，杖其兄子以寓教化，这就不仅仅是饮茶了，他贯彻了儒家的廉洁为政的思想。

茶话会是茶会的变化形式，重在以茶助谈兴，或有明确主题，或天马行空。文人才子相会，以茶代酒，一边品茗，一边畅谈文学。茶好景好，文思敏捷。宋代还有一种茶会，具同乡会性质，"太学生每路有茶会，轮日于讲堂集茶，无不毕至者，因以询问乡里消息"。莘莘学子们远离家乡在异地读书，便以茶结同乡之缘，叙同乡谊，互通家乡消息，以慰游子之思。

现代一种新的茶会——"无我茶会"，是由原台湾陆羽茶艺中心总经理，现陆羽茶学研究所所长蔡荣章先生，首先提出并构思创建的。这是一种群众性的茶会形式，是一种人人泡茶、人人敬茶、人人品茶的全体参与式茶会。在茶会中以茶为媒介，广为联谊，有益于同学和朋友之间的交往，培养团结默契的精神。可结合各种主题开展活动，增进友谊，交流感情，活跃身心。

赠茶、敬茶和各种茶会渗透在日常生活的方方面面，点点滴滴均表现了儒家的仁爱思想。

（5）茶叶与祭祀　祭祀是中国最重要的礼节，是孝道的教育，而孝道是中国传统文化的根本。“孝”之一字也体现了中国老祖宗造字的高度智慧。它的上面是“老”字头，代表上一代；下面是“子”字，代表下一代。这个字告诉我们什么叫孝，上一代跟下一代是一体，不能分的，这叫孝。上一代还有上一代，过去无始；下一代还有下一代，未来无终。无始无终是一个整体，也就是我们和祖宗是一体。敬祖宗是中国人最重要的信仰，自天子以至于庶人皆视祭祀为神圣的大事，因而祭祀成为中国最重要的礼节。

用茶叶祭祀祖宗，在古代中国也成为一种普遍的习俗。有文字记载的，可追溯到两晋南北朝时期，梁朝萧子显在《南齐书》中谈到，南朝时，齐世祖武皇帝在他的遗诏中有“我灵座上，慎勿以牲为祭，但设饼果、茶饮、干饭、酒脯而矣”的记载。此前东晋干宝所撰《搜神记》有“夏侯恺因疾死，宗人字苟奴察见鬼神，见恺未收马，并痛其妻，著平上帻，单衣人，坐生时西壁大床，就人觅茶饮。”至于用茶作为丧者的随葬物，这种习俗在我国不少产茶区一直沿用下来，如湘中地区丧者的茶枕，安徽丧者手中的茶叶包。

在中国人的祖先崇拜中，儒教讲究的是“慎终追远，民德归厚”。朱熹的解释是“慎终者，丧尽其礼；追远者，祭尽其礼。”所谓“生，事之以礼。死，葬之以礼，祭之以礼”，既然人们认为焚化纸钱、衣物都是为亡灵所用，那么被誉为“琼浆甘露”的茶，在其祖先的生前必不可少，死后又有什么理由不陈供呢？为了纪念祖先亡灵，作为后辈自然要勤供茶汤以及其他物品，不能疏忽大意。通过祭祀实践慎终追远、孝道的教育，其结果是民德归厚，社会安定。

2. 茶文化中的中庸之道

茶之为物，最为高贵醇厚，而茶人茶事必需相应地纯洁平和，茶道以“和”为最高境界。可以说在漫长的茶文化历史中，中庸之道或“中和”一直是儒家茶人自觉贯彻并追求的哲理境界和审美情趣。这在诸多的文化典籍如《尔雅》《礼记》《晏子春秋》《华阳国志》《桐君录》《博物志》和《凡将篇》等内容中，都有所体现；而在《茶经》等茶文化专著中，也同样贯注了这种精神。无论是宋徽宗的“致清导和”、陆羽的谐调五行的“中”道之和、裴汶的“其功致和”，还是刘贞亮的“以茶可行道”之和，都有着中庸之道的深刻内涵。

儒家茶文化注重人格思想，所谓高雅、淡洁、雅志、廉俭等，都是儒家茶人将中庸、和谐引入茶文化的前提准备。只有好的人格才能实现中庸之道，高度的个人修养才能导致社会的完美和谐。儒家认为中国人的性格就要像茶，清醒、理智、平和。因此，儒家便以茶的这种亲和力作为协调人际关系的手段。通过饮茶，营造一个人与人之间和睦相处的和谐空间，达到互敬、互爱、互助的目的，从而创造出一种尊卑有序、上下和谐的理想社会环境。

二 茶文化与道家思想

（一）道家思想的主要内容

道家思想以老子、庄子为代表，尤以老子的《道德经》举世闻名。“一生二，二生三，三生万物”，“人法地，地法天，天法道，道法自然。”这是道家思想的根本。这个自然，不是指自然界的自然科学，而是指宇宙空寂的自性本体，无法用语言文字表达。道家提出的“无为而又无所不为”，不是说人无所事事，而是教人心里放下得失分别，顺应自然而不妄为。齐物论是庄子哲学的核心思想。它是一种齐彼此、齐是非、齐物我的相对主义理论。他说：“道无终始，物有死生，不恃其成。一虚一满，不位乎其形。”认为事物无时无刻不在变移，其形态绝不固定。由于过分强调绝对运动，否定相对静止，导致否定事物质的规定性。他认为，从“道”的观点看来，一切事物都是无差别的，人们对事物的认识本来就没有确定不移的是非标准。

（二）中国茶文化中“天人合一”的道家思想

道家思想，一言以蔽之，就是“道法自然”。“天地生物，各遂其理”，茶是契合自然之物，茶道是“自然”大道的一部分。茶道无所不在地显示了自然。所谓“自然”者，对茶人来说，就必须真正地以自然而然的态度与精神去合于“天然之道”，以素朴的人性与茶的本性契合。这些都是茶人从道家思想中得到启发并发展起来的茶人的原则。

中国茶道强调“道法自然”，包含了物质、行为和精神三个层面。在物质方面，认为茶是“南方之嘉木”，是大自然恩赐的“珍木灵芽”，在种茶、采茶、制茶时必须顺应大自然的规律才能生产出好茶；在行为上，讲究在茶事活动中，一切都要以自然为美，以朴素为美：动则如行云流水，静则如山岳磐石，笑则如春花自开，言则如山泉吟诉，举手投足之中都应发自自然，任由心性，毫无弄巧造作；在精神方面，“道法自然，返璞归真”表现为使自己的心性得到完全的解放，心境清静、怡然、寂寞、无为，仿佛与宇宙相融合，升华到“天人合一”的境界。

例如，陆羽不仅研究茶的物质功能，还研究其精神作用。如烹茶一节，既观水、火、风，又体会物质变化中的美景与哲理。煮茶时，出现泡沫，陆羽形容其变化说：“华之薄者曰沫，厚者曰饽，细轻者曰花。如枣花漂漂于环池之上，又如回潭曲渚青萍之始生，又如晴天爽朗有浮云鳞然。其沫者，若绿钱浮于水渭，又如菊英堕于尊俎之中，重华累沫，皤皤然若积雪耳。”在陆羽的眼里，茶汤中饮食孕育着大自然最洁静、最美好的品性。在烹制、冲泡品茗或奉茶之中使情景合一，把个人融于大自然之中。卢仝饮茶，感到的是清风细雨一样向身上飘洒，可以“一瓯瑟瑟散轻蕊，七碗清风袭两腋”。宋代大文学家苏轼更把整个汲水、烹茶过程与自然结合。他的《汲江煎茶》诗云：“活水还需活火烹，自临钓石取深清。大瓢贮月归春瓮，小杓分江入夜瓶。雪乳已翻煎处脚，松风呼作泻时声。枯肠未易禁三碗，坐听荒城长短更。”诗人临江煮茶，首先感受到的是江水的情意和炉中的自然生机。亲自到钓石下取水，不仅是为煮茶必备，而且取来大自然的恩民深情。瓢请来水中明月，又把这天上银辉贮进瓮里，小杓入水，似乎又是分来江水入瓶。茶汤翻滚时，发出的声响如松风呼泻，或是真的与江流、松声合为一气了。然而，茶人虽融化于茶的美韵和自然的节律当中，却并未忘记人间，而是静听着荒城夜晚的更声，天上人间，明月江水，茶中雪乳，山间松涛，大自然恩惠与深情，荒城的人事长短，都在这汲、煎、饮中融为一体了。茶道中天人合一、情景合一的精神，被描绘得淋漓尽致。

道家主张内省、崇尚自然、清心寡欲、无为而又无所不为的理念，实现自身与天地宇宙合为一气的目标，道家传人们相信这些可以在饮茶中得到充分感受。

三 茶文化与佛家思想

（一）茶的物质功能与佛教结合阶段

“茶寮”“茶堂”“斗茶”“茶鼓”“茶头”“施茶僧”“茶宴”和“茶礼”等各种茶文化的名词出现在佛门里面，由此可见茶与佛教渊源之深。茶尤其与佛教十大宗之一的禅宗关系最为密切。茶的药理特性与种种功效对禅宗的修行有非常重要的作用，因此饮茶与禅宗，在历史的发展演进中，自然而然走在了一起。

李时珍的《本草纲目》描述了茶的祛病强身、提神益思，驱困解乏，生津止渴的种种药性与功效，对坐禅引起的诸病有裨益。佛教僧人在长期的坐禅实践中总结出“茶具三德”的观念：即坐禅时通夜不眠；满腹时帮助消化；以及茶具不发（抑制情欲）之功。此外，茶具有的祛火解毒、消食化积的效能和苦寒平和的性味，使饮者内心易生冲和之气，保持心态平衡，对于坐禅时的摄心入定，的确大有裨益。

坐禅用茶的最早记载约见于《晋书·艺术传》：僧人单道开在后赵的都城邺城昭德寺内禅修，昼夜不卧，“日服镇守药数丸，大如梧子，药有松蜜姜桂茯苓之气，时饮茶一二升而已”，说明至迟迄于东晋，佛教禅定已与用茶结缘。

东晋以后，修定僧人在长期修持实践中对饮茶益于摄心入定作用的发现，使得禅门将坐禅一段时间后的饮茶，列为制度，写入清规——即于法堂设两鼓：居东北角者称“法鼓”，居西北角者称“茶鼓”。“法鼓，凡住持上堂，小参、普说、入室并击之，上堂时二通……茶鼓长击一通……”召集僧众饮茶。又每坐禅一炷香后，寺院监值都要供僧众饮茶，称“打茶”，多至“行茶四五匝”。

不仅坐禅时如此，在日常生活中，禅寺也处处不离茶之身影，如寺院中专设“茶堂”，供寺僧辩说佛理，招待施主、同参之用；寺院设“茶头”，专事烧水煮茶、献茶酬宾；寺门有“施茶僧”为游人惠施茶水；佛教寺院种植茶树，专称“寺院茶”；上供诸佛菩萨历代祖师之茶，称“奠茶”；寺院一年一度的挂单，依“戒腊”年限（即受具时间）的长短，先后奉茶，称“戒腊茶”，住持请全寺僧众饮茶称“普茶”。凡此种种肇始于坐禅饮茶，而后相沿成习，潜移默化为佛教寺院的法门规式，乃至迁延至今，足证茶事与佛门佛事的渊源之深。

（二）茶与佛教的精神结合阶段——茶禅一味

茶在禅门中的发展，由特殊功能到以茶敬客，乃至形成一整套庄重严肃的茶礼仪式，最后成为禅事活动中不可分割的一部分，最深层的原因当然在于观念的一致性，即茶之性质与禅悟本身融为一体。正因为茶与禅能融为一体，所以茶助禅，禅助茶，“转相仿效，遂成风俗”。茶有如此巨大的功能，决非仅由其药用性质的特殊方面所决定，正如道教最早在观念上把茶吸纳进其“自然之道”的理论系统中一样，禅门也将茶的自然性质，作为其追求真心（本心）说的一个自然媒介。

“吃茶去”三字，成为禅林法语，就是“直指人心，见心成佛”的“悟道”方式。唐高僧从谂禅师，常住赵州观音寺，人称“赵州古佛”。《广群芳谱·茶谱》引《指月录》中载：有僧到赵州从谂禅师处，师问："新近曾到此间么？"曰："曾到。"师曰："吃茶去。"又问僧，僧曰："不曾到。"师曰："吃茶去。"后院主问曰："为甚么曾到也云吃茶去，不曾到也云吃茶去？"师召院主，主应喏。师曰："吃茶去。"——并非要你直接吃茶而是要你当下"悟道"。自此以后，"吃茶去"成为著名的茶文化典故。"吃茶去"，乍看只是一句极为平常的话语，但在这至为平常的话语中，却包含了赵州禅师那无碍的平等心。在从谂大师那里，无论是曾到、新到，还是院主，都照样是"吃茶"，没有等级高低贵贱之分，澄澈清明的茶中倒映的正是大师的平常心。说到底，"吃茶去"，是和"德山棒，临济喝"一样的破除执著的特殊方法，是要去除人们的执著，一任自心而顿悟。

由上可知，茶对禅宗是从去睡、养生，过渡到入静、除烦，从而再进入到"自悟"的超越境界的。最令人惊奇的是，这三重境界，对禅宗来说，几乎是同时发生的，它悄悄地自然而然地使两个分别独立的东西达到了合一，从而使中国文化传统出现了一项崭新的内容——茶禅一味。

（三）佛教对茶文化发展的贡献

佛教对茶文化的发展起了十分重要的作用，主要有三个方面：通过高僧们写茶诗、吟茶词、作茶画，或与文人唱和茶事，大大丰富了茶文化的内容，提高了茶文化的美学境界；另外，佛教为茶道提供了"梵我一如"的哲学思想及"戒、定、慧"三学的修习理念，深化了茶道的思想内涵，使茶道更有神韵；"大道无疆，乾坤一体，区域虽殊，佛性不异"，佛教的这种尽虚空遍法界是一体的理念带动和促进了茶文化在世界各地的传播，日本、朝鲜等国的饮茶习俗最初均是由佛教徒从中国带去的。

【第三节】·茶道的思想内涵与大学生的德行教育

一 茶道的思想内涵

茶道是一个抽象的概念，可是它通过点点滴滴的茶文化现象反映了其思想内涵。通过饮茶陶冶情操、修身养性，把思想升华到富有哲理的一种近乎宇宙人生的“道”的境界。茶道包含了儒释道的精髓理念，如儒家的“仁、义、礼、智、信”五常和“孝悌忠信、礼义廉耻”八德的内容；道家的“道法自然，返璞归真”，崇尚自然，以及“无为而无所不为”的内涵；佛家的修身养性、戒定慧三学的修学理念。从另外一个方面可以说茶道的思想内涵浓缩在茶圣陆羽的身上，因为陆羽首次把我国儒、道、佛的思想文化与饮茶过程融为一体，也正因为如此才堪为茶圣（圣的意思是通达）。陆羽的品行就是茶道的体现。因此，茶道以“精行俭德”为核心，包括了孝亲尊师、谦虚好学、吃苦耐劳、坚韧不拔、勤奋节俭、礼敬谦让、无私奉献等传统美德。

二 大学生的德行教育

在当今社会，西风日盛，功利心炽然，诚信脆薄，道德式微，以致灾祸频繁，时局混乱，家庭不和，人心惶惑无依。大学校园学风也有一届不如一届的趋势，大学生急功近利、心浮气躁、沉迷不良网络游戏、虚掷光阴的现象相当普遍；有的虽热衷各类名目繁多的活动和各种资格考试，但并不注重真才实学的培养。究其根源，实则是废弃圣贤教育，缺乏德行教育，无有智慧，不知做人的根本，人生没有坚定的方向，盲无所从。非常难得的是“茶文化”这个散发着五千年中华传统文化气息，又与现代生活密不可分的课堂，不仅可以帮助大学生满足对于茶学方面的专业知识需要，更重要的是它通过点点滴滴的茶文化现象折射出实实在在的传统美德教育。寓德于茶，生动深刻。

1. 茶的起源道出做人的定位

“神农尝百草，日遇七十二毒，得茶而解之”的传说，不仅仅说明了神农发现茶并了解其具有解毒功能；同时也能说明神农通过亲身遍尝百草，发明了中药和农作物，神农氏也是传说中的农业和医药的发明者。他带领人民认识和利用大自然，使中华民族得以繁衍生息。

由“神农尝百草”的传说，我们可以看出五千年的中国文化里面蕴含着的做人的理念：落实“君、亲、师”。《三字经》云：三才者，天地人。人与天、地并列为三才。其意就是人能够效仿天地宽广无私、平等博爱、滋润万物的情怀，其具体表现就是落实“君、亲、师”。“君”代表领导人，“亲”代表为人父母者，“师”是老师。其深层的含义，“君”代表着领导，领是率领，率领的人走在前面，以身作则，大众跟着他，在后面；导的意思是带着他走一条正路，使跟在后面的人不会走上歧途。所以，领导人要有智慧、要有德行，更要有方法。“亲”是父母，以父母爱子女的心，爱护大众。这是亲的本质。“师”是老师，是师表、是表率，一切言行举止都要做大众的榜样、做大众的模范，处处引导大众、教导大众，这是真正的老师。

“人无伦外之人”，也就是说我们都生活在五伦关系之中，每个人都同时肩负多种角色，如子女、学生、父母、兄弟姐妹、领导、老师等。当我们常常记起“君、亲、师”的使命感，就一定会扮演好生活赋予我们的每一个角色，成就幸福美满的人生。

2. 茶进入祭祀：提倡孝道的教育

茶叶是祭祀常见的祭品，而祭祀是中华民族最重要的礼仪。在五礼中，祭礼摆在第一位。中华民族能够绵延五千多年，中华文化成为四大文明古国仅存的一个，究其原因是具备深刻的“孝亲尊师”理念。孝道与师道是中华文化的两大主轴，成就了中国社会五千年的长治久安。而维系“孝亲”这个道统最具体的就是太庙、祠堂。太庙是皇帝祭祖的场所，普通百姓祭祖的地方是祠堂。可见，中华民族上自皇帝，下至平民百姓无不重视祭祀。

祭祀是怀念祖先、纪念祖先、效法祖先，继承祖先的美德，即不忘本。远祖，千百年的老祖宗我们还念念不忘，春秋还祭祀，眼前父母还能不孝吗?“百善孝为先”，一个人如果真把父母、长辈放在心里，他不可能做出不伦不类的事情。每个人能够把孝字做到，天下太平，安和乐利。人不孝父母，他还有什么坏事做不出来，他还会敬别人吗?现在社会上越来越趋向利害的往来，而不讲道义，正是孝道的沦丧。在大学生中提倡孝道的教育，最能激发他们良心深处的美德并带动他们的学习热情。

3. 提倡清廉俭德，倡导社会风气的好转

在西晋时期，陆纳将饮茶看作自己的“素业”，以茶来倡导廉洁，以对抗当时社会上的奢侈之风。唐代诗人韦应物赞颂茶“洁性不可污”，表明茶具有高洁的品质。

在当代不管是中国茶德所提倡的“廉、美、和、敬”还是日本茶道的“和、敬、清、寂”，以及韩国茶礼的“和、敬、怡、真”，所体现的都是“重义轻利”、“存天理去人欲”、“以德服人”、“德治教化”等价值观。日常生活中人们也常用“粗茶淡饭”、“清茶一杯”来表示节俭、廉洁之意。“茶能性淡为吾友”，以茶为友，能使人淡泊名利，在平淡中找到人生的价值，摒除奢靡贪腐之风。

4. 弘扬中华传统文化，促进社会和谐　世界和平

英国著名历史哲学家汤恩比在与日本池田大作的谈话中，在客观地研究了世界各国历史的基础上，从文化学的角度，得出了这样的结论：“真正能够解决21世纪社会问题的，只有中国的孔孟儒学与大乘佛法。”因此，弘扬和落实中华民族的传统美德可以促进个人幸福、家庭和睦、社会和谐和世界和平。

茶文化是我国优秀传统文化的一部分，是“儒、道、佛”诸家精神的载体。茶文化以德为核心，包含了中华民族的传统美德。当代，茶文化活动已成为超越国界、种族、流派的活动，成为国际交流的重要媒介。随着国际茶文化交流活动的频繁举办，茶文化中蕴含的中华传统美德将向全世界弘扬，为促进社会和谐、世界和平作出更大的贡献。

第九章

茶与文学艺术

【第一节】·茶与文学

文学，是指以语言文字为工具用以表达社会生活和心理活动的艺术，包括诗歌、散文、戏剧、小说等。当茶进入文人的生活后，有关于茶的文学便开始出现。从最初的诗词歌赋，到后来的戏剧小说，有关茶的文学形式越来越多样，内容越来越丰富，成为中国茶文化中重要的文化瑰宝。本节以历史为线索，介绍不同时期茶文学的发展情况，因为篇幅所限，各朝代的茶诗茶文只作部分摘选。

一 唐代以前的茶文学作品

在唐代以前，关于茶的文学作品并不多。最早的茶诗是西晋左思的《娇女诗》。这首诗中，左思以一种半嗔半喜的口吻，叙述了女孩子们的种种情感，准确形象地勾画出她们娇憨活泼的性格，字里行间闪烁着慈父忍俊不禁的笑意，笔墨间流露着家庭生活特有的情味。“心为茶荈剧，吹嘘对鼎鬲”描写了作者顽皮活泼的两个小女儿心急喝茶，对着煮茶的鼎吹火的可爱形象。全诗共56句，《茶经》中摘录了12句：

吾家有娇女，皎皎颇白皙。小字为纨素，口齿自清历……其姊字惠芳，面目粲如画……驰骛翔园林，果下皆生摘。贪华风雨中，倏忽数百适。心为茶荈剧，吹嘘对鼎鬲……

登成都白菟楼

［西晋］张载

借问杨子舍，想见长卿庐。
程卓累千金，骄侈拟五侯。
门有连骑客，翠带腰吴钩。
鼎食随时进，百和妙且殊。
披林采秋橘，临江钓春鱼。
黑子过龙醢，果馔逾蟹蝑。
芳茶冠六清，溢味播九区。
人生苟安乐，兹土聊可娱。

这是一首五言古诗，全诗160字，为西晋张载作，被认为是以茶入诗的最早篇章之一。陆羽《茶经》中节选了“借问扬子舍”以下的16句。“白菟楼”，又称“张仪楼”“百尺楼”，位于成都西南角，为秦时张仪所建，至唐犹存。该诗描述白菟楼的雄伟气势以及成都的商业繁荣、物产富饶、人才辈出的景象。其中除赞美秋橘春鱼、果品佳肴外，还特别炫耀四川香茶，咏茶云：“芳茶冠六清，溢味播九区。”六清即《周礼》所谓的“六饮”，指供天子用的六种饮料，有水、浆、醴、凉、医、酏。水即饮用水；浆：有醋味的酒；醴：甜酒；凉：薄酒；医：醴和酏混合的饮料；酏：薄粥。溢味：茶的美味四溢。九区即九州，《书禹贡》把当时的全中国分为冀、兖、青、徐、扬、荆、豫、梁、雍九州，后用“九州”泛指全中国。诗人认为茶为全中国人所喜爱的饮料，甚至超过“六饮”。

荈　赋

［晋］杜育

灵山惟岳，奇产所钟，厥生荈草，弥谷被岗。承丰壤之滋润，受甘霖之霄降。月惟初秋，农功少休，结偶同旅，是采是求。水则岷方之注，挹彼清流。器择陶简，出自东隅，酌之以匏，取式公刘。惟兹初成，沫成华浮，焕如积雪，晔若春敷。

《荈赋》是中国茶叶史上第一篇完整地记载了茶叶从种植到品饮全过程的作品。文章从茶的种植、生长环境讲到采摘时节，又从劳动场景讲到烹茶、选水以及茶具的选择和饮茶的效用等。如文中所写“灵山惟岳”“丰壤”指的是生长环境，“月惟初秋”指的是采摘时节，“结偶同旅”指的是采摘场景，“岷方”“清流”指的是对水的选择，“东隅”“陶简”和“酌之以匏”指的是对茶具的选择，“沫成华浮，焕如积雪”指的是烹茶初成时的茶汤状态。从这些描述都可以看出在晋代时，茶叶的烹煮就已经很是讲究了。

二 唐代茶文学作品

茶文化兴于唐，茶事活动在唐代开始大范围普及，关于茶的文学作品也有了大幅度的增加。世界上第一本茶书《茶经》便著于此时，其作者陆羽（733—804年），字鸿渐，唐朝复州竟陵（今湖北省天门市）人。陆羽自小是名孤儿，由竟陵智积禅师收养。此人爱好文学，精通茶道，他与崔国辅、僧人皎然等文人交好，几人经常一起品茶鉴水，也曾参与由颜真卿主编的《韵海镜源》一书。唐天宝十五年（758年），陆羽游历巴山峡川，考察茶事。唐上元元年（760年），陆羽到苕溪（今浙江吴兴）隐居，闭门著述《茶经》。据说他经常去野外、茶农处考察，经常“采茶觅泉，评茶品水，或诵经吟诗，杖击林木，手弄流水，迟疑徘徊，每每至日黑兴尽，方号泣而归，时人称谓今之‘楚狂接舆’。”

《茶经》中详细地记载了有关茶的生产加工、产地、品鉴、典故等，是关于唐以及唐之前的知识和实践的系统总结，堪称茶叶最早的百科全书。《茶经》对后世饮茶影响极大，而陆羽本人则被后人尊为“茶圣”，更被茶商祀为“茶神”。

继陆羽之后有一位嗜茶之人张又新，他觉得《茶经》中对于鉴水的描述太少，因此著了一卷《煎茶水记》用以补充。张又新（约813年前后在世），字孔昭，深州陆泽人（今河北深州市），唐宪宗元和九年进士第一。此书于唐敬宗宝历中（825年前后）成书，书中记载宜茶之水，共记载了20处水，并给它们排了名次，其前三名是扬子江南陵水，无锡惠山寺泉水，苏州虎丘寺泉水，对后世在品水上有较大影响。

唐代是写诗盛行的年代，随着茶叶在全国的普及，有不少茶诗问世。唐代著名的诗人李白、杜甫、白居易、柳宗元等均有茶诗留世。唐茶诗的内容开始涉及茶的方方面面，有描写茶叶的，有描写煮茶、器具等茶艺方面的，有描述茶会的，有以诗乞茶的，还有描写饮茶感受、饮茶意境的等。

（一）描写饮茶感受的诗词

许多诗人均作过有关饮茶感受的诗词，而在历代茶诗中最著名的当属卢仝的《走笔谢孟谏议寄新茶》：

日高丈五睡正浓，军将打门惊周公。

口云谏议送书信，白绢斜封三道印。

开缄宛见谏议面，手阅月团三百片。
闻道新年入山里，蛰虫惊动春风起。
天子须尝阳羡茶，百草不敢先开花。
仁风暗结珠琲蕾，先春抽出黄金芽。
摘鲜焙芳旋封裹，至精至好且不奢。
至尊之馀合王公，何事便到山人家。
柴门反关无俗客，纱帽笼头自煎吃。
碧云引风吹不断，白花浮光凝碗面。
一碗喉吻润，两碗破孤闷。
三碗搜枯肠，唯有文字五千卷。
四碗发轻汗，平生不平事，尽向毛孔散。
五碗肌骨清，六碗通仙灵。
七碗吃不得也，唯觉两腋习习清风生。
蓬莱山，在何处？玉川子，乘此清风欲归去。
山上群仙司下土，地位清高隔风雨。
安得知百万亿苍生命，堕在巅崖受辛苦！
便为谏议问苍生，到头还得苏息否？

卢仝（795？—835年），范阳（今河北涿县）人，自号玉川子。卢仝好茶成癖，诗风浪漫且奇诡，人称“卢仝体”，这首诗便是其代表之作。这首诗是卢仝在饮用了好友送来的春茶后的一番感慨，其中“一碗到七碗”这几句将茶的功效和饮茶感受描写得淋漓尽致，是古今描写此类诗词的名句。诗人饮第一碗时开始觉得喉咙甘润，这是茶叶解渴的作用；饮下第二碗便觉心中苦闷尽散，这是茶叶散闷的作用；三碗下肚，茶叶益思的作用产生了；此三碗的感受在其他茶诗词中多有出现，而后四碗，诗人感受进一步升华，写出了超脱于其他诗词之上的饮茶名句；到了第四碗，诗人觉得此生所受所有苦难均已不在，似有佛家“看破一切，立地成佛”之意；第五碗，诗人觉得身骨变轻，六碗开始通仙灵，这都是道家修炼升仙的过程；到了第七碗，诗人只觉腋下清风生，几乎进入升仙状态，因此后句写道“蓬莱山，在何处？玉川子，乘此清风欲归去”。这几句诗流畅明快，笔墨神乎其神，引发人们对饮茶的无限向往，对后世影响甚大，历代文人雅士多有引用，如宋梅尧臣“亦欲清风生两腋，从教吹去月轮旁”；苏轼“何须魏帝一丸药，且尽卢仝七碗茶”；杨万里“不待清风生两腋，清风先向舌端生”等。甚至有人直接将这七句单独摘出来，命名为《七碗茶诗》。诗的最后几句，写出了茶农的艰辛，表达了诗人对当时茶政的不满，可见卢仝虽不入仕，但仍十分关心民间疾苦。

陆羽的朋友皎然，是唐代著名的诗僧，其对陆羽在《茶经》的写作上有很多帮助。他先后写了不少茶诗，其中《饮茶歌诮崔石使君》中的“三饮”部分写出了饮茶的意境，有卢仝的《七碗茶诗》之意境。诗中首先提到了“茶道”一词，具有极高的文献价值。其诗曰：

越人遗我剡溪茗，采得金芽爨金鼎。
素瓷雪色缥沫香，何似诸仙琼蕊浆。
一饮涤昏寐，情来朗爽满天地。
再饮清我神，忽如飞雨洒轻尘。
三饮便得道，何须苦心破烦恼。
此物清高世莫知，世人饮酒多自欺。
愁看毕卓瓮间夜，笑向陶潜篱下时。
崔侯啜之意不已，狂歌一曲惊人耳。
孰知茶道全尔真，唯有丹丘得如此。

（二）描写名茶与品饮的诗词

描写名茶茶诗中，最有名的是李白的《答族侄僧中孚赠玉泉仙人掌茶》，它是诗仙李白为数不多的茶诗，诗中详细地描述了唐代名茶“仙人掌”的形态、品质、生长环境和功效等，是名茶入诗最早的诗篇。

尝闻玉泉山，山洞多乳窟。
仙鼠白如鸦，倒悬清溪月。
茗生此中石，玉泉流不歇。
根柯洒芳津，采服润肌骨。
丛老卷绿叶，枝枝相接连。
曝成仙人掌，以拍洪崖肩。
举世未见之，其名谁定传。

宗英乃禅伯，投赠有佳篇。
清镜烛无盐，顾惭西子妍。
朝坐有余兴，长吟播诸天。

在这首诗里，字里行间无不赞美饮茶之妙，为历代咏茶者赞赏不已。公元752年（唐玄宗天宝十一年），李白与侄儿中孚禅师在金陵（今江苏南京）栖霞寺不期而遇，中孚禅师以仙人掌茶相赠并要李白以诗作答，遂有此作。此诗生动形象地描写了仙人掌茶的独特之处。前四段写仙人掌茶的生长环境及作用，得天独厚，以衬序文；“丛老卷绿叶，枝枝相接连。”写出了仙人掌茶树的外形；“曝成仙人掌，以拍洪崖肩”。曝，晒也。洪崖，是传说中的仙人名。本句的意思是饮用了仙人掌茶，来达到帮助人成仙长生的结果。由“曝成仙人掌”可以看出仙人掌茶是散茶，加上产量较少，一般人品尝不到这样的佳茗，因此是“举世未见之，其名定谁传”。“宗英乃禅伯，投赠有佳篇。清镜烛无盐，顾惭西子妍”写的是李白对中孚的赞美之情，诗人在此自谦将自己比作“无盐”，而将中孚的诗歌比作西子，表示夸奖。

对名茶文化的宣扬，莫过于唐代诗人张文规的《湖州贡焙新茶》，他是唐宪宗时期刑部尚书张弘靖之子，会昌元年（841年）任湖州刺史，每岁进顾渚山贡茶院监制贡茶。此时湖州顾渚山贡茶已进入全盛时期，据嘉泰《吴兴志》《湖州府志》记载：湖州“每岁进奉顾渚紫笋茶，役工三万人，累月方毕。”“会昌中（843—845年）上贡湖州紫笋茶一万八千四百斤。”张文规在顾渚山唐代摩崖石刻群斫射岭老鸦窝山岩上有题字，清晰可见者有“河东张文规癸亥年三月四日”：

凤辇寻春半醉回，仙娥进水御帘开。
牡丹花笑金钿动，传奏吴兴紫笋来。

此诗描述了唐代宫廷生活的一个图景，表达了对贡焙新茶的赞美之情。“凤辇寻春半醉回”，描述皇帝车驾出游踏春刚刚归来的情景，皇帝已经喝得半醉。这时候，“仙娥进水御帘开”：宫女们打开御帘进来送茶水。“牡丹花笑金钿动”形容的是一种欢乐的场面。“传奏吴兴紫笋来”：湖州的贡焙新茶到了。“吴兴紫笋”指的就是湖州长兴顾渚山的紫笋贡茶。从此诗的结句中读者可以感受到宫廷中那种对湖州贡焙新茶的到来而欢欣喜悦的气氛。

西山兰若试茶歌

刘禹锡

山僧后檐茶数丛，春来映竹抽新茸。
宛然为客振衣起，自傍芳丛摘鹰嘴。
斯须炒成满室香，便酌沏下金沙水。
骤雨松声入鼎来，白云满碗花徘徊。
悠扬喷鼻宿酲散，清峭彻骨烦襟开。
阳崖阴岭各殊气，未若竹下莓苔地。
炎帝虽尝未解煎，桐君有箓那知味。
新芽连拳半未舒，自摘至煎俄顷余。
木兰沾露香微似，瑶草临波色不如。
僧言灵味宜幽寂，采采翘英为嘉客。
不辞缄封寄郡斋，砖井铜炉损标格。
何况蒙山顾渚春，白泥赤印走风尘。
欲知花乳清泠味，须是眠云跂石人。

此诗为刘禹锡做郎州司马时所作。诗中所写的是湖南常德的兰若寺中的“炒青茶”，把茶的采、制、煮、饮及其功效都描述得生动形象。在唐代，茶多数为蒸青，而此诗中“斯须炒成满室香”一句，便是炒青茶的做法，是唐代有炒青茶存在的文字证据。诗中讲到茶的原料（鹰嘴）要细嫩，种茶之地也有讲究（阳崖阴岭），煮茶之水选用“金沙水”，茶汤的浮沫如“白云”“花”一般，其香如木兰，色比瑶草，闻香品饮，可以提神解郁。最后还提到，要品味如此佳茗，需要“幽寂”，放下尘俗（眠云跂石）。

（三）与茶宴、茶会相关的诗词

与赵莒茶宴

钱起

竹下忘言对紫茶，全胜羽客醉流霞。
尘心洗尽兴难尽，一树蝉声片影斜。

此诗描写诗人与友人于竹下举行茶宴，谈笑风生，轻松愉快的心情。唐代茶宴盛行，因此描写茶宴的诗也颇多。

白居易（772—846年），字乐天，祖籍山西太原，终生嗜茶，自称“别茶人”。留世的2806首诗作中，茶诗有60多首。白居易的思想，综合儒、佛、道三家。立身行事，尊儒家“达则兼济天下，穷则独善其身”。其茶诗的代表作有：

夜闻贾常州崔湖州茶山境会想羡欢宴因寄此诗

白居易

遥闻境会茶山夜，珠翠歌钟俱绕身。

盘下中分两州界，灯前合作一家春。

青娥递舞应争妙，紫笋齐尝各斗新。

自叹花时北窗下，蒲黄酒对病眠人。

唐代，湖州紫笋茶和常州阳羡茶都是“贡茶”，每到春茶季节，这两州太守便会在境会亭举行茶宴，诗人也在邀请之列。虽然诗人很想前往，但无奈有病在身，心中十分惋惜，因此借由想象写下此诗，描绘茶宴的盛况。

联句是古时作诗的一种方式，由几个人共作一首诗，不仅要韵脚相对，还要意思连贯。

五言月夜啜茶联句

泛花邀坐客，代饮引情言。（陆士修）

醒酒宜华席，留僧想独园。（张荐）

不须攀月桂，何假树庭萱。（李崿）

御史秋风劲，尚书北斗尊。（崔万）

流华净肌骨，疏瀹涤心原。（颜真卿）

不似春醪醉，何辞绿菽繁。（皎然）

素瓷传静夜，芳气清闲轩。（陆士修）

联诗联句是文人雅士聚会时最常见的风雅之举。此诗由六人联句而成，其中陆士修作首尾两句，共七句。诗中“代饮”指的是以茶代酒，而华席指的是茶宴，“流华”则指饮茶。诗的首联“泛花邀坐客，代饮引情言”是茶诗名句，它道明了茶饮能增加交流，增进友谊。

（四）赠茶

谢李六郎中寄新蜀茶

白居易

故情周匝向交亲，新茗分张及病身。
红纸一封书后信，绿芽十片火前春。
汤添勺水煎鱼眼，末下刀圭搅曲尘。
不寄他人先寄我，应缘我是别茶人。

此诗描述的是白居易在病中收到好友寄来的新茶，十分开心地煮茶的情景，并写道好友会将新茶先寄给自己的原因“应缘我是别茶人”。

三 宋代茶文学

茶兴于唐而盛于宋，宋代的茶文学在唐代的基础上有了更大的发展。在茶书方面，据目前可考的有十几种之多。宋代茶叶的中心南移至福建，因此宋代的茶书多与福建北苑贡茶园中的茶有关，其中专门有描写福建北苑贡茶院茶叶制作的《宣和北苑贡茶录》《北苑别录》，有描写茶叶采制品饮的《茶录》《大观茶论》。其他的茶书有专述茶具的《茶具图赞》，记述茶叶典故的《荈茗录》，专门论述鉴水的有欧阳修的《大明水记》等。

《茶录》的作者蔡襄（1012—1067年），福建莆田人，北宋四大书法家之一，曾任福建转运使，掌管朝廷茶事。宋代茶叶以福建建州为上，而蔡襄本为福建人，因此对茶十分了解。史上茶家认为：“蔡君谟善辨茶，后人莫及。”他从改造北苑茶品质花色入手，求质求形。在外形上改大团茶为小团茶、品质上采用鲜嫩茶芽作原料，并改进制作工艺。蔡襄鉴于陆羽《茶经》中“不第建安之品”，于宋皇祐

（1049—1053年）作《茶录》献与皇帝，全书分上下两篇，上篇为论茶，系统地介绍了北宋御茶园的茶叶的品鉴，分色、香、味、藏茶、炙茶、碾茶、罗茶、候汤、熁盏、点茶十篇。书中提出茶色贵白，茶有真香，不可掺入其他香料等；下篇为茶器，对于品茶器具，储藏器具等都有描述。

宋徽宗赵佶（1082—1135年）是北宋的末代皇帝，治国虽然无方，但是他的文化艺术造诣却极高，其书法绘画都堪称大家之作。宋徽宗是个嗜茶的皇帝，因此写了一部有关宋代茶叶的书《大观茶论》，该书成书于大观元年（1107年），全书共二十篇，分为地产、天时、采择、蒸压、制造、鉴辨、白茶、罗碾、盏、筅、瓶、杓、水、点、味、香、色、藏焙、品名、外焙等，介绍了北宋时期茶叶的生产情况，由于作者的帝王身份，书中对于茶叶的采制、品鉴都十分讲究，其中"点茶"一篇，见解精辟，论述深刻。书中认为的茶色贵白、茶盏贵黑、点茶用筅等对后世影响甚大。

《茶具图赞》是审安老人于宋咸淳五年（1269年）著。此书是现存最早的茶具专书，也是最早的有关茶具的图谱。作者不仅将宋代所用的十二种茶具以白描的手法绘制下来，还分别以茶具的功能给茶具冠以职称，并赐名、字、号，如茶碗为陶宝文，名去越（越窑），字自厚（壁厚），兔园上客（兔毫盏），是研究宋代茶具的珍贵史料。

宋代的茶诗在唐的基础上又有新的发展。著名的文人如梅尧臣、范仲淹、王安石、苏轼、黄庭坚、陆游、杨万里等均有茶诗词传世。陆游写有茶诗300多首，苏轼则作有茶诗词70多篇。诗词的内容有名茶、茶具、采茶制茶、点茶、饮茶、名泉、茶园、茶会、斗茶等。下面列举一些较为著名的诗词。

（一）描写名茶与品饮的诗词

烹北苑茶有怀

林逋

石碾轻飞瑟瑟尘，乳香烹出建溪春

世间绝品人难识，闲对茶经忆故人

林逋为宋初的隐士，极其好茶，此诗显示出作者对北苑之茶的推崇，称为“世间绝品”。

双井茶

欧阳修

西江水清江石老，石上生茶如凤爪。
穷腊不寒春气早，双井芽生先百草。
白毛囊以红碧纱，十斤茶养一两芽。
长安富贵五侯家，一啜犹须三日夸。
宝云日铸非不精，争新弃旧世人情。
岂知君子有常德，至宝不随时变易。
君不见建溪龙凤团，不改旧时香味色。

双井茶是宋代名茶。此首诗作于欧阳修晚年辞官隐居时，“宝云日铸非不精，争新弃旧世人情”一句借咏茗以喻人，讽喻人情冷暖，而后两句则认为君子应“有常德”，应坚持自己，不随时间而改变品德志向。

品　令

黄庭坚

凤舞团团饼。恨分破、教孤零。金渠体净，只轮慢碾，玉尘光莹。汤响松风，早减了、二分酒病。味浓香永。醉乡路、成佳境。恰如灯下，故人万里，归来对影。口不能言，心下快活自省。

该词讲述了词人碾茶、点茶、品茶的过程，饮茶后似有醉意，心中有种故人万里归来与自己品茗的无以言表的喜悦之情。

月兔茶

苏轼

环非环，玦非玦，
中有迷离月兔儿，
一似佳人裙上月。
月圆还缺缺还圆，
此月一缺圆何年？
君不见，斗茶公子不忍斗小团，
上有双衔绶带双飞鸾。

这首是苏轼的一首咏茶小诗，诗中对月兔茶的形状和品质都做了描述，将月亮和月兔联系起来，并用提问“圆何年”，“不忍”表达了对此茶的珍惜。

试院煎茶

苏轼

蟹眼已过鱼眼生，飕飕欲作松风鸣。蒙茸出磨细珠落，眩转绕瓯飞雪轻。银瓶泻汤夸第二，未识古今煎水意。君不见昔时李生好客手自煎，贵从活火发新泉。又不见今时潞公煎茶学西蜀，定州花瓷琢红玉。我今贫病常苦饥，分无玉碗捧娥眉，且学公家作茗饮。博炉石铫行相随。不用撑肠拄腹文字五千卷，但愿一瓯常及睡足日高时。

这是苏轼的一首描写煎茶过程的词，其中对于煎茶时烧水的火候控制，点茶的过程、所用茶器、茶汤以及品饮茶汤时的讲究等，描写得相当细致。词中对于水沸状态的描述十分微妙，生动再现了陆羽《茶经》中的烧水火候的掌握技巧。同时词中流露出苏轼对于茶的喜爱，在贫苦之时仍想饮茶。全词文思流畅，一气呵成，引人入胜。

次韵曹辅寄豁源试焙新芽

苏轼

仙山灵草湿行云，洗遍香肌粉未匀。

明月来投玉川子，清风吹破武陵春。

要知玉雪心肠好，不是膏油首面新。

戏作小诗君勿笑，从来佳茗似佳人。

此诗用了大量的美妙的比喻，将点茶的过程以一种艺术畅想的形式展现出来，末句“从来佳茗似佳人”更是历代文士茶人耳熟能详的名句。

惠山谒钱道人烹小龙团　登绝顶望太湖

苏轼

踏遍江南南岸山，逢山未免更流连。

独携天上小团月，来试人间第二泉。

石路萦回九龙脊，水光翻动五湖天。

孙登无语空归去，半岭松声成壑传。

宋人十分喜爱惠山泉，因此有许多诗词都是描写惠山泉的。苏轼“独携天上小团月，来试人间第二泉”便是这类诗词的名句。其中小团月便是指小团茶，而第二泉便是自唐被评为天下第二的惠山泉。

三游洞前岩下小潭水甚奇取以煎茶

陆游

苔径芒鞋滑不妨，潭边聊得据胡床。

岩空倒看峰峦影，涧远中含药草香。

汲取满瓶牛乳白，分流触石珮声长。

囊中日铸传天下，不是名泉不合尝。

此诗写的是陆游不畏辛苦，为煎茶专门到路滑的名泉取水的过程，可以看出作者对于煎茶之水是十分讲究的。

步月茉莉诗

施岳

玉宇薰风，宝阶明月，翠丛万点晴雪。炼霜不就，散广寒霏屑。采珠蓓、绿萼露滋，嗔银艳、小莲冰洁。花痕在，纤指嫩痕，素英重结。

枝头香未绝。还是过中秋，丹桂时节。醉乡冷境，怕翻成悄歇。玩芳味、春焙旋熏，贮浓韵、水沈频爇。堪怜处，输与夜凉睡蝶。

此词描写的是茉莉花茶，说明作者所在南宋时期已用茉莉花熏茶，“翠丛万点晴雪”描写了茉莉花夹在茶叶之中，“采珠蓓”可见采花已经讲究采制花苞了，“春焙旋熏”则是对窨制工艺的描写。

（二）描写斗茶和分茶的诗词

和章岷从事斗茶歌

范仲淹

年年春自东南来，建溪先暖冰微开。
溪边奇茗冠天下，武夷仙人从古栽。
新雷昨夜发何处，家家嬉笑穿云去。
露芽错落一番荣，缀玉含珠散嘉树。
终朝采掇未盈襜，唯求精粹不敢贪。
研膏焙乳有雅制，方中圭兮圆中蟾。
北苑将期献天子，林下雄豪先斗美。
鼎磨云外首山铜，瓶携江上中泠水。
黄金碾畔绿尘飞，紫玉瓯心雪涛起。

202 文化 茶 中华

斗茶味兮轻醍醐，斗茶香兮薄兰芷。

其间品第胡能欺，十目视而十手指。

胜若登仙不可攀，输同降将无穷耻。

斗茶在宋代盛行，范仲淹的这首诗便是对斗茶活动的描写。诗中写出了茶叶产地“武夷”，茶叶生产、压制，以及斗茶的原因“北苑将期献天子”，诗中“其间品第胡能欺，十目视而十手指，胜若登仙不可攀，输同降将无穷耻”几句十分生动地描绘出斗茶的紧张场面。

“分茶”即“茶百戏”是一种高超的点茶技艺，运用技艺在点茶时将茶汤点出花鸟鱼虫等图案，《澹庵坐上观显上人分茶》（见第二章第二节）这首诗写作者观看分茶的过程。诗中描写到显上人手如“新玉爪”，分茶之时茶汤表面出现各种奇幻景象，让人惊叹。茶百戏在宋代十分流行，陆游诗中“晴窗细乳戏分茶”句就是他做“茶百戏”游戏的写照。

（三）描写乞茶、谢茶的诗词

西域从王君玉乞茶，因其韵七首（选一）

耶律楚材

积年不啜建溪茶，心窍黄尘塞五车。

碧玉瓯中思雪浪，黄金碾畔忆雷芽。

卢仝七碗诗难得，谂老三瓯梦亦赊。

敢乞君侯分数饼，暂教清兴绕烟霞。

耶律楚材虽然是契丹人，但却颇爱饮茶。此诗作于作者随元太祖西征时，诗人开头以一句“心窍黄尘塞五车”表达出无茶不可的态度。

尝新茶呈圣俞

欧阳修

建安三千五百里，京师三月尝新茶。

人情好先务取胜，百物贵早相矜夸。
年穷腊尽春欲动，蛰雷未起驱龙蛇。
夜闻击鼓满山谷，千人助叫声喊呀。
万木寒痴睡不醒，惟有此树先萌芽。
乃知此为最灵物，宜其独得天地之英华。
终朝采摘不盈掬，通犀銙小圆复窊。
鄙哉谷雨枪与旗，多不足贵如刈麻。
建安太守急寄我，香蒻包裹封题斜。
泉甘器洁天色好，坐中拣择客亦嘉。
新香嫩色如始造，不似来远从天涯。
停匙侧盏试水路，拭目向空看乳花。
可怜俗夫把金锭，猛火炙背如虾蟆。
由来真物有真赏，坐逢诗老频咨嗟。
须臾共起索酒饮，何异奏雅终淫哇。

此诗是欧阳修在品尝好友建安太守梅尧臣寄新茶时的一番感慨。诗中“年穷腊尽春欲动……千人助叫声喊呀”两句描写了建安地方击鼓喊山、催芽生发的民俗。而“泉甘器洁天色好，坐中拣择客亦嘉。”一句，写出了饮茶的用水、器具、环境、客人等要求。欧阳修与梅尧臣、蔡襄是好友，又都是爱茶之士，他曾为蔡襄的《茶录》写过后序，对蔡襄创新的“小龙团”十分赞赏。

喜得建茶

陆游

玉食何由到草莱，生奁初喜坼封开。
雪霏庾岭红丝硙，乳泛闽溪绿地材。
舌本常留甘尽日，鼻端无复鼾如雷。
故应不负朋游意，手挈风炉竹下来。

陆游曾到建州做了十年茶官，因此对建茶十分推崇，《喜得建茶》便是一首描述建茶的诗。

四 明清时期的茶文学

明代是茶书大量出现的时期，在此期间茶书出了35种之多，占了全部古典茶书的一半以上。最能代表明茶学成就的是张源的《茶录》和许次纾的《茶疏》，其次是闻龙《茶笺》、田艺蘅《煮泉小品》、黄龙德《茶说》等。清陆廷灿《续茶经》搜罗了作者之前的茶书资料。

《茶录》，明张源所作，全书分采茶、造茶、辨茶、藏茶、火候、汤辨、汤用老嫩、泡法、投茶、饮茶、香、色、味、点染失真、茶变不可用、品泉、井水不宜茶、贮水、茶具、拭茶布、分茶盒、茶道等23则，关于茶叶的采制品饮等都有讲述，其中对于茶汤、选水等颇有见解。

《茶疏》，明许次纾所著，全书分产茶、今古制法、采摘、炒茶、岕中制法、收藏、置顿、取用、包裹、日用置顿、择水、贮水、舀水、煮水器、火候、烹点、称量、汤候、瓯注、荡涤、饮啜、论客、茶所、洗茶、童子、饮时、宜辍、不宜用、不宜近、良友、出游、权宜、虎林水、宜节、辨讹、考本36则，是明代茶学的集大成之作。

明清时期的茶诗词，不论内容还是形式上都比唐宋逊色不少。这是因为此时小说已经开始占文学主导地位，而诗词退居二线。

1. 描写名茶与品饮的诗词

爱茶歌

吴宽

汤翁爱茶如爱酒，不数三升并五斗。
先春堂开无长物，只将茶灶连茶臼。
堂中无事长煮茶，终日茶杯不离口。
当筵侍立为茶童，入门来谒惟茶友。
谢茶有诗学卢仝，煎茶有赋拟黄九。
茶经续编不借人，茶谱补遗将脱手。
平生种茶不办租，山下茶园知几亩。

世人可向茶乡游，此中亦有无何有。

此诗通俗易懂，将汤翁即作者描绘得活灵活现。“无何有”语出庄子《逍遥游》，意思是除了茶之外，什么都没有。

龙井茶

于若瀛

西湖之西开龙井，烟霞近接南山岭。
飞流密汩写幽壑，石磴纡曲片云冷。
拄杖寻源到上方，松枝半落澄潭静。
铜瓶试取烹新茶，涛起龙团沸谷芽。
中顶无须忧兽迹，湖州岂惧涸金沙。
漫道白芽双井嫩，未必红泥方印嘉。
世人品茶未尝见，但说天池与阳羡。
岂知新茗煮新泉，团黄分冽浮瓯面。
二枪浪自附三篇，一串应输钱五万。

这是一首描写龙井茶的诗，详细地介绍了龙井的产地、品质以及龙井泉的泉水，最后写道龙井茶二枪如团黄，它的嫩度和优异的品质可以和双井茶、北苑龙团茶媲美，所以非常珍贵，一串的价格值五万钱。读了这首诗，令人感到龙井茶的确不是一般的茶叶。明清时期，描写龙井茶的诗很多，除本诗外，还有屠龙《龙井茶》，陈继儒《试茶》，吴宽《谢朱懋恭同年寄龙井茶》，乾隆皇帝下江南时，也写下了四首咏龙井的诗《观采茶作歌（前）》《观采茶作歌（后）》《坐龙井上烹茶偶成》《再游龙井作》。

日铸茶

吴寿昌

越茗饶佳品，名输此地传。
根芽孤岭上，采焙早春前。

馀味回云雾，清芬试水泉。

幸辞团饼贡，风韵最自然。

吴寿昌，清乾隆时著名诗人，浙江绍兴人，进士出身。这首诗是他《乡物十咏》中的一首，与东浦酒、鉴湖菱、平水冬笋、陶堰艾糕、斗门鳗线等共同组成了歌咏绍兴特产的系列诗篇。该诗赞颂了日铸茶产地、采摘季节、茶之质地，最后一句“风韵最天然”，作了最好的概括。日铸茶，又名“日注茶”“日铸雪芽”，产于绍兴县东南五十里的会稽山日铸岭，以御茶湾采出的茶叶制成的日铸茶为极品，日铸茶是我国历史名茶之一。早在唐朝，勤劳智慧的山阴（绍兴）人，就首先改变蒸青的茶叶制作方法，而创新性地使用了炒青工艺，生产出来的日铸茶广受欢迎。

煎　茶

文徵明

嫩汤自候鱼眼生，新茗还夸翠展旗。

谷雨江南佳节近，惠山泉下小船归。

山人纱帽笼头处，禅榻风花绕鬓飞。

酒客不通尘梦醒，卧看春日下松扉。

文徵明（1470—1559年）的这首诗描写了诗人煎茶的过程，讲究“嫩汤”，品用“新茗”，水用“惠山泉”，后几句讲到诗人的悠闲品茗之情。明清时期，惠山泉继唐宋之后更加闻名，有许多歌咏惠山泉的诗词，文徵明还绘有《惠山文会图》。清乾隆皇帝南巡时也到惠山泉品水，还赋了首诗：“惠泉画麓东，冰洞喷乳糜。江南称第二，盛名实能副。流为方圆池，一倒石栏甃。圆甘而方劣，此理殊难究。对泉三间屋，朴断称雅构。竹炉就近烹，空诸大根囿。”

题《事茗图》

唐寅

日长何所事，茗碗自赍持。

料得南窗下，清风满鬓丝。

文徵明与唐寅（1470—1522年）都是明代江南才子，两人相交甚好，都是爱茶之人。此二人均有多篇茶诗画存世，其中大部分茶诗均题于画上。此诗也是题于唐寅所做《事茗图》上，一副悠闲洒脱之意。

2. 描写采茶制茶的诗词

采茶词

高启

雷过溪山碧云暖，幽丛半吐枪旗短。
银钗女儿相应歌，筐中采得谁最多？
归来清香犹在手，高品先将呈太守。
竹炉新焙未得尝，笼盛贩与湖南商。
山家不解种禾黍，衣食年年在春雨。

这是一首描写茶农辛苦生活的诗，十分具有生活气息，其中采茶的部分写道采茶姑娘相互应歌，十分生动传神。

茗理并序

朱升

茗之带草气者，茗之气质性也。茗之带花香者，茗之天理之性也。治之者贵乎除其草气，发其花香，法在抑之扬之间而已。抑之则实，实则热，热则柔，柔则草气渐除。然恐花香因而太泄也，于是复扬之。迭抑迭扬，草气消融，花香氤氲。茗之气质变化天理浑然之时也，漫成一绝。

一抑重教又一扬，能从草质发花香。
神奇共诧天之妙，易简无令物性伤。

此诗是对炒青绿茶炒青工艺的分析和描述，其中“抑扬”结合的手法至今为炒青工艺所用。亦有学者认为是对于早期乌龙茶工艺的描述。

五 近现代茶文学

近现代，我国的茶叶产业经历了从低迷到复兴的阶段，茶诗的选材也越发广泛，格调新颖。由于白话文学的兴起，古典诗词的创作较少。

茶诗论长寿

朱德

庐山云雾茶，味浓性泼辣。若得长年饮，延年益寿法。

1959年，朱德在庐山植物园品饮“庐山云雾茶”之后，顿觉心旷神怡，精神大振，因而诗兴勃发，当即写下这首五言绝句。这首茶诗充分表达了朱德知茶、爱茶、信茶的情感。他深知“庐山云雾茶”产地环境条件得天独厚，海拔高，土壤肥沃，云雾多，从而使茶叶内含物质丰富，茶叶品质优良，滋味浓烈。并根据他多年饮茶保健的经验，断定凡此好茶，只要坚持常年饮用，必定有益于人体健康，达到益寿延年的目的。

初饮高桥银峰

郭沫若

芙蓉国里产新茶，九嶷香风阜万家。
肯让湖州夸紫笋，愿同双井斗红纱。
脑如冰雪心如火，舌不怠来眼不花。
协力免教天下醉，三闾无用独醒嗟。

郭沫若（1892—1978年），现代文学家，此诗做于他到高桥茶叶试验场品尝1959年新创的高桥银峰茶时。

近现代，有关茶事的散文颇多，如鲁迅《喝茶》、梁实秋《喝茶》、林语堂《茶与交友》、冰心《我家茶事》、秦牧《敝乡茶事甲天下》、贾平凹《品茶》和陆文夫《茶缘》等。鲁迅在《药》这小说中有提及茶馆；沙汀的小说《在其香居茶馆里》，故事就是发生在茶馆。当代第一部长篇小说是陈学昭《春茶》，描写了西湖龙井产区从合作社到公社化的历程。20世纪80年代以来，有关茶事的小说更是层出不穷，如曾宪国《茶友》、蔻丹《壶里乾坤》、宋清梅《茶殇》等。王旭峰《茶人三部曲》则代表了当代茶事小说的最高成就，小说分《南方有嘉木》《不夜之侯》《筑草为城》三部，描写了杭州茶叶商人四代人起伏跌宕的命运，以一个茶庄百年的兴衰，将中国百年的历史变革和华茶百年来的兴衰展现在读者眼前。23集大型民族题材电视连续剧《茶马古道》描写的是，1942年第二次世界大战期间，抗日战争进入到最艰苦的阶段，缅甸沦陷，日军侵犯云南的畹町、龙陵、腾冲，滇缅公路被迫中断，由此，最后一条通往中国战区的通道也被切断，使外国援华的物资无法从缅甸运入中国。在中华民族处于危难之时，贯穿滇、川、藏直达印度出海口的茶马古道成了唯一能运送国际援华物资的地面通道。拉萨，成为了中国大西南商旅云集的商业大城市。这时候藏族、汉族、纳西族、白族、普米族、回族、彝族各民族的马帮组成浩浩荡荡的民间商队，延续着他们世世代代血脉相连的命运，走上茶马古道。

【第二节】·茶谚和茶联

一 茶谚

茶谚是指关于茶叶饮用和生产经验的概括和表述，并通过谚语的形式，采取口传心记的办法来保存和流传。它并不与茶同时期出现，而是茶叶生产、饮用发展到一定阶段才产生的一种文化现象。就其内容或性质来分，大致可分为茶叶饮用和茶叶生产两类。当然也可细分为饮用的礼俗、品饮、茶树种植、茶园管理等。

1. 礼俗

客到茶烟起。（客来敬茶敬烟，是浙江湖州地区最普遍的礼俗，茶是招待客人的必备之品。）

茶七酒八。茶满欺负人，酒满敬客人。（此处讲的就是斟茶时七分满即可，因为如果茶太满，客人端起来品饮时容易洒出，从而烫到客人。）

三茶六饭。

茶香留客住，重叙故乡情。

待客茶为先。

2. 茶在日常生活中的重要性

开门七件事，柴米油盐酱醋茶。

宁可一日不食，不可一日无茶。

白天皮包水，晚上水包皮。（白天多喝茶，是“皮包水”；晚上进浴洗澡，即“水包皮”，其中蕴含：以饮茶洗涤内脏，以汤浴清洗肌肤，内外清爽，延年益寿。）

吃饭勿过饱，喝茶勿过浓。

3. 茶的品饮

头交水，二交茶。（茶要到第二道才出味。）

头茶苦，二茶涩，三茶好吃摘勿得。

头茶苦，二茶补，三汁四汁解罪过。

姜是老来辣，茶是后来配。

酒头茶尾最精华（此句是说潮汕地区泡工夫茶时，先倒出的浓度较低，而最后面倒出的茶水，才是精华部分）。

好茶不怕细品。

嫩香值千金。（细嫩的绿茶香气中带有嫩香，此句是对新茶嫩芽的赞美。）

时新茶叶陈年酒。

头茶气芳，二茶易馊，三茶味薄。

4. 好水配好茶

金沙泉中水，顾渚山上茶。

扬子江中水，蒙山顶上茶。

龙潭水，碧坞茶。

半月泉中水，东山岭上茶。

龙井茶，虎跑水，天下一绝。

这几句讲的都是好水与好茶的出处，虽然内容各有不同，但却表示出不同地方的好茶和好水的讲究。

5. 茶叶栽培

如下谚语是对于茶叶生产栽培的经验总结，具有实际生产指导意义。

平地有好花，高山有好茶。

砂土杨梅黄土茶。

细雨足时茶户喜。

惊蛰过，茶脱壳。

谷雨茶，满地抓。

向阳好种茶，背荫好插柳。

茶叶不怕采，只要肥料待。

七挖金，八挖银。（此条说明茶园伏耕的必要性和重要性。七、八指夏历七月八月。）

见铁三分肥。（锄草松土，茶园肥旺。）

留叶采摘，常采不败。

茶籽采得多，茶园发展快。

拱拱虫，拱一拱，茶农要吃西北风（这句话是说，茶树易受拱拱虫影响，严重时茶光要被虫吃光，茶农颗粒无收。拱拱虫是茶尺蠖的俗名，是中国茶树主要害虫之一）。

头茶勿采，二茶勿发。

清明发芽，谷雨采茶。

片叶下山，越采越发。

早采为茶，晚采为茗。

立夏茶，夜夜老，小满后茶变草。

早采三天是宝，迟采三天是草。

夏茶养丛，秋茶打顶。

立夏过，茶生骨。

嫩茶轻，老茶重。（以上句都是关于采茶经验的谚语，告诉大家采茶主要根据春、夏、秋三季茶叶的不同情况，适时采摘，合理采摘，合理留养。）

茶叶好比时辰草，日日采来夜夜炒。

茶叶本是时辰草，早三日是宝，迟三日是草。

一季茶叶一场病，一年茶叶半条命。（反映茶园园艺并非易事。）

6. 茶的保健作用

姜茶治病，糖茶和胃。

浓茶猛烟，少活十年。

粗茶淡饭不喝酒，一定活到九十九。

午茶提精神，晚茶难入眠。

常喝茶，少蛀牙。

二 茶联

茶联，就是有关于茶的对联，多出现在茶馆，其中有许多关于茶、饮茶、茶道等内容。

（1）坐，请坐，请上座

茶，敬茶，敬香茶

据传此联出自郑板桥之手。一日，郑板桥到一寺庙拜访方丈，方丈见他就是个贫穷书生模样，便说道，“坐”，对着旁边的小和尚说道，“茶”。与郑板桥聊了一会，发现他谈吐不凡，于是请他到厢房，说“请坐”，并吩咐小和尚：“敬茶”。再聊了一会儿，发现原来此人正是郑板桥，于是更加尊敬，连忙将他请到方丈室，一面说道“请上座”，一面吩咐“敬香茶”。方丈知道郑板桥是书法名家，于是请他为寺庙写副对联。于是郑板桥便将方丈的几句话写成了如上的对联，此联即景生情，对仗工整，又寓意深刻，郑板桥的对联是对那种“看人下菜碟”的势利眼的嘲讽，是对敬茶失礼的批评。

（2）为名忙，为利忙，忙里偷闲，且喝一杯茶去

劳心苦，劳力苦，苦中作乐，再倒一杯酒来

这是蜀地早年一家茶馆兼酒店的门上对联，联中写出了人的一生，忙忙碌碌，

辛辛苦苦，但是在忙之中，在苦之中，喝杯茶，饮杯酒，将辛苦暂时抛于脑后，得到一份逍遥的生活态度。

（3）山好好，水好好，入亭一笑无烦恼

来匆匆，去匆匆，饮茶几杯各西东

这是以前福建的一座茶亭上的茶联，联中写到旅行之事，人在旅途，有好山好水相伴，大家在亭中休息时喝上几杯茶，谈笑间便将旅途的艰辛抛弃，然而大家都是来去匆匆，休息完毕便又各奔东西。这副茶联不仅写出了茶亭的作用，还把人在旅途的艰辛都化为轻松一笑，行人若行经此亭，自然会停下休息，饮几杯茶，会心一笑。

（4）陶潜喜饮，易牙善烹，饮烹有度

陶侃惜分，夏禹异寸，分寸无遗

这是广州陶陶居茶楼三楼上的一副茶联，联中巧妙引用了四个典故，实为劝告世人要饮食有度，珍惜时光。

【第三节】·茶与书画

唐代，茶事盛行，由此有关茶的画作也开始出现。茶画，是现代的说法，传统的国画分类中并无此类，而是随着近代茶文化的发展而出现的专有名词，是有关茶的画作的总称。有些画作是因茶而画，有些画作的主题并非茶（特别是古代的画作），但其中有关于茶的部分，也归于茶画之中。画，是记录历史的最直接的形象载体。从不同时代的茶画中，我们可以直观地看到不同的茶文化现象，从而更加清晰地了解茶文化在不同时期的不同表现。下面介绍几幅较有历史意义的茶画。

一 茶画

1.《萧翼赚兰亭图》

这是最早一幅描述茶事活动的茶画，现存台湾故宫博物院，为初唐画家阎立本所作。图中描述了大臣萧翼奉了唐太宗之命骗取辩才和尚的王羲之《兰亭集序》真迹的故事。画中共5人，辩才老和尚坐在中间，右侧为萧翼，正与辩才交谈，中立一个年轻的侍者。画的左边有位老者和童子正在烹茶。只见老者守在一风炉旁，炉上有一锅，其中茶汤似已沸腾，老者手持“茶夹”，一边掌握着茶汤的火候，一边还观察着主宾交谈的情况。对面的童子端着茶托盏，准备奉茶，旁边桌子上放有茶罐茶碗等，十分生动。此作被称为“一件最早的反映唐代饮茶生活的绘画作品。”

2.《调琴啜茗图》

《调琴啜茗图》是反应唐代宫廷饮茶的图画，现藏于美国纳尔逊·艾金斯艺术博物馆，此图由周舫所作，画中描绘了三位衣着华丽、体态丰满的贵妇人，其中一位在弹琴，一位手捧茶盏于唇边，一边品茗，一边赏乐，另一妇人在凝神倾听。其旁还有两位奉茶的侍女。

3.《文会图》

描述文人茶会的《文会图》，现藏于台北故宫博物院，宋徽宗赵佶所作，图中描绘了文人聚会品茗的场景。中间一张巨大的桌子放在庭院之中，其上尽是佳肴，众多士人环桌而坐，神态各异，或高谈阔论，或静坐倾听，或举杯品饮，形态文雅；侍者或端捧杯盘，往来其间，或在炭火旁忙着点茶分茶，其场面气氛热烈，神态微妙，堪称人物图画的佳品。画中的茶具甚多，与赵佶在《大观茶论》中提到的茶器多有类似，可谓是宋代点茶法场景的形象再现。

4.《斗茶图》

《斗茶图》为元代赵孟頫所作，现藏于台北故宫博物院。斗茶是宋元时期盛行的就茶叶品质和点茶技艺进行比试的活动，也称“茗战”。图中有四人，身旁均放着茶担，担子上茶具、炉具一应俱全。左前一人一手执茶碗，一手提着茶桶，神态自若，似已胜券在握。其后一人正一手执壶，一手执茶碗，仔细地注水。右边的两位凝神注目，静观这二人比试的结果。此图人物生动传神，极富感染力，比试的紧张气氛仿佛都能透着画卷传达出来，是茶画中不可多得的佳作。

5. 明代才子的茶画

明代才子中的唐寅、文徵明、仇英可谓是爱茶之人，作的茶画也较多。文徵明的《茶具十咏图》(现藏于北京故宫博物院)，图中描绘了一古树参天的庭院，一位隐士等待客人品茶的场景，图上方书写了十首诗《茶具十咏》，从诗图中可以读到文徵明对于茶的研究和理解。其还作有《惠山茶会图》(现藏于北京故宫博物院)，也是佳作，描绘了古人吟诗品茗，游山试泉的雅趣。另有《乔林煮茗图》(现藏于北京故宫博物院)《林榭煎茶图》(现藏于天津艺术博物馆)。

唐寅《品茶图》(现藏于台北故宫博物院)，图中描绘山中的一位老者正与小童悠闲品茶，图上有诗“买得青山只种茶，峰前峰后摘春芽；烹煎已得前人法，蟹眼松风候自嘉。”另有《事茗图》(现藏于北京故宫博物院)，《琴士图》《卢仝煎茶图》等。

仇英《松亭试泉图》，画中层峦飞瀑，流入林溪间，溪边一亭，两人正于亭中饮茶，一童子在溪边汲水，一派悠闲风景。另有《烹茶洗砚图》《陆羽烹茶图》《园居图》《松溪论画图》等。

二 与茶有关的书法作品

书法，是中华文明最可宝贵的文字艺术，它包含了中国人高尚的、特殊的审美情趣。在悠远的书法历史中，有众多的名人书法作品，是以有关茶事的书信手札、诗词文章等为主要内容的。最早的关于茶事的手札是唐怀素的《苦笋贴》：“苦笋与茗异常佳，乃可径来。怀素上。”怀素是草书大家，其书法以“狂”著称。此帖文字笔势俊健，一气呵成，其字忽大忽小，其笔画忽连忽断，线条似飞动跳跃，又刚劲有力，变幻无穷。

历史上的许多书法大家同时又是爱茶之人，其所作的有关茶事的书信手札、诗词文章等均可视为书法作品，如苏轼、米芾、八大山人、郑板桥等。其作品列举一二。

苏轼《啜茶帖》“道源无事，至今可能罔顾啜茗否？有少时须至面白。孟坚必已安也。轼上，恕草草。”此帖是苏轼于宋元丰三年（1080年）写给道源的信，邀其来饮茶。此札用行书，用墨丰赡而骨力洞达。

幼孚斋中试泾县茶

汪士慎

不知泾邑山之涯，春风茁此香灵芽。
两茎细叶雀舌卷，蒸焙工夫应不浅。
宣州诸茶此绝伦，芳馨那逊龙山春。
一瓯瑟瑟散轻蕊，品题谁比玉川子。
共向幽窗吸白云，令人六腑皆芳芬。
长空霭霭西林晚，疏雨湿烟客忘返。

汪士慎，字近人，号巢林，扬州八怪之一。由于他排行第六，并嗜茶如癖，他的朋友金农常称之为“汪六”或“茶仙”。晚年双目失明，但仍能作画，颇有名望。

此诗描写了诗人品饮泾县茶的感受，赞美此茶的品质优越。此诗是隶书中的精品。值得一提的是，条幅上有“左盲生”一印，说明此诗作于他左眼失明后。这幅作品通篇笔致动静相宜，方圆合度，结构精到，茂密而不失空灵，整饬而暗相呼应。

金农的《玉川子嗜茶》。金农也是扬州八怪之一，其书法方正朴拙，人称“漆书”。金农嗜茶，其书法作品中有几件涉及茶。其中《玉川子嗜茶》便是此类代表作，内容为：“玉川子嗜茶，见其所赋茶歌，刘松年画此，所谓破屋数间，一婢赤脚举扇向火。竹炉之汤未熟，长须之奴复负大瓢出汲。玉川子方倚案而坐，侧耳松风，以候七碗之入口，而谓妙于画者矣。茶未易烹也，予尝见《茶经》、《水品》，又尝受其法于高人，始知人之烹茶率皆漫浪，而真知其味者不多见也。呜呼，安得如玉川子者与之谈斯事哉!稽留山民金农。”

金农写过《述茶》一轴，内容为：“采英于山，著经于羽；荈烈蔎芳；涤清神宇。”他还写过苏东坡的茶诗：“敲火发山泉，烹茶避林樾。明窗倾紫盏，色味两奇绝。吾生服食耳，一饱万想灭。颇笑玉川子，饥弄三百月。岂如山中人，睡起山花发。一瓯谁与同，门外无来辙。”

【第四节】·茶歌舞

一 茶歌舞

茶歌舞是人们在茶叶生产消费的过程中衍生出来的一种文化现象。茶歌的来源可分为三种。

第一种，由文人创作后流入民间传唱。《全唐诗》中，如皎然的《茶歌》、卢仝的《走笔谢孟谏议寄新茶》、刘禹锡的《西山兰若试茶歌》等，都是茶歌。宋熊蕃在十首《御苑采茶歌》的序文中称："先朝漕司封休睦，自号退士，曾作《御苑采茶歌》十首，传在人口……蕃谨抚故事，亦赋十首献漕使。"这里所说的"传在人口"，就是流传在百姓之间、被反复咏唱的意思。范仲淹的《和章岷从事斗茶歌》亦是脍炙人口的佳作。

第二种，是由文人将民谣整理配曲再返回民间，如明清时期杭州富阳一带流行的《贡茶鲫鱼歌》，是由正德九年按察检事韩邦奇根据《富阳谣》改编。其歌曰："富阳山之茶，富阳江之鱼，茶香破我家，鱼肥卖我儿。采茶妇，捕鱼夫，官府拷掠无完肤，皇天本圣仁，此地一何辜？鱼兮不出另县，茶兮不出别都，富阳山何日摧？富阳江何日枯？山摧茶亦死，江枯鱼亦无，山不摧江不枯，吾民何以苏！"歌中用反复的问句倾诉了富阳人民被贡茶和贡鱼弄得民不聊生的情况，韩邦奇后因反对贡茶得罪皇帝，以"怨谤阻绝进贡"罪，被押囚京城多年。

茶歌的第三个来源则是民间创作，即由人们在茶叶生产劳动过程中创作出来的，这部分是中国茶歌的主要来源。民间茶歌在多个省份的方志中都有记载，如江西、福建、浙江、湖南、湖北、四川等茶叶比较发达的省份。这些歌曲在发展的过程中形成了特有的"采茶调"，成为我国传统民歌的一种形式。"采茶调"属于汉族的民歌，在我国的少数民族也有不少如"打茶调""敬茶调""献茶调"等曲调。藏族牧民在挤奶时，有"挤奶调"；宴会时，唱"敬酒调"；青年男女相会时，唱"打茶调""爱情调"。

下面是一首清代流传在山西的茶歌，歌中描述了茶工的艰辛与无奈，歌词为：

清明过了谷雨边，背起包袱走福建。
想起福建无走头，三更半夜爬上楼。
三捆稻草搭张铺，半碗腌菜半碗盐。
茶叶下山出江西，吃碗青茶赛过鸡。
采茶不幸真不幸，三夜没有两夜眠。
茶树底下冷饭吃，灯火旁边算工钱。
武夷山上九条龙，十个包头九个穷。
年老穷了靠双手，老来穷了背竹筒。

《采茶舞曲》是浙江民歌，作于1958年，由周大风作词曲，全曲以越剧的音调为素材，具有舞蹈风格。1987年，《采茶舞曲》被联合国科教文组织作为亚太地区优秀民族歌舞保存起来，并被推荐为浙江地区的音乐教材。这是中国历代茶歌茶舞得到的最高荣誉。

其歌词为："溪水清清溪水长，溪水两岩好呀么好风光。哥哥呀你上畈下畈勤插秧，妹妹们东山西山采茶忙。插秧插到大天亮，采茶采到月儿上；插得秧来匀又快，采得茶来满山香，你追我赶不怕累，敢与老天争春光，争呀么争春光。"

茶舞中最著名的要数福建《采茶扑蝶》。其舞者由若干女子组成，身着传统服饰，鱼贯而入，一手执扇，一手执灯。其曲调欢快愉悦，歌词清爽，舞蹈欢快优美，描绘了茶农们愉快采茶的场景。

二 采茶戏

采茶戏又称"茶歌""采茶歌""唱采茶""灯歌""采茶灯""茶篮灯"等，大都形成于清中期到末期，是福建、安徽、两湖、两广等省区的一种戏曲类别。采茶戏最早发源于江西，由"采茶歌""茶灯"等融入其他艺术发展而来。采茶戏剧种繁多，如湖北的"阳新采茶戏""黄梅采茶戏"、广东的"粤北采茶戏"等。其中江西的剧种较多，有"赣南采茶戏""抚州采茶戏""南昌采茶戏""武宁采茶戏""吉安采茶戏""景德镇采茶戏"和"宁都采茶戏"等。

随着历史的发展，采茶戏逐渐演变成为反映人们生活的剧种，其虽然起源于采茶活动，但时至今日，大部分采茶戏的内容已经与茶叶无关。目前与茶有关的采茶戏有赣南采茶戏中的《茶童戏主》《采茶歌》，景德镇采茶戏的《姑嫂摘茶》，吉安采茶戏的《茶亭会》等。各地的采茶戏表演形式不同，如赣南采茶戏以演“三小戏”为主，分小生、小旦、小丑，曲牌分茶腔、灯腔、路腔和杂调四种，俗称“三腔一调”，多以扇子作道具。小生多表演青年男子，小旦则表演年轻妇女，小丑多表演懒汉、浪荡公子一类。而闽西采茶戏则有“八角头”，音乐以茶歌、小调为主，多以花帕彩伞做道具。

20世纪50年代以来，随着我国戏剧事业的成长，戏剧舞台上也出现了一批以茶事、茶馆为背景的话剧与电影，著名的有老舍《茶馆》等。

【扩展阅读】《叶嘉传》宋·苏轼

叶嘉，闽人也。其先处上谷，曾祖茂先，养高不仕，好游名山，至武夷，悦之，遂家焉。尝曰：“吾植功种德，不为时采，然遗香后世，吾子孙必盛于中土，当饮其惠矣。”茂先葬郝源，子孙遂为郝源民。

至嘉，少植节操。或劝之业武。曰：“吾当为天下英武之精，一枪一旗，岂吾事哉。”因而游，见陆先生，先生奇之，为著其行录传于世。方汉帝嗜阅经史时，建安人为谒者侍上，上读其行录而善之。曰：“吾独不得与此人同时哉!”曰：“臣邑人叶嘉，风味恬淡，清白可爱，颇负其名，有济世之才，虽羽知犹未详也。”上惊，敕建安太守召嘉，给传遣诣京师。郡守始令采访嘉所在，命赍书示之。嘉未就，遣使臣督促。郡守曰：“叶先生方闭门制作，研味经史，志图挺立，必不屑进，未可促之”。亲至山中，为之劝驾，始行登车。遇相者揖之曰：“先生容质异常，娇然有龙凤之姿，后当大贵”。嘉以皂囊上封事。

天子见之曰：“吾久饫卿名，但未知其实耳，我其试哉。”因顾谓侍臣曰：“视嘉容貌如铁，资质刚劲，难以遽用，必捶提顿挫之乃可。”遂以言恐嘉曰：“砧斧在前，鼎镬在后，将以烹子，子视之如何?”嘉勃然吐气曰：“臣山薮猥士，幸惟陛下采择至此，可以利生，虽粉身碎骨，臣不辞也。”上笑，命以名曹处之，又加枢要之务焉。因诫小黄门监之。有顷报曰：“嘉之所为，犹若粗疏然。”上曰：“吾知其才，第以独学未经师耳。嘉为之，屑屑就师，顷刻就事，已精熟矣。”上乃敕御史欧阳高、金紫光禄大夫郑当时、甘泉侯陈平三人，与之同事。欧阳嫉嘉初进有宠，曰："吾属且为之下矣。"计欲倾之。会天子御延英，促召四人。欧但热中而已；当时以足击嘉；而平亦以口侵陵之。嘉虽见侮，为之起立，颜色不变。欧阳悔曰："陛下以叶嘉见托吾辈，亦不可忽之也。"因同见帝，阳称嘉美，而阴以轻浮訾之。嘉亦诉于上。上为责欧阳，怜嘉，视其颜色，久之，曰："叶嘉真清白之士也，其气飘然若浮云矣。"遂引而宴之。少选间，上鼓舌欣然曰："始吾见嘉，未甚好也；久味之，殊令人爱，朕之精魄，不觉洒然而醒；书曰：'启乃心，沃朕心'，嘉元谓也。"于是封嘉为钜合侯，位尚书。曰："尚书，朕喉舌之任也。"

由是宠爱日加。朝廷宾客，遇会宴享，未始不推于嘉。上日引对，至于再三。后因侍宴苑中，上饮逾度，嘉辄苦谏。上不悦曰："卿司朕喉舌，而以苦辞逆我，余岂堪哉。"遂唾之，命左右仆于地。嘉正色曰："陛下必欲甘辞利口，然后爱耶？臣言虽苦，久则有效，陛下亦尝试之，岂不知乎？"上顾左右曰："始吾言嘉刚劲难用，今果见矣。"因含容之，然亦以是疏嘉。嘉既不得志，退去闽中。既而曰："吾未如之何也，已矣。"上已不见嘉月余，劳于万几，神思困，颇思嘉。因命召至，喜甚，以手抚嘉曰："吾渴见卿久也。"遂恩遇如故。上方欲以兵革为事。而大司农奏计国用不足，上深患之，以问嘉。嘉为进三策。其一曰：榷天下之利，山海之资，一切籍于县官。行之一年，财用丰赡。上大悦。兵兴有功而还。上利其财，故榷法不罢。管山海之利，自嘉始也。居一年，嘉告老。上曰："钜合侯其忠可谓尽矣。"遂得爵其子。又令郡守择其宗支良者，每岁贡焉。嘉子二人。长曰抟，有父风，袭爵。次曰挺，抱黄白之术。比于抟，其志尤淡泊也。尝散其资，拯乡闾之困，人皆德之。故乡人以春伐鼓，大会山中，求之以为常。

赞曰：今叶氏散居天下。皆不喜城邑，惟乐山居。氏于闽中者，盖嘉之苗裔也。天下叶氏虽夥，然风味德馨，为世所贵，皆不及闽。闽之居者又多，而郝源之族为甲。嘉以布衣遇天子，爵彻侯，位八座，可谓荣矣。然其正色苦谏，竭力许国，不为身计，盖有以取之。夫先王用于国有节，取于民有制，至于山林川泽之利，一切与民。嘉为策以榷之。虽救一时之急，非先王之举也。君子讥之。或云管山海之利，始于盐铁丞孔仅、桑弘羊之谋也。嘉之策未行于时，至唐赵赞始举而用之。

参考文献

[1] 衣萍．采茶戏的名与实——采茶戏若干问题辨析．农业考古，2003，02：170-174.
[2] 夏涛．中华茶史．合肥：安徽教育出版社，2008.
[3] 徐晓村．茶文化学．北京：首都经济贸易大学出版社，2009.
[4] 黄仲先．中国古代茶文化研究．北京：科学出版社，2010.
[5] 胡丹．中国茶与书画篆刻艺术的契合．北京：光明日报出版社，1999.
[6] 沈海宝．饮茶诗话．兰州：甘肃人民出版社，1986.

第十章

茶文化与社会功能

【第一节】·茶文化在现代社会的发展

一 茶道、茶德精神的新发展

"茶道"二字最早出现于唐皎然和尚的诗中"孰知茶道全尔真，唯有丹丘得如此"。认为饮茶有道，古代的佛教徒在饮茶中静心自悟，体会茶禅一味的真谛。唐宋时期日本僧人来中国留学，将佛门茶事学了回去，由于统治阶级对茶道的重视，因而，茶道在日本发展起来。1977年，谷川激三先生在《茶道的美学》一书中，将茶道定义为：以身体动作作为媒介而演出的艺术，包含了艺术因素、社交因素、礼仪因素和修行因素四个因素。滕军博士在《日本茶道文化概论·茶道解》中也写道："茶道是日本文化的结晶……茶道被称为是应用化了的哲学，艺术化了的生活"。在日本，茶道被提到很高的地位。我国茶人也对新时代茶道的内容进行了阐述，丁文先生专门撰文《中国茶道》，认为"茶道是一门以饮茶为内容的文化艺能，是茶事与传统文化的完美结合，是社交礼仪、修身养性和道德教化的手段。"陈香白先生提出了茶道的具体内容，认为茶道包括"七义一心"，"七义"包括"茶艺、茶德、茶礼、茶理、茶情、茶学说、茶导引"，"一心"即茶道的核心是"和"，完整系统地阐述了茶道的内涵。

"茶德"即为茶道精神，也有人认为是茶道的内涵。陆羽在《茶经》中认为茶最宜精行俭德之人，后来刘贞亮对茶德进行了概括，认为茶有十德。日本人认为茶道精神是"和、敬、清、寂"，"和"即强调主人对客人要和气，客人与茶事活动也要和谐。"敬"表示相互承认，相互尊重，并做到上下有别，有礼有节。"清"是要求人、茶具、环境都必须清洁、清爽、清楚，不能有丝毫的马虎。"寂"是指整个茶事活动要安静，神情要庄重，主人与客人都是怀着严肃的态度，不苟言笑地完成整个茶事活动。韩国也提出了"和、敬、俭、真"的茶道精神。中国台湾学者提出茶道精神可用"清、敬、怡、真"概括。"清"是指"清洁""清廉""清静""清寂"。茶艺的真谛不仅要求事物外表之清，更需要心境清寂、宁静、明廉、知耻。"敬"是万物之本，敬乃尊重他人，对己谨慎。"怡"是欢乐怡悦。"真"是真理之真，真知之真。饮茶的真谛，在于启发智慧与良知，使人生活得淡泊明志、俭德行事，臻于真、善、美的境界。茶学大师庄晚芳先生认为茶德可以概括为"廉、美、和、敬"，并对这四字进行了解释，廉即廉俭育德，美为美真康乐，和即和诚处世，敬为敬爱为人。程启坤先生认为中国茶德是“理、敬、清、融”。茶界著名学者、上海茶叶学会理事长钱梁先生从茶的周而复始，尽情抽发出新芽的现象概括出更高层次的“茶人”应有的情操和精神风貌：“默默无私的奉献精神，有博大的胸怀，为人类造福。”

二 饮茶技艺——茶艺的创新与发展

饮茶讲究茶品、器具、火候、水质，因此需要经验和技术，而操作的过程技巧性很强，本身又是一门艺术，因此称为茶艺。在唐代，茶人已经很讲究饮茶的学问了。陆羽《茶经》六之饮写道：“茶有九难，一曰造，二曰别，三曰器，四曰火，五曰水，六曰炙，七曰末，八曰煮，九曰饮”，认为品茶应善于鉴茗、品水、看火、辨器。从陕西法门寺出土的唐代宫廷茶具也证明了当时饮茶器具之多，对茶具精美、奢华的追求。到了宋代饮茶风气日盛，对茶艺的追求也更为精致。首先对茶品的追求达到了极致，当时制造的贡茶“龙团凤饼”对原料、工艺都很讲究，而且上面还要雕上龙凤图案。其次对茶技有很高的要求，当时斗茶之风盛行，分茶法要求在泡好的茶汤上面幻化出各种图案出来。欧阳修曾倡导品茶必须茶新、水甘、器洁，再加上天朗、客嘉五美具备方为品茶之真趣。明代由于散茶制造大为发展，饮茶方式也向清净、愉悦、闲适方向发展。朱权的《茶录》对此进行了描述，对饮茶之人、品茗环境、饮茶方法、饮茶礼仪进行了详尽的描绘。

在当代，一些社会学家和茶叶界人士对“茶艺”的概念进行了界定，台湾茶文化专家范增平先生在1987年对茶艺的概念进行了广狭义的解释，指出：“广义的茶艺是研究茶叶的生产、制造、经营、饮用的方法和探讨茶业原理、原则，以达到物质和精神全面满足的学问。”而狭义的解说是：“研究如何泡好一壶茶的技艺和如何享受一杯茶的艺术”（《台湾茶文化论》，台湾碧山岩出版公司出版）。另一台湾茶艺专家蔡荣章先生在1992年提出茶艺应强调有形的动作部分，认为茶叶的冲泡过程不只是把茶叶的品质完美发挥的技能，本身也是一种发展个性的表演艺术（《现代茶艺》，台湾中视文化事业股份有限公司出版）。王玲教授在《中国茶文化》一书中写道：“茶艺和茶道精神是茶文化的核心。我们这里说的‘艺’是指制茶、烹茶、品茶等茶艺之术；我们这里所说的‘道’是指茶艺过程中所贯彻的精神。”作家丁文在《中国茶道》一书中写道：“茶艺是指制茶、烹茶、饮茶的技术，技术达到炉火纯青便成一门艺术。”陈香白先生认为：“茶艺就是泡茶的技艺和品茶的艺术。其中又以泡茶的技艺为主体，因为只有泡好茶后才谈得上品茶。”著名茶文化专家陈文华先生也认为茶艺应是“专指泡茶的技艺和品茶的艺术而言，是茶道的载体，具有独立存在的价值。”

陈文华先生对当前社会上的茶艺表演进行了归类，认为目前国内茶艺表演分为三种类型：即传统茶艺，加工整理和仿古创新。传统茶艺是指在我国民间最流行的茶叶冲泡技艺，主要包括四川及北方地区的盖碗茶（以冲泡花茶为主，也有用盖碗冲泡绿茶的）；其次是闽广港台地区的小壶小杯的工夫茶，专泡乌龙茶；再次是江浙地区的玻璃杯冲泡名优绿茶。加工整理型是指对民间自发状态的传统茶艺进行艺术化、规范化的整理，如“台湾工夫茶艺”就是对潮汕工夫茶艺的改良与提高。仿古创新型的茶艺，仿古类主要是根据文献和考古资料复原古人的品茗活动；创新类则是根据一定主题编创反映现实生活的茶艺活动。主要有江西的文士茶、福建的惠安女茶俗、湖南的洞庭茶俗、上海乔木森先生创制的“太极茶道”、杭州的“龙井问茶”等复古或创新的茶艺。安徽农业大学茶文化研究中心的丁以寿教授也对当前的茶艺进行了归类整理，认为根据中国饮茶历史以及习茶法，茶艺可分为煎茶茶艺、点茶茶艺、泡茶茶艺三大类，而根据泡茶的器具不同可归类为：工夫茶艺、壶泡茶艺、盖杯泡茶艺、玻璃杯泡茶艺、工夫法茶艺（指当代茶人借鉴茶具和泡法冲泡非青茶类的茶）五大类。也有人将现代茶艺分为两种类型，即休闲型和表演型，休闲型茶艺主要在茶艺馆表演。表演型的茶艺又包括民族型、宫廷型、地方型、文士型、寺院型、少儿型、科普型。寇丹先生提出了“主题茶艺”的概念，认为自唐代以来的茶会、茶宴都是有主题的，茶艺的主题能体现人与茶结合的形式和内容，以及这种结合对人对社会产生的影响。

【第二节】·茶馆文化

一 茶馆文化的内涵

茶馆文化是指以茶馆为中心并向外延伸，围绕茶馆所进行的茶事活动和与之相关的文化娱乐活动，还包括在这些文化活动基础上形成的一系列民俗文化的内容。其内容和形式都是以茶为载体，以馆为展示场所，综合音乐、诗画、茶艺表演等多种艺术形式来表达茶与人的思想感情、生活情趣、道德和价值观念，给人一种精神鼓舞，情感愉悦并具审美效应。

老舍先生曾说过，“茶馆就是一个小社会，这里三教九流，无所不有，天地玄黄，共存俱在。”茶馆形成后，其功能不仅仅是一个喝茶的场所，而且成为人们议事、叙谊、做生意、谋生存，甚至解决纠纷的场所，成为各种人物的活动舞台，并经常成为社会生活和地方政治的中心。在古代，它既是茶客们的公共空间，又是其“自由世界”，茶客们一边歇息聊天，还可观看和享受各种艺人的表演和服务，评书、相声、快板等戏曲节目不断在这里上演，成为一个公共的娱乐空间，在茶馆里，还有小贩、手工匠在这里谋生存。在一些地方，茶馆也成为解决纠纷的“民间法庭”，有冲突的双方在茶馆坐定，请当地有威望的长者主持公道，理输的一方将支付全部茶资。

上海沪剧作家以沙家浜军民抗日生活为素材，创作了沪剧《芦荡火种》，演出后轰动申城，名闻江浙。后来北京京剧团把它改编为京剧。“垒起七星灶，铜壶煮三江，摆开八仙桌，招待十六方……”，阿庆嫂的唱词使沙家浜的茶馆闻名全国。《沙家浜》中的智斗一场戏，以茶馆作为背景是有史据的。常熟县志记载：在明朝时，这里的茶馆就已十分普遍，抗日战争时期沙家浜仍有徐德茂茶馆、里乐园茶馆、桑厅茶馆、金家茶馆等34家。那些起早的男人们总会赶在一天劳作之前，聚集到茶馆里谈古论今，交流信息。茶馆还是民间艺人的演出场所，水乡人在此喝茶听戏，其乐融融。当年“江抗”(抗战组织)经常利用茶馆作掩护，联络接头，传递情报，许多茶馆都是我党的地下交通站。

由此可见，独特的中国茶馆文化，其内涵已超越了茶馆和茶这些物质载体，不再是一个简单的集体饮茶场所，而是一种精神和文化领域，是文化交流的场所，文化传播的平台，成为人们生活中不可或缺的休闲娱乐和社交场所。现代茶馆不仅提供茶饮，还提供人文服务，融喝茶、欣赏、文化、交流等功能于一体。在环境幽雅、富有文化的氛围中，人们欣赏茶艺、讲究礼仪、欣赏研讨诗画、享受民俗风情、联谊交友、调节生活节奏和心理状态、感受休闲乐趣，从而得到精神层面的满足，达到对生活品质的重视和珍惜。

二 中国茶馆发展历程

1. 唐代茶馆

早在唐朝前，已出现了茶馆的雏形，陆羽《茶经》中引用了南北朝时一部神话小说《陵耆老传》中的一个故事，说晋元帝时“有老姥每旦独提一器茗往市鬻之，市人竞买，自旦至夕，其器不减”，这便是设茶摊、卖茶水的最早方式。

唐代，当时全国许多地方都产茶，茶叶生产已十分发达，饮茶风气盛极一时。不论是僧侣道士，还是达官贵人，甚至普通百姓，都爱好饮茶，茶已成为“比屋之饮”。其次，唐代社会经济比较发达，商业来往较为频繁。因此在许多大城市便出现了供商人、工匠、挑夫、贩夫等各阶层人士交往、歇息的地方，茶馆便是他们交流往来的一个好地方。

在唐代封演所著的《封氏闻见记》有这样的记载：“开元中（713—741年）……自邹、齐、沧、棣，渐至京邑城市，多开店馆，煮茶卖之，不问道俗，投钱取饮。”即在一些大城市，一些专门卖茶的茶馆已经成立，而且已成为百姓解渴歇息的好地方。当时，唐代的茶馆多是与旅舍、饭店相结合，未完全独立，但也初具规模，为两宋茶馆的兴盛奠定了基础。

2. 宋代茶馆

宋代，是茶馆兴盛的时代，表现在茶馆数量增多，注重文化氛围的营造，形式多样，功能齐全。在宋代，各大城市的大街小巷，茶肆林立，茶馆成为一个兴盛的行业。在当时的汴梁（现河南开封市）和临安（指浙江杭州市），大街小巷都分布着茶馆，甚至出现了连片经营的情况。临安地区出现了许多名茶馆，吴自牧在其《梦粱录》里记载的有“潘节干茶坊、俞七郎茶坊、朱骷髅茶坊、郭四郎茶坊、张七相干茶坊、黄尖嘴蹴球茶坊、一窟鬼茶坊、车儿茶肆、蒋检阅茶肆”等。除了大城市茶馆业发达外，宋代茶馆已从市镇普及到乡村，成为普通百姓饮茶休闲的场所。

宋代茶馆除了数量增多外，开始注重文化氛围的营造，美化饮茶环境，以求取得良好经济效益。据吴自牧《梦粱录》卷十六《茶肆》记载：“汴京熟食店，张挂名画，所以勾引观者，留连食客。今杭城茶肆亦如之，插四时花，挂名人画，装点店面。”有的茶肆“列花架，安顿奇松异桧等物于其上，装饰店面”，有的店面壁上写字作装饰，可见，当时的茶馆在装修上已非常注意环境氛围的营造，来吸引消费者，这些装饰行为对今天茶馆的装饰仍然起着指导作用。

宋代茶馆不但注意文化氛围的营造，茶馆的功能也多样化，不仅可在此喝茶，还可休闲、娱乐。茶馆类型也多种多样，有供士大夫、读书人聚会的“车儿茶肆”，也有供商人谈生意的茶馆，称为“市头”，还有兼营旅馆的茶肆等，满足不同阶层、不同人士的消费需求，拓展了茶馆的功能，使茶馆文化得到丰富。

3. 清代茶馆

在清朝，曾经出现“康乾盛世”的局面，社会经济的发展，政治的稳定，使得社会各行业都得到了好的发展。茶叶生产也不例外，在明朝废除蒸青团茶后，各茶类也相继出现，各地民众饮茶风气尤盛，如福建等地流行的功夫茶品饮方式此时已正式形成。同时，康熙、乾隆都是爱茶的皇帝，乾隆皇帝尤其爱茶，称“君不可一日无茶”，乾隆皇帝六下江南，也曾多次来到龙井茶区，参观考察龙井茶的生产。茶文化完全融入社会各阶层的生活中，茶馆文化已成为大众文化，因此清代茶馆在数量、种类、功能上皆有很大发展，此时茶馆的发展又到了一个新的高峰。

在茶馆类型上，清代茶馆有大茶馆、清茶馆、书茶馆、野茶馆、棋茶馆等不同类型，大茶馆一般规模较大，一般有厅堂还设雅间，大茶馆除提供茶水外，还提供各种点心和小吃，因此又可分为二荤馆、红炉馆、窝窝馆、搬壶馆等类型。清茶馆则只卖茶，不提供吃的，是一般为文人雅士聚会之处。野茶馆与清茶馆相似，只是一般选在环境幽雅、富有野趣的郊外，讲究的是清幽、惬意。书茶馆则是环境布置非常讲究的茶馆，座位还分三六九等，显著的特点是经常有曲艺节目的演出，如评书、单弦、大鼓、杂耍、京戏等。棋茶馆，顾名思义则是既可喝茶又可下棋的地方，这也是文人士大夫经常光顾的茶馆。

在社会功能上，清代茶馆已成为人们日常生活不可缺少的场所，成为人们的交际娱乐中心。当时，茶馆不仅成为文人雅士叙谈、会旧、吟咏、品茗赏景的场所，也是富商洽谈生意之地，还是下层市民聚会、寻找工作、打探经济信息、民事评理的地方。同时，说唱艺术进驻茶馆，进一步丰富了茶馆文化的内容，茶馆已成为包容万象的社会生活大舞台。

二 中国当代茶馆

在人们对保健和休闲生活重视的背景下，当代茶馆已成为都市生活一道亮丽的风景。装修风格各异的茶馆将人们的日子点缀得既传统又时尚，滋润着当代人的心灵。无论是身处大都市的高档茶馆，还是市镇上的简单茶座，都已成为国人生活中一处惬意的休闲场所。当代茶馆在发展过程有如下特点：① 以品茗为主，并结合饮食文化，但特别强调文化氛围，不但注重外表装潢，更注重内在文化韵味，置名家字画，陈列民俗艺品古玩、精品茶具和珍贵茶叶，并提供完整的茶艺知识。② 茶馆除了洽公谈商、以茶会友等社会功能外，还强调形成一个注重精神层面的文化交流中心。一些茶馆会举行有关传统文化的展览，还有一些会举办文学沙龙，请文化名人来讲座等。③ 茶馆还强调社会责任，茶馆不仅以盈利为目的，而且努力建设成为有益社会的高雅场所，成为倡导国饮，弘扬祖国茶文化的场所，为精神文明建设作出了贡献。

1. 京派茶馆

北京作为全国的政治、经济、文化中心，饮茶者众，北京的茶馆富丽考究，且透着浓浓的京味文化。

京派茶馆中具有代表性的是老舍茶馆，它融大众化的大碗茶文化和多种传统民族艺术形式于一体，被誉为“民间艺术的橱窗”。“老舍茶馆”的前身称“青年茶社”，是由尹盛喜先生带领一群年轻人开办的茶摊，卖的是二分钱的大碗茶。后来，为了弘扬民族艺术，重现老舍先生《茶馆》中的情景，尹盛喜提出了“振兴祖国茶文化，扶植民族艺术花”的口号，将“青年茶社”建成了一座大楼，“老舍茶馆”便由此诞生，在这里可以品赏全国各地名茶，还有曲坛名流在此演唱，形成了别具一格的老舍茶馆文化。老舍茶馆的装修体现的是晚清、京味的风格，观众可一边品尝着宫廷糕点和北京风味小吃，一边欣赏着传统戏曲，民乐演奏，可体会到老北京人“坐茶馆”的乐趣。

2. 川派茶馆

有语云：“四川茶馆甲天下”，四川是我国茶起源地之一，四川人保留了饮茶的习惯，四川人喝茶，称“龙门阵、大碗茶”，不讲究茶的品质，不讲究喝茶的环境。

大树荫处，凉棚底下，随随便便摆上桌凳，就可以喝茶，已成为了一种生活状态。四川茶馆多，被称为“头上晴天少，眼前茶馆多”。四川的茶馆又以成都为最，茶馆有大有小，大到上千个座位，小到只有三五张桌。四川茶馆讲究待客态度、铺面格调、茶具、茶汤，操作技艺配套服务。正宗川茶馆应是紫铜茶壶、锡茶托、景瓷盖碗、圆沱茶、好么师（茶博士），样样皆精，处处体现了巴蜀地区的文化氛围和文化特色。

3. 粤派茶馆

“食在广州”，广州人对吃非常讲究，其茶馆起步也较早，前身是清代的“二厘馆”，提供“一盅两件”即一盅茶、两件点心，最初的功能是休闲和餐饮，为客人提供歇脚叙谈、吃点心的地方。而现在广州的茶馆不叫“茶馆”，而叫“茶楼”，是因为在光绪时期，开始出现楼层建筑，不仅室内装饰讲究而且在食谱上推陈出新，一般为楼上开茶馆楼下卖小吃茶点，典型特点是“茶中有饭，饭中有茶，餐饮结合”。目前广州茶楼的点心已达数百种，提供的茶类也相当丰富，以普洱茶和乌龙茶类为主，其他各种绿茶、红茶、白茶等也时常可见，茗茶与精美食品、点心，相得益彰，形成浓郁的“岭南特色”。比较讲究的消费者常常自带茶叶，请服务员代为冲泡。

4. 杭派茶馆

杭州号称“休闲之都”，同时又是“茶叶之都”，这里不仅是西湖龙井的产地，而且许多国字号的茶叶研究机构都兴建在此。杭州被称为“茶香四溢”的城市。在西湖的山水间，坐落着各种风格的茶馆，有人说“坐在杭州，犹如坐在茶馆。”杭州人喜欢在外休闲聚会，加之杭州又是著名的旅游城市，因此成就了杭州茶馆业的发达。杭州的茶馆类型多样，既有“清茶馆”，也有“茶餐馆”，还有兼带可以阅读的书茶吧、可以上网的网茶吧、可以买画的画茶吧等，以满足不同人群的需要，既能吸引大叔大妈，也能迎来都市时尚男女。杭州茶馆服务细腻，经常会弄些“小恩小惠”讨消费者的欢心，如被称为“五小”服务特色的“小技巧、小折扣、小礼品、小客套、小特色”，使消费者觉得既实惠又温馨。杭派茶馆讲究精致而又有个性，近年不断出现主题茶馆、复合式茶馆、探索性茶馆等，而“茶餐馆”经营模式更被业内人士不断模仿，形成了浓郁的杭派茶馆特色。

5. 海派茶馆

上海是一个国际化的大都市，同时又是一个很讲究展现自我、体现个性的城市，上海人的精致生活在茶馆文化中也得到了体现。上海最有名的茶馆是“湖心亭茶楼”，湖心亭茶楼已有140多年的历史了，其仿明清的建筑风格在上海这个大都市里显得分外优雅，它不仅是市民品茶休闲的场所，也是接待国际友人的重要场所，曾接待许多到访的外国元首。湖心亭的茶品都直接从原产地采购，泡茶用水、器具都非常讲究，并摸索出了一套独有的泡茶之道，且每年都推出新品。此外，还讲究营销手段，每年根据不同的季节推出不同的饮茶活动，还增添一些表演节目，使茶客享受到超值服务。除了湖心亭茶楼外，上海许多新开的茶馆以极富个性、极富特色的装潢，以及创新发展的饮茶方式，开创出一种新的饮茶文化，这正符合上海人追求创新的精神。海派茶馆的发展不但是与上海经济发展齐头并进、同时发展，也应和了都市消费的一种新的需求，并以其浓烈的都市生活情趣吸引人们悠闲品茗，使之成为感受老上海的沧桑或体味新上海的繁华的好去处。

【第三节】·茶文化与旅游

茶文化是人类在发展、生产、利用茶的过程中把茶作为载体表达人与自然，人与人之间各种理念、信仰、思想情感的各种文化形态的总称。当前，以茶会友、以茶养心、以茶修身已成为当代人的生活时尚。因此，将茶文化与旅游业结合起来，利用茶文化资源开展旅游活动成为大众一种新的休闲方式。

中国是茶的原产地，也是茶园面积和产量均居世界第一的产茶大国，在中华大地上，不仅有风景优美的茶园，还有在历史发展过程中留存下来的丰富的茶文化遗迹、丰富多彩的饮茶习俗等。中国有四大茶区，各大茶区各有不同的风貌，还有许多人文景观，美丽的茶园风光、厚重的茶文化历史遗迹、有趣的饮茶习俗、优美的茶艺表演、丰富多彩的茶产品、茶具等构成了茶文化旅游的丰富内容。在现代，人们向往绿色、生态、品位、健康，茶文化旅游正是具有休闲性、文化性、参与性和多样性的特质而受到大家的喜爱。

一 茶文化旅游的内涵

茶文化旅游是茶业资源与旅游有机结合的一种旅游开发模式，它将茶园生态环境、茶叶生产、茶产品开发、茶文化内涵等融为一体，是以优美秀丽的环境为条件，以茶区生产为基础，依托茶区多样性的自然景观和特定历史文化景观，以蕴含丰富茶文化内涵、绚丽多彩的民风民俗活动为内容，涵盖观光、体验、习艺、娱乐、商贸、度假、休闲等多种旅游功能的新型旅游产品。茶文化旅游大致可包括以下产品：以名山胜水、茶园茶馆、茶加工厂、茶博物馆、茗具观赏游等项目为内容的茶景观产品；以茶道、茶节庆、茶礼俗、宗教茶仪等文化活动为内容的茶文化产品；以茶艺表演、茶歌、茶舞为内容的茶艺术产品。目前茶文化旅游开发的产品类型有：① 生态观光茶园，如广东英德的“茶趣园”和“茶叶世界”；② 茶文化公园，有上海闸北茶文化公园、昆明世博园、杭州的龙井山园等；③ 观光休闲茶场，如台湾省的龙头休闲农场；④ 茶乡风情游，如福建的“八闽茶乡风情旅游”活动。

二 茶文化旅游的特点

茶文化旅游的特点是将茶文化内涵外显于山川景点、民俗风情、人文地理、生态环境、自然资源和茶园生产的游览与观赏之中，让两者在人们旅游的精神体验和文化感受中融合，使旅游散发出多种功能的色彩，旅游不单是游玩与休闲，更有增知、习艺、考察、体验、陶冶心情、受到教育、健体等多方面效益，也正体现了文化的深层价值。总结起来有以下几方面的价值。

（1）观赏价值　茶文化本身就是观赏价值很高的民俗文化，无论是茶具、茶点、茶楼等有形艺术，还是茶俗、茶艺等无形的艺术都体现着很强的观赏性。一些茶的建筑文化，营造出独特的茶文化环境，可以使游客获得美的感受，身心俱益。

（2）体验价值　游客的旅行过程是获得体验价值的过程，茶文化中既包括了文化实体，又包含了非文化实体，既可以亲临茶园，观赏茶树，参与到采茶中去，又可以体验到茶风俗，感受旅游地浓郁的茶文化氛围，因此茶文化的体验价值是新奇而具有强烈吸引力的。

（3）经济价值　茶是经济作物，是人们普遍消费的饮料，茶文化的实用性使其表现出特有的经济性。近年来兴起的茶文化节活动，“文化搭台，经济唱戏”体现出商业趋向，与纯粹观光型旅游不同，旅游者被当地茶文化所吸引，购买喜爱的茶叶、茶具等商品，不仅满足了旅游者自身实用、留念等需要，对当地经济发展也起到重要推动作用。

三　茶文化旅游发展现状

在福建，“借茶文化办旅游、以旅游助茶业发展”成为有关部门的共识。福建的安溪县是全国率先把茶产业与茶文化旅游有机结合，举办茶文化旅游节活动的县城，“安溪茶文化之旅”现已成为茶文化旅游的黄金路线之一。安溪县充分利用其独具的资源优势，在已有的茶文化旅游景点的基础上，新建了一大批茶文化旅游景区、景点，如“中国茶都”——安溪全国茶叶批发市场、茶叶大观园、茶博览馆、茶叶公园和西坪铁观音发源地探源等，推出了茶都观光、生态探幽、休闲度假、古迹觅寻四条以茶文化为特色的旅游线路。安溪茶文化旅游名列全国三大茶文化黄金旅游线路之一，以茶文化为特色的“山水福地、茶韵安溪”旅游品牌初步形成。茶文化旅游路线的开辟为安溪县带来了巨大的经济效益，2012年，其旅游接待总人数376万人次，增长14.3%；旅游总收入31亿元人民币，增长15.7%，占全县GDP比重（350亿元）的8.8%，占第三产业增加值（125亿元）的25%。武夷山由于拥有历史悠久、底蕴深厚的茶文化、众多的茶文化历史遗迹、丰富的茶树品种资源而成为得天独厚的茶文化旅游胜地。在风景优美的武夷山，人们能追寻到古代留下的众多茶文化历史遗迹，如元代专门生产贡茶的御茶园，宋代遇林亭窑址，水帘洞茶馆以及历代茶人在岩石上留下的丹崖石刻，如“茶洞”“晚甘侯”“庞公吃茶处”等。此外，旅游的人们可以去探寻六棵大红袍母树的芳容，还可见识到武夷岩茶的水仙、肉桂、名枞等品种，加深对茶知识的了解。晚上还可欣赏山水实景演出“印象大红袍”。结合武夷山茶文化资源，目前当地已推出“大红袍游览路线”“游中国茶乡，寻茶道之源”“台湾冻顶乌龙茶寻根之旅”“茶文化休闲之旅”“健康养生之旅”“武夷山生态环保之旅”等数条以茶为主题的旅游线路。

云南拥有丰富多彩的饮茶习俗及独特的普洱茶文化，因此，茶文化旅游的建设与发展也是一片欣欣向荣的景象。云南将原思茅市改名为普洱市，并定位为“中国茶城”进行规划建设，以茶产业和茶文化的培育为主线，并以发展茶文化旅游为重点，将思茅市打造成茶文化旅游城市。在西双版纳勐海县，云南农科院茶叶研究所利用当地的茶文化资源，建成了一个集观光旅游、民族茶文化展示、采茶制茶体验、茶科技知识培训为一体的“云茶源”，包括有机生态茶园、品种园、民族茶文化、茶马古道探源、采茶制茶体验等丰富的茶文化内容。

在湖南，2001年湖南古丈茶叶公司投资300余万元建造湖南最大的茶叶大观园——武陵茶叶大观园，集科研、观光旅游于一体，为湖南茶业经济的发展寻找突破点。

在杭州，梅家坞茶文化休闲旅游街被列为特色商业街区之一，与已有的茶文化旅游景点龙井问茶、十八棵御茶树、龙井山园、曙光路茶馆一条街一起形成颇具特色和规模的“茶文化旅游圈”。而重庆永川市更是利用自身的资源优势，把茶产业与旅游业结合起来，将2万亩连片的大型茶园开发成茶文化旅游基地，并在2003年举办首届国际茶文化旅游节，提高茶文化旅游的知名度。茶产业和旅游业无疑是本届茶旅游节的最直接受益者。凭借茶旅游节影响力，“永川秀芽”历经多年努力，成功注册地理商标，成为重庆首个茶叶产品地理标志商标。如今每年茶旅游节期间，各景区游客量超过30万人次。茶山竹海景区投入3亿元对硬件设施进行提档升级，茶竹天街、茶花博览园、茶山神女等一批项目相继完工，并成功创建国家4A级景区。茶山竹海成为“长江三峡—重庆市区—大足石刻”国际黄金旅游线上的一颗璀璨明珠。

【第四节】·茶文化的社会功能

一 弘扬传统文化，提高人文素养

1. 茶文化传统性的体现

茶文化是传统文化的一个分支，主要是因为儒、释、道的哲学思想介入茶文化。历代儒家都把品茶纳入宣传自己的思想体系之中，借茶明志、以茶养廉，以及表达积极入世的思想。佛家则体味茶的苦寂，以茶助禅、明心见性；道家则把空灵自然的观点贯彻其中。

茶是文人士大夫生活中不可或缺之物，由于茶叶具有高洁、恬淡、高雅的品性，因此茶就成了儒家思想在人们日常生活中的一个理想的载体。儒家茶人在饮茶的过程中将具有灵性的茶叶与人们的道德修养联系起来，认为通过品茗过程会促进人格修养的完善，整个品茗过程就是自我反省、陶冶心志、修炼品性和完善人格的过程。文人清谈时借茶助兴、表达济世匡国之理想；政治家借茶养廉、以茶倡俭朴。在唐宋时期文人士大夫以茶入诗、入词、入画，托茶言志、借茶抒情，表达自己的道德理想与人格追求。

道家认为茶是吸取了天地之精气的自然之物，符合道家“天道自然”“天人合一”的基本原则。茶进入道家的生活，是因为饮之可以“轻身换骨、羽化成仙”。道家很注重修养之道，要“养气”“养神”“养形”，达到“虚静无欲”“专气至柔”的状态，如果人们能够以虚静空灵的心态去沟通天地万物，就可达到物我两忘、天人合一的境界，也就是“天乐”的境界。茶的自然本性中含有“静、虚、清、淡”的一面，因此成为道家的修身养性之物，也与道家的精神相一致。

饮茶能使人涤烦去燥，达到内心宁静的境界，因此茶事成为佛门的重要活动之一，并被列入佛门清规，形成整套庄严的茶礼仪式，成为禅事活动中不可分割的部分。如“吃茶去”三字成为了禅林法语，“茶禅一味”成为修炼的一种境界。

2. 优秀传统文化是当代精神文明建设不可缺少的内容

我国传统文化博大精深，其深邃的思想内涵、积极的精神有利于现代精神文明的建设。茶文化是我国优秀传统文化的一部分，是“儒、道、佛”诸家精神的载体。茶文化中包含着无私奉献、坚忍不拔、谦虚礼貌、勤奋节俭和相敬互让等传统美德，有利于促进精神文明建设。如上海市一直以弘扬茶文化、提高市民素质为己任，从1994年起每年都举办一次国际茶文化节，让广大市民参加，并将茶文化引入社区，让广大市民接受传统文化的熏陶，丰富了市民精神文化生活。还积极推广少儿茶艺，运用茶文化知识，对广大青少年进行爱国主义、传统文化和德育教育。

二 调整社会关系，促进社会交往

1. 茶文化被赋予礼仪功能

早在唐代刘贞亮在茶之十德里就提出了可“以茶表敬意”。宋代诗人杜耒也曾作诗曰“寒夜客来茶当酒”，此时“客来敬茶”已成为社会的一种普遍风尚。经过历代的发展，客来敬茶已成了我国人们的传统礼节，不论是上层社会精英还是下层平民百姓，不论商务往来还是平常交际，人们都将茶作为主要应酬品，“敬茶”成为待客最简易、最普遍的方式。在民间，以茶待客是一种基本的礼俗，在江西地区甚至流行这样的俗谚“来客不筛茶，不是好人家”，以茶待客成为民俗生活中的一项重要内容。

我国是礼仪之邦，人们交往之间十分注重礼节，借“礼”来深化人们之间的感情，促进之间的交往。俗话说“千里送鹅毛，礼轻情义重”，礼物虽轻，然而情义很长。古时文人喜饮茶，然而自己又常常不种茶，因此每当产新茶时，一些与文人交好的茶农便将新茶寄与文人，文人收到了新茶，也相互馈赠，以茶联谊。如唐代诗人白居易收到了蜀中萧员外寄来的新茶品尝之后挥笔写道：“蜀茶寄到但惊新，渭水煎来始觉珍；满瓯似乳堪持玩，况是春深酒渴人。”表达了收到新茶后的兴奋和珍惜之情。赠茶习俗作为一种联谊活动代代相传，在我国的产茶区，每年新茶上市时，都会不忘给远方的亲朋好友寄上一包新茶。

2. 现代社会中茶的交际功能

茶与酒是人们交际中常要用到的应酬物，然而茶与酒却有迥然不同的品性。茶性清淡柔和，而酒性热辣刚烈。一杯清茶饮下去，能使人神清气爽，心旷神怡，思维清晰；而一杯酒下肚，使人兴奋激动，心意烦躁，酒喝多了还会扰乱思想，以致言语失度，仪态失检。以茶代酒进行交际能形成一种良好的氛围，待人以茶常被视为高雅之举，也表示友善与尊敬他人之意，因而在无形之中融洽了交际的氛围。现代人们常在茶馆中进行商务洽谈、朋友往来，正是看中了茶馆高雅幽静，充满文化气息的良好氛围。其次，茶是一种健康的、文明的饮品，茶叶内含有多种对人体有益的功效成分，而饮茶有益健康也已成为常识。因而现在的外事往来、招商引资、联络乡情、亲友聚会，无不借助茶文化以增强会晤的和睦氛围。现代社会中，茶馆更是成为市民生活中不可缺少的一个公共场所。人们通过茶馆或聚会聊天，或休闲娱乐，或了解信息，或调解纠纷，或进行商业活动。

三 为人们提供高层次的精神享受

1. 当代快节奏使人们向往诗意的生活

对美的追求与向往是人类的天性，人类的这种天性随着社会经济的发展，生活质量的改善，文化修养水平的提高越来越显露在生活中。而且随着经济的发展，人们的生活节奏逐渐加快，为了松弛因此而带来的心理上的压力，人们希望生活中多一些情趣高雅，欣赏性强的东西。而茶文化正是一种高雅脱俗，使人放松身心的文化。多姿多彩的茶类，优美动人的茶艺表演，幽静安宁的茶馆，碧绿无边的茶园都可使人忘却烦恼，身处诗情画意的境界。

2. 茶文化能使人脱俗近雅，平添几分诗意

茶是与琴、棋、书、画、诗、酒相并列的高雅民族文化，茶文化在形成发展的过程中的一个显著特征是“文人雅士入茶来”，从而产生了与其他艺术相结合的契机，成为一种高雅文化。文人饮茶对环境、氛围、意境、情趣都有很高的追求，如陆羽曾主张饮茶可伴明月、花香、琴韵，还可作诗。明代著名书画家、文学家徐渭也曾描写这样的品茶氛围：“茶，宜精舍、云林、竹灶、幽人雅士，寒宵兀坐，松月下，花鸟间，清白石，绿藓苍苔，素手汲泉，红妆扫雪，船头吹火，竹里飘烟。”（《徐文长秘集》）文人和茶是相互衬托着对方的高雅，饮茶让文人自觉高雅，而高雅的文人多饮茶，促使茶在人们心目中渐渐成了雅人的标志。的确“美感尽在品茗中，雅趣亦从盏中出”，茶文化的高雅脱俗可以净化人们心灵，使人脱俗近雅，平添几分诗意。

（1）茶的造型与命名富含诗情画意　中国茶类经过长期的发展创新，形成了绿、黄、红、白、黑、青六大茶类，其滋味或清淡或浓郁，或浓烈或柔和，或鲜爽或甘甜；其香气闻之令人神清气爽，有的幽雅如兰，有的香如栀子，有的清香宜人，尝之闻之令人心神舒坦、妙不可言。而各种茶的造型也千姿百态，据统计中国茶的造型达26种之多。其形状有的扁平挺直似碗钉，有的纤嫩如雀舌，有的含苞似玉兰，有的浑圆似珠宝，有的碎屑似梅花，真是千变万化，令人目不暇接。中国茶的命名也优美动人，古今茶名，累计起来可能已超过了千种。陆羽的《茶经》中曾

写道："其名一曰茶、二曰槚、三曰蔎、四曰茗、五曰荈。"还有"余甘氏""不夜侯"等雅称。综合起来茶的命名主要依据两点：一是根据其色香味形而命名，名字生动形象，给人以美感。如状如眉毛的称"秀眉""珍眉""凤眉"等，形似针状称"银针""松针"；还有的称"莲心""雀舌""蟠毫""瓜片"等。二是命名与名山大川、古迹胜地相联系，看到名字，使人仿佛置身名山胜水之间，优美风景悄然浮上心头。如"西湖龙井""洞庭碧螺春""君山银针"等名字让人不由得想到美丽似西子的西湖，烟波浩渺的太湖以及被喻为"白银盘里一青螺"的君山的优美风光。而"黄山毛峰""庐山云雾""蒙顶甘露"等茶名又使人依稀看到秀美挺拔、气势万千的山岳风景。

（2）茶馆给人以美的享受　当代茶馆风格大致可分为五种类型，有仿古式、园林式、仿日式、西洋式、露天式几种，能满足不同消费者审美情趣的需要。仿古式的茶馆能满足人们访古思幽之情，园林式的茶馆具有情调美感，仿日式、西洋式茶馆又能满足人们追求异域风情的审美要求，而露天式则给人们带来一种随意之美。茶馆的整体布局一般遵循"风格统一、基调典雅、布局疏朗、点缀合度、功能全面、舒适适用"的原则。茶馆的名字中一般有"坊""肆""轩""楼""居""阁""苑"等字，也有现代意义的"吧"，或古或今。茶馆内部装修或以传统文化为基调，或以现代气息、西洋风情为主题，并点缀插花、盆景、字画、民俗风物、西洋油画、工艺饰品等，使人享受到文化、艺术、情调、时代等不同的美感。

（3）茶艺表演艺术化地再现美感　茶艺之美是一种综合之美、整体之美，包含视觉的美、嗅觉的美、味觉的美、听觉的美和感觉的美，它使人的感官得到快感，进而达到精神的全面满足。茶艺表演要具备四要，即精茶、真水、活火、妙器。茶要选择形、色、香、味俱佳的好茶，水以清、活、甘、洌为佳，火以活火为上，器具要根据不同的茶类配备相应的茶具，如泡绿茶宜用玻璃杯，而泡乌龙茶则应选择紫砂壶器具。茶艺表演包括四大艺，即"挂画、插花、焚香、点茶"，挂的一般是淡雅的文人画，插花则根据季节、情景随时而变，焚香则是为了纪念茶神陆羽，也是使观众和表演者闻香而静虑。点茶即表演者泡茶的技能，娴熟的表演者能动静结合，刚柔相济，不但能冲泡出一杯好茶，操作过程还给人以美感。整个过程，茶艺表演者以超凡脱俗的气质，优雅的动作，富含哲理寓意的解说词和炉火纯青的泡茶技艺，并配之雅乐，使品饮者在环境氛围与茶性的高度融合中得到心灵的洗礼和升华。茶艺表演者的表演、现场各种道具的设置，以及品饮者的虔诚参与，这就是茶与生活的艺术化，是艺术化的茶与生活。

四 提倡清廉俭德，倡导社会风气的好转

文化的作用之一就是“化人”，即变化人、陶冶人，茶文化作为优秀传统文化的分支，具有“教化”功能。茶圣陆羽在《茶经》的第一章就写明茶之为用，最宜精行俭德之人，意思是饮茶对自重操行和崇尚清廉俭德之人最为适宜。在西晋时期，陆纳将饮茶看作自己的“素业”，以茶来倡导廉洁，以对抗当时社会上的奢侈之风。唐代诗人韦应物赞颂茶“洁性不可污”，表明茶具有高洁的品质。茶又是君子之饮，司马光曾把茶比作君子：“茶欲白，墨欲黑，茶欲新，墨欲陈；茶欲重，墨欲轻，如君子、小人不同。”人们借茶抒情，以茶阐理，以茶为主体陶冶化育人的意识形态，表达价值取向。在当代不管是中国茶德所提倡的“廉、美、和、敬”，还是日本茶道的“和、敬、清、寂”，以及韩国茶礼的“和、敬、怡、真”，所体现的都是“重义轻利”“以德服人”“德治教化”等价值观。日常生活中人们也常用“粗茶淡饭”“清茶一杯”来表示节俭、廉洁之意。“茶能性淡为吾友”，以茶为友，能使人淡泊名利，在平淡中找到人生的价值。

五 以茶为媒，扩大对外交流

1. 茶文化具国际性

茶文化是我国优秀的传统文化，具有民族性，但同时它又在世界各国广为流传，具有国际性。在日本，每逢喜庆、迎送或宾主之间叙事时，都要举行茶道仪式。在韩国具有典雅的茶礼，在新加坡、马来西亚等儒教覆盖地区都有茶文化的踪迹。茶文化不光在亚洲范围内广泛流传，也传到了世界其他各大洲，与当地的生活方式、风土人情相结合，形成了各具特色的饮茶习俗。

2. 茶文化曾是海内外文化经济交流的重要渠道

茶叶曾被英国科学家李约瑟称为是中国四大发明之后的第五大发明，我国是茶文化的源头，其他各国的饮茶风俗都是由我国传播过去的。在我国历史上曾存在着一条茶叶之路，将饮茶文化传播到世界各国。“茶叶之路”可与“丝绸之路”相媲

美，在我国对外经济文化交流史上起着重要作用。

茶叶曾是我国对外贸易的重要商品，起着联系各国经贸往来的作用。我国饮茶之风很早就传到世界各国，由于各国人民对茶叶的喜爱，因此茶叶也像丝绸、瓷器一样成为我国早期的出口商品之一。17世纪我国茶叶贸易已经由亚洲地区向西方国家辐射，如葡萄牙、西班牙、荷兰、英国、俄国等都直接或间接从我国进口茶叶。18世纪我国茶叶出口贸易进一步发展，我国茶叶出口在世界茶叶贸易中逐渐占主导地位，出口的国家也进一步增多。到了19世纪初，我国茶叶已占世界茶叶消费量的96%，在国际市场上占绝对统治地位。茶叶成为当时中西贸易的核心商品。

茶叶同时也是当时文化交流的重要媒介，如茶曾在中日两国相互交往中起了重要作用。两国自公元607年开始建交，此后政治、文化、经济交往日益频繁。日本曾派出许多僧侣来华学习，我国皇帝便会举行茶仪式，将茶粉赐给僧侣。僧侣回国时，还会馈赠一些茶叶让他们带回本国。茶叶成了两国友好往来的重要媒介。

3. 当代茶文化活动可为促进国际交流作出更大贡献

在当代，茶文化也成为国际交流的重要媒介。表现之一是国际茶文化交流活动频繁，当代茶人相聚一堂，共同探讨茶文化的历史与现状，并展望茶文化的未来，在交流中相互学习，相互了解，增进友谊。如1998年9月在美国洛杉矶召开了“走向21世纪中华茶文化国际学术研讨会”，不但为各国茶文化专家和茶文化爱好者提供了一个专门探讨和研究中国茶文化的论坛，也为美国人民提供一次了解中国茶文化的良好机会，同时也是两国人民增进友谊互相了解的一次机会。又如上海国际茶文化节自1994年以来，每年举办一届，每届上海国际茶文化节均以其独特的形式、内容和魅力，吸引了国内各省（自治区、直辖市）、港澳特区、台湾地区的各界人士和日本、韩国、美国、法国、摩洛哥等国家的国际友人及上海各界、市民群众积极参与，在海内外产生了良好的社会反响，并已成为上海著名的文化品牌和节庆活动。表现之二是茶文化出现在国际交往的舞台上，杭州茶叶博物馆曾接待了不同外国元首的访问参观，上海湖心亭茶楼也成为重要的外事活动基地。2003年博鳌论坛和杭州市政府一起于5月21日至22日在杭州举办博鳌西湖国际茶文化节。作为博鳌亚洲论坛专题讨论会之一，博鳌西湖茶文化节就是“借题发挥”，通过这样一个亚洲各国习俗共通的载体，增进大家的了解，以茶交友，以茶会友，深化亚洲各国的经济合作。2008年北京奥运会开幕式上，在长长的画轴上，一个大大的“茶”字突显出茶文化是中国传统文化的优秀代表，是世界人们沟通的桥梁。2010年在上海举办的世博会上，不但设立了专门的茶展览馆，还举办了许多茶事活动，成为世界各国人们交流茶文化的一个窗口。

【扩展阅读】 无我茶会及其精神

无我茶会是由台湾陆羽茶艺中心蔡荣章先生创立的，经不断改进与实践，在全世界茶人中推广开来。1990年12月18日在台湾举行了首届国际无我茶会。随后，分别在福建武夷山、香港、韩国首尔、浙江杭州等地举办。国际无我茶会的举办，为世界各国茶人提供了交流的平台，是各国茶人之间相互学习、沟通融合的一个良好契机。

无我茶会是一种“大家参与”的茶会，所有参会者围坐成一圈，强调人人泡茶，人人奉茶，人人喝茶，抽签决定座位；依同一方向奉茶；自备茶具、茶叶及开水；事先约定泡茶杯数、次数、奉茶方法，并事先排好会程，席间不语，其举办得成败与否，取决于是否体现了无我茶会的精神。

总结起来，无我茶会主要体现如下七个方面的精神。

第一，无尊卑之分。茶会不设贵宾席，参加茶会者的座位由抽签决定，在中心地还在边缘地，在干燥平坦处还是潮湿低洼处不能挑选。自己将奉茶给谁喝，自己可喝到谁奉的茶，事先并不知道，因此，不论职业职务、性别年龄、肤色国籍，人人都有平等的机遇。

第二，无流派与地域之分。无论什么流派和哪个地域来的茶友，均可围坐在一起泡茶，并且相互观摩茶、品饮不同风格的茶、交流泡好茶的经验，无门户之见。人际关系十分融洽，起到以茶会友，以茶联谊的作用。

第三，无“求报偿”之心。参加茶会的每个人泡的茶都是奉给左边的茶侣，现时自己所品之茶却来自右边茶侣，人人都为他人服务，而不求对方报偿。

第四，无好恶之分。每人品尝四杯不同的茶，因为事先不约定带来什么样的茶，难免会喝到一些平日不常喝甚至自己不喜欢的茶，但每位与会者都要以客观心情来欣赏每一杯茶，从中感受到别人的长处，以更为开放的胸怀来接纳茶的多种类型。

第五，时时保持精进之心。自己每泡一道茶，自己都品一杯，每杯泡得如何，与他人泡的相比有何差别，要时时检验，使自己的茶艺精深。

第六，遵守公告约定。茶会进行时并无司仪或指挥，大家都按事先公告项目进行，养成自觉遵守约定的美德。

第七，培养默契、体现团体律动之美。茶会进行时，均不说话，大家用心于泡茶、奉茶、品茶，时时自觉调整，约束自己，配合他人，使整个茶会快慢节拍一致，并专心欣赏音乐或聆听演讲，人人心灵相通，即使几百人、上千人的茶会也能保持会场宁静、安详的气氛。